现代气候统计诊断与预测技术

（第3版）

魏凤英　编著

气象出版社
China Meteorological Press

内容简介

本书主要介绍了近年来发展的气候统计诊断与预测新方法、新技术，包括气候变化趋势和突变检测、气候周期识别、分离气候变化时空结构、诊断两变量场耦合特征以及气候预测等方面的技术。此外，还介绍了矢量经验正交函数分解(Vector EOF)、改进的经验正交函数分解(AEOF)及显著经验正交函数分解(DEOF)等计算和订正方案。书中不仅给出方法的原理和数学公式，还给出了计算步骤、计算结果分析要点及应用实例。

本书可供气象科研、业务人员和有关院校师生阅读，特别适合具有一定气象统计基础知识的人员使用，亦可供海洋、地震、水文、环保、生态等相关行业的人员参考。

图书在版编目（CIP）数据

现代气候统计诊断与预测技术 / 魏凤英编著. -- 3版. -- 北京 : 气象出版社, 2022.5
ISBN 978-7-5029-7714-6

Ⅰ. ①现… Ⅱ. ①魏… Ⅲ. ①气候资料－统计分析②气候变化－预测 Ⅳ. ①P468.0

中国版本图书馆CIP数据核字(2022)第081436号

出版发行：气象出版社
地　　址：北京市海淀区中关村南大街 46 号　邮政编码：100081
电　　话：010-68407112(总编室)　010-68408042(发行部)
网　　址：http://www.qxcbs.com　E-mail：qxcbs@cma.gov.cn
责任编辑：张　斌　终　　审：吴晓鹏
责任校对：张硕杰　责任技编：赵相宁
封面设计：楠竹文化
印 刷 者：三河市君旺印务有限公司
开　　本：880mm×1230mm　1/32　印　　张：10.25
字　　数：307 千字
版　　次：2022 年 5 月第 3 版　印　　次：2022 年 5 月第 6 次印刷
定　　价：68.00 元

第3版前言

气候统计作为一门独立学科，在气候研究和气候预测中发挥着重要作用。随着计算机技术的迅猛发展和人们对气候变化规律认识的深入，结合气候分析和研究中提出的统计问题，在原有经典气候统计方法基础上，发展了许多新方法和新技术，拓展了认识气候变化规律的视野。此次修订，在气候研究中应用十分广泛的经验正交函数分解(Empirical Orthogonal Function，EOF)方法基础上增加了几种不同形式的计算和订正方案，例如适用于标量场的矢量经验正交函数分解(Vector Empirical Orthogonal Function，Vector EOF)、满足气候变量场时间和空间域上均匀性的改进的经验正交函数分解(Adjusted Empirical Orthogonal Function，AEOF)及能够提取气候变量场真实气候信号及潜在物理机制的显著经验正交函数分解(Distinct Empirical Orthogonal Function，DEOF)。针对经验模态分解(Empirical Mode Decomposition，EMD)存在的问题，学者们提出了集合经验模态分解(Ensemble Empirical Mode Decomposition，EEMD)及互补集合经验模态分解(Complementary Ensemble Empirical Mode Decomposition，CEEMD)等修正方案，在本次修订中对这几种修正方案都进行了介绍。随着气候变暖加剧，极端天气气候事件频发，基于对极端气候及其变化研究的需求，本次修订还增加了有关常用极值分布模型及其应用相关内容以及解决多元回归模型存在的复共线性问题的偏最小二乘回归。

现在，已进入气象大数据时代，气象数据具备数据体量大、多样性、高速度和价值密度低等四方面特征。虽然大数据分析技术对传统的统计学方法进行了拓展和延伸，但是，根据大数据分析的基本思想和方法，诸如相关分析、聚类分析、回归分析、经验正交函数分解等方法在大数据分析中仍被广泛使用。期望本书的内容仍然能在气候研究和气候预测中发挥作用。

魏凤英
2021 年 12 月 21 日

第 2 版前言

本书第一版自出版发行以来,受到广大读者的普遍关注和喜爱。它能够为气候诊断、预测的研究和业务工作有所帮助,我感到十分欣慰。第一版出版后很快销售一空,许多读者通过各种渠道反映,渴望本书能够再版。在读者和出版社编辑的多次催促下,终于完成了本书的修订工作。

事实上,研究、探索气候历史资料的主要目的是将长期趋势、年代际振荡和年际振荡的气候"信号"从含有"噪声"的背景变率中分离出来。从气候学的角度而言,气候信号是大气-海洋-冰雪圈系统内部物理过程相互作用的结果,它影响的空间范围和时间尺度非常宽泛,而且气候系统成员的相互作用还包括了不同尺度的正、负反馈作用。气候信号的检测引起越来越多气候学者的兴趣,与此同时,更多新颖的、具有更强功效的气候信号检测方法孕育而生。在本书修订过程中专门增加了第 9 章,本章从气候信号与噪声的定义出发,对检测气候信号的方法做了概述,对近几年发展的几种新的气候信号检测方法进行了详细的介绍,并给出应用实例,这些内容是同类气候诊断书籍中未曾涉及的。另外,本书还增加了第 12 章,专门介绍近年来作者提出的短期气候预测的新思路和新方法。其他修订的内容还有:在第 4 章中增加了非平稳气候序列趋势分析的新方法;在第 5 章中增加了针对非平稳气候序列的突变检测方法。

需要说明的是:在撰写第 5 章突变检测 Bernaola Galvan 分割算法时,参考了封国林研究员等的研究成果;第 9 章中引用的 MTM-SVD

的应用实例，是韩雪同学硕士论文中的计算结果。在此向他们对本书修订给予的支持深表谢意。另外，我还要向在本书修订过程中给予我帮助的郭彩丽、王桂梅编辑及其他学者和同事表示感谢。

由于本人水平有限，书中不当之处在所难免，敬请读者指正。

魏凤英

中国气象科学研究院

灾害天气国家重点实验室

2007 年 1 月

第 1 版序

自 20 世纪 80 年代以来，随着计算机技术的迅猛发展，现代统计学突破对观测资料统计指标的简单计算和分析的局限，展现了重大飞跃。这种飞跃不仅体现在统计技术内容的深度和广度上，更体现在研究问题的新思维和新观点上。与此同时，气候统计学在解决气候问题过程中亦有了令人惊喜的发展，新方法、新技术不断涌现，为气候研究注入了生机与活力，并已渗透到气候监测、诊断及预测的各个方面。应该说，应用统计方法研究气候问题的范围比以前拓宽了许多，除气候变化规律及预测的一般性研究外，区域性和全球性气候变化归因问题、气候数值模拟的检验、气候可预报性、运用不同时刻多个初始场的集合预报以及多个独立预报的集成等问题都运用了现代统计技术，且已取得了令人瞩目的成果。

我国的气候统计始 20 世纪 60 年代。自那时以来，我国一直站在世界气候学术研究的前沿，至今已出版了 10 余部论著，其数量和学术内容均位于国际学术界的前列。但近年来，由于计算机在气候统计方面的应用的发展以及缺少对气候统计理论研究的投入，在气候统计研究和应用方面似有落伍之势态。事实上，由于气候的固有特性，无论使用什么方法进行研究，即便是气候动力学和数值模拟，也需用现代统计技术进行处理。

魏凤英编著的《现代气候统计诊断与预测技术》较系统地介绍了气候统计诊断和预测方法，内容新颖，实用性强，更有理论，其中多维最大熵谱、Lepage 突变检测、主振荡型分析等内容是其他同类书籍中未曾涉及的，尤其可贵的是，书中还介绍了作者本人发展的若干新方法。此书以应用为目的，以计算机计算为依托，详尽介绍了每种方法的原理及计算步骤，并给出了作者从事气候研究中积累的大量应用实例，可以帮助读者更好地应用这些方法去解决气候研究的实际问题。我衷心祝贺本书的出版，以飨读者，更为我国现代气候统计的发展奠定基础。

么枕生

1999 年 6 月

第 1 版前言

气候变化和异常已成为当今科学研究的重大课题之一，受到国家前所未有的重视，乃至成为公众街头巷尾、茶余饭后议论的话题。使用气候动力理论对气候变化和异常进行模拟、诊断，藉此达到预测气候的目的，构成了气候研究的主流方向之一。与此同时，人们惊喜地发现，气候统计诊断与预测技术亦有了长足的发展，近两年更呈上升趋势。正在不断推出的富有成效的新观点、新方法给统计诊断和预测带来新的生机，在气候研究和气候预测业务中起到举足轻重的作用。广大气候科研和业务人员迫切希望掌握这些新技术。为此，在 1997、1998 和 1999 年，由中国气象科学研究院和北京气象学院联合举办了三期全国性“气候统计诊断与预测”讲习班，收到了十分满意的效果。许多省、市也相继开办了类似的培训班。但遗憾的是，至今还没有一套较为完整的教材，这给进一步理解和应用这些方法带来一定困难。为此，我萌发了撰写本书的想法。现在这一想法终于得以实现，将本书敬献给关心气候的学者、同仁和各界人士。

众所周知，在计算机进入概率论和数理统计领域后，概率统计出现了重大飞跃，出现了统计计算的新分支，它基于统计数学理论，并为解决在各个学科、各个领域中提出的统计问题而不断发展。我们将此称为现代统计。本书的宗旨就是把近 20 年来在气象领域发展的现代统计技术介绍给读者。除介绍国外发展的新统计方法外，还着重介绍了作者自己发展的若干气候预测新方法。一部分必须介绍的常用经典方法，也尽量注入新的分析思想，从新的角度加以认识和使用。为节省篇幅，本书着眼于实际应用，没有详尽地给出这些方法的数学原理，但列出了使用所必需的数学公式。从解决气候研究和应用中的实际问题出发，以计算机计算为依托，单刀直入地介绍每种方法的基本思想、原理、适用对象、计算步骤及计算结果分析要点。书中给出的大量应用实例均是作者从事气候统计诊断与预测研究中长期积累的或是为编著本书专门计算的，力图通过这些算例为读者理解和使用这些方法提供帮助。在不少算例中给出了原始数据，便于使用者在计算机上实践操作。尽管本书属大气科学范畴，但书中介绍的诊断、预测技术可以很容易地“移植”到海洋、地震、环境、水文及生态等学科领域。

本书首先对气候统计诊断与预测的基本概念、包含的内容、基本统计量及统计检验等进行必要的介绍。然后依气候统计诊断及预测性质分类，对方法逐一进行叙述。

承蒙中国气象科学研究院曹鸿兴先生审阅了全书的初稿。在写作过程中，曹鸿兴和张先恭先生自始至终给予我热情的鼓励、悉心的指导和积极的帮助，对此我表示深深的谢意。我还要感谢北京气象学院江剑民、王永中、郑祖光先生及我的同事朱文妹、张光智、谷湘潜等，他们为本书的完成曾提供过种种帮助或有益的建议。衷心感谢我国著名气候学家、气候统计学界老前辈么枕生教授为本书作序。

由于作者水平有限，书中错漏之处在所难免，恳请读者指正。

21 世纪的大门正向我们敞开。21 世纪必将是一个以科技素质为主导的竞争社会，只有拥有先进的科学技术，才会占领社会的制高点。正如变幻纷繁的世界一样，地球上的气候在 21 世纪也将是多变的，气候的变化也将深深影响着人类社会。对气候的监测、诊断和预测也会永不停息。愿本书能为研究 21 世纪的气候做出一点微薄的贡献。

魏凤英

1999 年 6 月

目　　录

1 绪 论

本章对气候统计诊断和预测的基本问题、内容和方法分别进行概述，对它们之间的相互联系进行鸟瞰式介绍。这些内容是阅读本书的基础。

1.1 气候统计诊断概述

1.1.1 气候统计发展简史

气候代表大气综合状态的统计特征，既包含气象要素的平均状况，也包含各种可能状况的概率分布及其极端异常。因此，气候统计是在概率论及统计学基础上发展起来的一门学科。统计学用于气候分析研究始于20世纪20年代，奥地利气候学家V.康拉德将统计学应用于气候研究，并在1950年与他人合作出版了第一本有关气候统计的专著《气候学中的方法》。1953年英国气候学家C.E.P.布罗克斯与他人合著出版了《气候学统计方法手册》一书。之后，气候统计在气候分析中的应用有了很大进展。20世纪60年代，我国气候学者么枕生先生最早将统计学系统地应用于研究中国气候的变化特征。从那时开始，气候统计在我国形成了一个独立的学科，并在气候研究和气候预测中发挥了重要作用。20世纪90年代，随着计算机技术的迅猛发展，气候统计突破对观测资料统计指标的简单计算和分析的局限，结合气候的特点，涌现出许多新方法、新技术，拓宽了认识气候变化规律的视野。近年来，大数据理念和人工智能应用已成为气候研究的"热门"，促进了气候多源数据的融合，加速了数据实时分析，利用统计方法对数据库存储的海量数据进行统计性搜索、比较、聚类、分类、挖掘及建模，并通过机器模拟人类学习过程，加深对气候变化特征和规律的理解，为揭示气候系统演变规律及其成因、提高气候预测准确率和预估未来气候变化提供坚实的技术基础。

1.1.2 气候统计诊断的含义

这里给出有关名词的含义。

诊断 “诊断”一词源于医学。医生通过对病人的了解和检查（如中医用望、闻、问、切等办法；西医则用血压计、X光透视、超声波等仪器检查），判断病人所患何种疾病及所患疾病的原因、部位、性质及患病程度，这一过程称为诊断。

统计诊断 “统计诊断”是指对统计建模及统计推断过程进行诊断，它是20世纪70年代中期才发展起来的一门统计学的新分支（韦博成 等，1991）。统计诊断是对收集起来的数据、以数据为基础建立的模型及相应的推断方法的合理性进行分析。通过一些统计量来检查数据、模型及推断方法中可能存在的“病患”，提出“治疗”办法。为了克服模型与客观实际之间可能存在的差异，需要寻找一种诊断方法，判断实际数据与模型之间是否存在较大偏离，并采取相应对策。这就是数理统计意义下诊断的基本内容。通过统计诊断，找出严重偏离模型的异常点，区分出那些特别影响统计推断的强影响点。其中，对多元线性回归的诊断是统计诊断的主要内容之一。

气候统计诊断 将“诊断”一词引入到气候学研究中，用某些手段根据气候观测资料对气候变化与气候异常的程度及成因做出判断，即称之为气候诊断。由于是用统计手段进行气候诊断，故将这种诊断称为气候统计诊断。

可见，气候统计诊断的含义与统计学的分支——统计诊断的含义是不同的。前者是用统计学方法对气候过程进行诊断，而后者是对统计建模与统计推断过程中可能出现的问题进行诊断。

另外，气候统计诊断与通常的气候统计分析也有一些区别。气候统计分析是根据大量气候资料用概率论与数理统计的方法，研究气候演变的时空变化特征和规律。气候统计诊断除了进行以上一系列分析外,还要进行一系列的科学综合和推断,期望通过统计方法这一气候诊断的重要手段对气候变化与气候异常及其成因做出正确判断(王绍武,1993;马开玉 等,1996)。例如,气候研究中所谓气候变化归因问题,就是气候诊断的重要内容。在实际应用时,气候统计分析与诊断又往往很难区分开。

1.1.3 气候统计诊断研究的内容

概括地讲,采用统计方法进行气候诊断研究,主要包括以下几方面内容。

(1)应用统计方法了解区域性或全球性气候变化的时空分布特征、变化规律及气候异常的程度。主要针对月以上至几十年时间尺度的变化,即主要研究月、季、年及年代 4 个时间尺度的气候变化。

(2)通过统计方法探索气候变量之间及其与其他物理因素之间的联系,研究造成气候异常的原因,进而探索气候异常形成的物理机制。

(3)对气候数值模拟结果与实际变化状况之间的差异进行统计诊断。

1.1.4 现代气候统计诊断技术窥视

气候诊断使用的统计技术涉及统计学多个分支,如统计检验、时间序列分析、谱分析、多元分析、变量场展开等。近年来,在引入气候模式对气候异常和变化进行诊断的同时,气候统计诊断技术也有了长足的发展,引起气候工作者的关注。作者之所以在书名中的"气候统计诊断"前面加上"现代"一词,用意在于希望本书能够尽量反映国际气候统计诊断技术的现代水平。如同医学诊断一样,随着科学技术的发展,现代诊断技术与经典诊断技术有了显著的不同。新概念、新方法不断涌现,逐步取代了原有的经典诊断方法,为气候诊断研究提供了更科学、更有效的手段,同时也拓宽了人们认识气候系统的视野(von Storch et al., 1995a,1995b;Wilks,1992;魏凤英,1996)。与经典方法相比,现代统计诊断技术的发展主要体现在如下几方面。

1.1.4.1 气候变化科学大数据处理

气候系统的成员包括大气圈、水圈、冰冻圈、岩石圈和生物圈在内的大气和地球表面整个体系。因此,气候统计诊断是依据大量卫星、遥感、大气探测、地面观测及多源数据融合的再分析等海量资料进行的。随着地球观测技术的飞速发展,气候系统的数据量正以前所未有的速度增长。气候数据体现了大量、高速、多样等大数据理念的特性,是大数据应用的典型实例。气候大数据处理主要包括两方面:一是对数据做统计性搜索、比较、聚类、分类等分析归纳,二是基于统计估计理论,如最优插值、卡尔曼滤波、变分分析等技术对数据进行融合和集成。

1.1.4.2 气候变化趋势和突变检测

从气候序列中分离气候变化趋势,不仅采用滑动平均、累积距平、线性倾向估计等传统方法,还引入了样条函数等数据拟合的新方法。采用这些方法对气候序列进行分段曲线拟合,能够更好地反映其真实的变化趋势。此外,还注重对变化趋势进行显著性检验。

目前,尽管突变统计诊断技术还很不成熟,但是针对突变问题,已经借助统计检验、概率论等发展了一些行之有效的检测方法,如气候均值、变率以及事件发生与否的检验。气候诊断研究中使用最多的是均值的统计检验。其中,不但使用参数统计检验,而且还使用非参数统计检验。

1.1.4.3 气候振荡分析

近年来,诊断气候振荡的技术发展很快。从不连续的周期图、方差分析、谐波分解发展到连续谱以及一维、多维最大熵谱。近年来,又发展了奇异谱和小波变换技术,前者能将动力重构与经验正交函数联系起来,后者能将不同波长的波幅一目了然地展现在同一张二维图像上。这些新技术与传统技术相比,分辨率更高,适用性更强,对于揭示气候序列不同时间尺度的振荡特性发挥了很大的作用。

1.1.4.4 气候变化时空结构诊断

以经验正交函数为基础的对气候场进行时空分布特征的诊断技术也有了令人瞩目的发展。针对气候变量场特征分析的不同需要，发展了揭示变量场移动性分布结构的扩展经验正交函数、着重表现空间的相关性分布结构的旋转经验正交函数、可以展示空间行波结构的复经验正交函数和描述动力系统非线性变化特征的主振荡型、循环平稳(cyclostationary)主振荡型、复主振荡型等。

1.1.4.5 气候变量场间耦合特征诊断

气候研究中常常遇到两个变量场的相关问题，如相隔遥远的不同区域同一时间或不同时间变量场间存在的遥相关、海洋与大气的相互作用、大气环流或下垫面对气温和降水的影响等问题。过去讨论这些问题多用相关分析。现在将典型相关这一有着坚实的数学基础、推理严谨的两组变量分析工具移植到两变量场耦合特征的诊断中。还提出了从讨论两个场主分量出发的 BP 典型相关分析(Barnett et al.,1987)。同时，奇异值分解也在两场耦合特征研究中广泛使用。

1.1.5 气候统计诊断的一般步骤

利用统计方法进行气候诊断，一般可分为下列几个步骤。

1.1.5.1 收集资料

从研究的实际问题出发，确定统计诊断的对象，收集有关的资料。选取的资料应该准确、精确，并具均一性、代表性和可比较性。资料的样本长度和区域范围与所研究问题的对象有关。例如，研究中国气候年代际变化规律，应该收集半个世纪以上的样本；研究准两年振荡则有数十年样本就够了。在研究气候场空间结构时，选取某一区域范围内的站点布局应该满足均一性和可比较性，否则就不能很好地反映变化的真实状况或诊断结果缺乏代表性，且难以比较各区域各时期气候特征的差异。

1.1.5.2 资料预处理

对于收集到的资料，根据研究问题的具体需要进行预处理。各个气候变量的单位不同，平均值和标准差亦不相同。为了使它们变为同一水平无量纲的变量，通常要对资料进行标准化处理。标准化的变量均值为 0，方差为 1。有时根据实际情况对资料做距平化处理，可以给研究带来许多便利。

1.1.5.3 选择诊断方法

根据研究的目的和对象，选择合适的诊断方法进行研究。选择不恰当的方法会给研究和物理解释带来困难。例如，研究大气准两年振荡的时空演变特征，将变量场进行带通滤波后，使用扩展的经验正交函数可以展现出不同相位准两年振荡的变化。对于这种研究目的，其他方法是无法做到的。再如，划分气候区域的研究，使用旋转经验正交函数，按照分离出旋转典型空间模态的高荷载区可以进行客观的区域划分，而使用普通的经验正交函数则很难收到理想的效果。

1.1.5.4 科学综合和诊断

气候统计诊断是统计学与气候学的交叉学科。利用统计方法进行气候诊断，不能盲目套用计算公式。在一些情况下，对计算结果应该进行显著性检验。没有统计意义的结果是失真的，不具有分析的价值。这一点往往被人们所忽视。要得出科学的结论，重要的是运用深厚的气候学知识，对计算结果进行科学的综合和细致的分析。如同诊断疾病，统计计算结果好比 X 光透视片或超声波图像，要确定所患何种疾病及其患病部位、性质、程度，需要医生凭借医学知识和临床经验，对这些检查结果进行综合分析，才能得出正确的诊断结果，这是医术是否高明的重要标志。同样，在气候统计诊断中，对统计计算结果需用气候学专业知识进行判断、辨识真伪，概括出气候系统确实存在的事实以及彼此间的联系。

1.2 气候统计预测概述

1.2.1 气候统计预测的一般概念

按照统计学的观点，利用统计模型来估计随机动态系统未来可能出现的行为或状态，称为统计预测。具体地讲，统计预测是利用历史与现时的观测值 $x_1, x_2, \cdots, x_{t-1}, x_t$（$t$ 为现在时刻），估计这个随机系统未来 m 个时刻的状态值 $x_{t+1}, x_{t+2}, \cdots, x_{t+m}$。可见，统计预测是以系统过去和现在的信息为基础，对未来时刻做出估计。利用统计模型对气候系统的未来变化状态做出估计，即为气候统计预测。当然，统计模型是在利用大量过去气候资料对气候系统内部或与其他变量之间关系的变化规律及特征的分析基础之上建立的。

1.2.2 气候统计预测的基本假设

在使用统计模型对气候系统未来状态进行统计预测时，隐含着一个基本假设——气候系统的未来状态类似于过去和现在。这一假设体现在利用统计模型对未来状态进行预测时，是假设模型结构在预测期间保持不变、气候系统变化及与各变量之间的相关关系在预测期间保持不变。

从统计学理论上讲，气候统计预测的基本假设应该满足以下两个条件：

（1）气候变化的成因和物理机制至少在预测期间与观测时期一致。

（2）气候系统在预测期间保持稳定。由于气候系统具有一定的概率特性、因果特性和相关特性，因此，气候预测在很大程度上依赖于统计预测。但是，由于统计预测的前提是假设系统未来仍按过去和现在的特性变化，一旦气候系统出现异常，甚至突变或影响气候系统的因素有所改变时，往往导致预测失败。因此，较高水平的预测取决于对气候系统变化特性的深刻了解和认识。

1.2.3 气候统计预测的基本要素

气候统计预测过程主要由以下几个要素构成。

(1)预测对象

预测对象是指欲预测的气候要素,如对某区域旱涝趋势、冷暖趋势或夏季降水量或某月气温等进行预测。这可以是对某一测站的局地预测,也可以是对大范围区域的乃至全球性的预测。

(2)预测依据

预测依据是在气候系统内部或在影响其变化要素相互关系的诊断基础上提供的,通常为从某些统计上显著相关的预报因子群中提取的有效信息。

(3)预测技术

预测技术是指根据数据性质及预测对象、预测因子的特点,选择合适的统计预测模型。

(4)预测结果

预测结果是指对未来气候变化的状态、时间、空间、数量、性质等方面的预测。

在以上 4 个基本要素中,要素(3)包含的内容最为丰富。

1.2.4 预测技术窥视

统计预测技术的形式和分类方式多种多样。若按照预测性质划分,预测技术可以分为两大类,即定性预测与定量预测。

1.2.4.1 定性预测

定性预测方法主要依赖气候专家的主观认识能力,综合地分析过去、现在和将来可能出现的各种因素之间的相互影响,寻找气候要素的发展规律,对未来的发展趋势和性质做出推断。例如,气候学家根据气候学知识,对海面温度与副热带高压、青藏高原的热力作用、西风带环流及东亚季风等因素的过去、现在和未来可能出现的状态进行综合分析,寻找它们影响中国夏季气候异常,特别是降水异常的演变规律,对未来夏季气候是否异常以及异常的程度如何做出定性的推断。

进行定性预测，使用的纯数学的处理手段较少，所需资料的数量也不必很多，但并不意味着定性预测就不需要数量分析。除气候学专业知识和预测经验外，仍然需要一定的数量分析和统计处理，使预测更科学、更可靠。例如，气候预测专家们在对1998年全国夏季降水趋势进行预测时，抓住了几个影响我国气候的主要因素：1997—1998年热带太平洋海水出现异常增温、青藏高原出现空前的大雪、东亚冬季风异常偏弱、西太平洋副热带高压异常偏强等。根据对这些异常现象的分析，得出1998年夏季长江中下游及江南北部可能出现严重洪涝的预测。其实，这个定性预测中包含了一定的统计处理。海温出现异常，确定出现厄尔尼诺现象、季风偏弱、副高偏强等均需要用一定的统计标准来确定。

1.2.4.2 定量预测

定性预测技术是对预测对象的变化趋势、发生异常的可能性及其程度做出判断；定量预测技术则是根据足够的历史数据资料，运用科学的方法建立数学模型，对预测对象未来的变化数量特征做出预测。本书所描述的就是这类通过建立概率统计数学模型进行预测的方法。气候统计预测使用的这类预测技术大致可以概括为以下几大类。

(1)时间序列模型。时间序列数学模型是描述序列自身演变规律的模型。时间序列可分为趋势项、周期项和随机项三部分。随机项通常用线性模型来描述，这类模型包括自回归模型(AR)、滑动平均模型(MA)、自回归滑动平均模型(ARMA)、自回归求和滑动平均模型(ARIMA)等。其中发展较为完善的是BOX-Jenkins途径的ARMA(p,q)模型(项静恬 等，1991)。其表达形式为

$$x_t = \sum_{i=1}^{p} \varphi_i x_{t-i} + a_t - \sum_{i=1}^{q} \theta_i a_{t-i} \tag{1.1}$$

式中，p和q分别为AR模型和MA模型的阶数。若$\theta_i \equiv 0$，则式(1.1)变为AR模型；若$\varphi_i \equiv 0$，则式(1.1)变为MA模型。

描述非线性现象时，可以使用门限自回归(TAR)等非线性模型。

马尔可夫(Markov)链、方差分析周期叠加，也是这类时间序列模型。

以上介绍的时间序列模型在许多气象统计预测专著中均有较详细的介绍(黄嘉佑，1990；丁裕国 等，1998)，本书不再赘述。

魏凤英等(1990a，1990b)提出了用多元分析手段解决时间序列预测问题的均生函数模型，为多步的短期气候预测开辟了一条新途径。在第 11 章中我们将对这一方法的思路及其在气候预测中的应用做较全面的叙述。

(2)动态系统模型。气候作为一个随机系统，它的状态大多并不是严格平稳的，甚至是非平稳的。卡尔曼(Kalman)滤波可以用于描述非平稳的系统，它实质上是用一个最优递推数据处理算法建立自适应模型(朱明德 等，1993)。卡尔曼滤波目前多用于短期天气的数值预报产品解释应用(MOS)中，也有人尝试用在短期气候预测中。

灰色动态模型在气候突变预测中也有一定效用(曹鸿兴 等，1988；魏凤英，1988)。

另外，动态系统的多层递阶预测模型亦在气候预测中被使用。其基本思想是把具有时变参数的动态系统的状态预测分离成对时变参数和对系统状态的两部分预测(韩志刚，1988)，克服了回归方法中用固定参数模型来预测动态系统状态的局限。

(3)多元回归模型。在气候预测中应用十分广泛的多元回归模型是在系统的动态方程不清楚时，描述变量之间线性关系最有效的数学模型(Montgomary et al.，1982)。其一般表达式为

$$y = b_0 + \sum_{k=1}^{m} b_k x_k \tag{1.2}$$

式中，y 为因变量(预报量、预报对象)；x_k 为自变量(预报因子)，$k=1, 2, \cdots, m$；b_0 为回归常数；b_k 为回归系数，通常采用最小二乘法来估计。

选择最优回归方程较常用的算法是逐步回归。不过，在计算资源非常丰富的今天，完全可以从所有可能的子集回归中选择最优回归。

针对不同预测问题的要求和数据存在的缺陷，研究者们发展了与最小二乘法估计思路不同的主成分回归、特征根回归及岭回归等模型（Massy，1965；Hoerl et al.，1970；Webster et al.，1974）。在本书中将对这部分内容做较详尽的介绍，并给出在气候预测中的应用实例。

（4）变量场预测的方法。气候预测中经常遇到变量场水平分布预测问题。预测对象是一个空间变量场，因子也为空间场。以单点资料为基础的回归分析，着眼于单点气候变量变化的统计规律，没有考虑点与点之间的相互联系，导致水平分布预测结果有时出现无法解释的跳跃。因此，变量场水平分布预测可以采用变量场展开的方法。其思路是，把变量场展开成各种典型特征向量与其时间系数的乘积和。假定在一定时间内，空间典型向量是稳定不变的，则这时典型特征向量的时间系数变化就反映了变量场随时间的变化。只要预测出未来时刻的时间系数，乘以典型特征向量就可以得到对变量场的预测。常用的变量场预测展开方法有经验正交函数展开、切比雪夫（Chebyshev）多项式展开及典型相关等。

（5）神经网络。20 世纪末国内外文献中出现了将神经网络用于气候预测的研究成果（Tangang et al.，1998a，1998b）。神经网络方法是目前国际上的热点学科之一，其包含的内容十分广泛，算法也多种多样。它以其独特的结构和处理信息方式，在许多应用领域取得了显著的成果，特别是在处理非线性问题上显示出较强的能力。神经网络预测模型的参数是网络对输入的原始数据进行不断学习训练得到的。神经网络技术是人工智能的一个分支，它并不属于概率论与数理统计，尽管其预测模型也是用观测历史数据来构建的。故本书不涉及这部分内容。

1.2.4.3 历史演变法

讲到气候预测技术，不能不提到杨鉴初（1953）提出的历史演变法。从预测性质角度来分类，这一方法既可以归于定性预测，又可以归为定量预测。在当时气象资料十分匮乏的情况下，这一方法对我国长期天气预报的发展起到了非常积极的作用。由于它具有很好的实用性和概括性，至今短期气候预测的制作仍沿用这一方法的思路。

历史演变法揭示了气候变量序列的5个特性——持续性、相似性、周期性、最大最小可能性和转折点。持续性即气候变量在历史上升降趋势的持久程度；相似性指气候变化在某一时期与另一时期在变化形势上是相似的；周期性指气候变化趋势经一定时间间隔后重复出现。以上3个特性反映了气候变量变化过程中历史特征的某种重现。最大最小可能性则指气候变量历史变化的数量在一定时间内有其适当范围，给出了历史变化的概率特性；转折点则是气候变量变化中某一时期具有的明显特征，在另一时期有所改变，并可能出现新的特征，发生质的突变。以历史演变的5个特征及其相互配合作用为依据，对气候变量未来的变化状态做出推断。

1.2.5 气候统计预测的基本步骤

气候统计预测的基本步骤如下。

(1)收集资料

收集预测对象及预报因子资料。资料的样本量 n 应该大于等于30。$n \geqslant 30$是根据数理统计中的大数定理推断得到的。由于对统计模型的统计检验常常是在变量遵从正态分布的假设之下做出的，因此，变量资料一般应该满足正态分布，否则应预先进行必要的处理。在建立多元回归预测模型时，要选用符合一定物理规律的因子变量资料。

(2)选择统计模型

根据预测对象、预测步长及资料状况，选择适当的统计模型。若不能保证因子变量之间相互独立时，建立回归模型可以考虑用主成分回归、特征根回归、岭回归等方法；反之，则使用最小二乘法估计的多元回归已足矣，这是最一般的方法。一步时间序列预测问题可以选用自回归模型，而多步预测用均生函数模型效果会更佳。总之，要根据具体情况来选择统计模型。有时可以对同一预测问题建立多种不同的统计模型进行预测试验，从中挑选出最符合实际问题的模型。

(3)统计检验

对建立的统计模型进行统计检验。对于理论基础和实际应用比较完善的、以多元线性回归为基本形式的模型,已有成熟的检验方法。而有些模型尚没有系统的检验办法。

(4)预测

将最临近预测时刻的数据代入所建立的统计模型中,即可得到未来状态的预测值。

2 基本气候状态的统计量

在气候诊断与预测中，需要用统计量来表征基本气候状态的特征。归纳起来，基本统计量主要包括表示气候变量中心趋势、变化幅度、分布形态和相关程度的量。尽管它们是统计学中的基本内容，计算也很简单，但是为了保持叙述的连贯性，也为了方便读者，这里给出几个最常用的统计量。

2.1 中心趋势统计量

2.1.1 均值

均值是描述某一气候变量样本平均水平的量。它是代表样本取值中心趋势的统计量。均值计算很简便，且由中心极限定理可以证明（劳，1987），即使在原始数据不属于正态分布时，均值总是趋于正态分布的。因此，它是气候统计中最常用的一个基本概念。均值亦可以作为变量总体数学期望 μ 的一个估计。如果变量遵从正态分布，其均值则是 μ 的最好估计值。

把包含 n 个样本的一个变量 x，即 $x_1, x_2, \cdots, x_i, \cdots, x_n$ 视为离散随机过程的一个特定的现实。这个过程的均值定义为

$$\mu_x(n) = E(x_n) \tag{2.1}$$

或写为算术平均值的形式

$$\bar{x} = \frac{1}{n}(x_1 + x_2 + \cdots + x_n) = \frac{1}{n}\sum_{i=1}^{n} x_i \tag{2.2}$$

在计算机上编制程序计算算术平均值，可以按照式(2.2)，对变量

x 直接求和,再做平均得到 $\bar{x}$,亦可以用递推算法。令 $\bar{x}_0=0$,对 $i=1,2,\cdots,n$,计算中间均值

$$\bar{x}_i=\frac{i-1}{i}\bar{x}_{i-1}+\frac{1}{i}x_i=\bar{x}_{i-1}+\frac{1}{i}(x_i-\bar{x}_{i-1}) \tag{2.3}$$

最终得到算术均值 $\bar{x}=\bar{x}_n$。直接求和做平均运算量最小,是最常用的算法。递推算法的优点是可以进行实时资料处理,得到一系列中间均值 $\bar{x}_i$,既满足了特殊需求,也避免了增加一个样本又要从头做平均的重复计算。

应用实例[2.1] 用递推算法计算北京1951—1996年夏季(6—8月)降水量序列的均值。这里样本量 $n=46$。数据见表2.1。按式(2.3)的递推公式编制程序计算出中间均值及序列的均值,结果列于表2.1。

表2.1 北京1951—1996年夏季降水量及中间均值 单位:mm

年份	原始数据									
1951—1960年	249	404	490	848	621	859	382	452	1170	410
1961—1970年	411	285	660	520	185	448	484	204	675	456
1971—1980年	383	228	528	372	357	578	529	511	554	243
1981—1990年	293	466	319	382	620	509	469	545	268	384
1991—1996年	559	364	404	697	385	612				
年份	**中间均值**									
1951—1960年	249	327	381	498	522	579	550	538	608	589
1961—1970年	572	548	557	554	530	525	522	505	514	511
1971—1980年	505	492	494	488	483	487	488	489	491	483
1981—1990年	477	477	472	469	474	475	474	476	471	469
1991—1996年	471	468	467	472	470	473				

表2.1中的最后一个均值 $\bar{x}_{46}=473$,即为北京夏季降水量46年的平均值。

2.1.2 中位数

中位数是表征气候变量中心趋势的另一个统计量。在按大小顺序排列的气候变量 $x_1,x_2,\cdots,x_n$ 中,位置居中的那个数就是中位数。当样

本量 n 为偶数时,不存在居中的数,中位数取最中间两个数的平均值。

中位数的优点在于它不易受异常值的干扰。在样本量较小的情况下,这一点显得尤为显著。对于一个基本遵从正态分布的变量,异常值会对均值产生十分明显的影响。但是,使用中位数就不会受异常值的影响。

2.2 变化幅度统计量

统计量均值和中位数描述的仅仅是气候变量分布中心在数值上的大小。换言之,它们只告诉我们气候变量变化的平均水平,却没有告诉我们这种变化与正常情况的偏差和变化的波动。因此,必须借助于离散特征量,即表征距离分布中心远近程度的统计量。

2.2.1 距平

最常用的表示气候变量偏离正常情况的量是距平。一组数据的某一个数 x_i 与均值 $\bar{x}$ 的差就是距平 x',即

$$x' = x_i - \bar{x} \tag{2.4}$$

气候变量的一组数据 $x_1,x_2,\cdots,x_n$ 与其均值的差异就构成了距平序列 $x_1-\bar{x},x_2-\bar{x},\cdots,x_n-\bar{x}$。

在气候诊断分析中,常用距平序列来代替气候变量本身的观测数据。任何气候变量序列,经过距平化处理,都可以化为平均值为 0 的序列。这样处理可以给分析带来很多便利,计算结果也更直观。距平值除以平均值,再乘以 100%,得到距平百分率,它也是气候统计分析中常用的统计量,比如某地月、季降水量与气候态的偏离程度就常用降水距平百分率来表示。

2.2.2 方差与标准差

方差和标准差是描述样本中数据与以均值 $\bar{x}$ 为中心的平均振动幅度的特征量,这里分别记为 s^2 和 s。它们亦可作为变量总体方差 σ^2 和标准差 σ 的估计。在气象资料分析中也常称标准差为均方差。

方差的计算公式为

$$s^2 = \frac{1}{n}\sum_{i=1}^{n}(x_i - \bar{x})^2 \tag{2.5}$$

标准差为

$$s = \sqrt{\frac{1}{n}\sum_{i=1}^{n}(x_i - \bar{x})^2} \tag{2.6}$$

在计算机上，计算方差可以直接用式(2.5)计算。但在处理实时资料时，采用递推算法可以减少很多计算量，即令 $\bar{x}_0=0$，$s_0^2=0$，对 $i=1,2,\cdots,n$，用式(2.3)递推计算出中间均值 $\bar{x}_i$，计算中间方差

$$s_i^2 = \frac{i-1}{i}\left[s_{i-1}^2 + \frac{1}{i}(x_i - \bar{x}_{i-1})^2\right] \tag{2.7}$$

最终得到 $s^2=s_n^2$。当样本量 n 很大时，递推算法的计算量比直接计算要小得多。

应用实例[2.2] 用递推算法计算北京 1951—1996 年夏季降水量序列的方差，数据见表 2.1。这里样本量仍为 $n=46$，计算结果列于表 2.2。表中最后一个方差 $s_{46}^2=33748$ 为整个序列的方差。

表 2.2 北京 1951—1996 年夏季降水量的中间方差 单位：mm

年份	中间均值									
1951—1960 年	0	6006	9945	48350	41111	49995	47581	42693	77383	73185
1961—1970 年	69136	69682	65206	60639	65085	61409	57888	59986	58277	55521
1971—1980 年	53616	54497	52182	50598	49238	47676	45974	44349	42960	43517
1981—1990 年	43243	41895	41356	40371	39848	38775	37728	36862	37001	36260
1991—1996 年	35570	34989	34269	34666	34061	33748				

2.3 分布特征统计量

偏度系数和峰度系数 偏度系数和峰度系数是描述气候变量分布特征的两个重要统计量。偏度系数表征分布形态与平均值偏离的程

度,作为分布不对称的测度。峰度系数则表征分布形态图形顶峰的凸平度。为便于进行统计检验,这里给出标准偏度系数和峰度系数的计算公式。

偏度系数为

$$g_1 = \sqrt{\frac{1}{6n}}\sum_{i=1}^{n}\left(\frac{x_i - \bar{x}}{s}\right)^3 \tag{2.8}$$

峰度系数为

$$g_2 = \sqrt{\frac{n}{24}}\left[\frac{1}{n}\sum_{i=1}^{n}\left(\frac{x_i - \bar{x}}{s}\right)^4 - 3\right] \tag{2.9}$$

式(2.8)和(2.9)中的 $\bar{x}$ 和 s 分别由式(2.2)和(2.6)算出。

标准偏度系数的意义是由 g_1 的取值符号而定的。当 g_1 为正时,表明分布图形的顶峰偏左,称为正偏度;当 g_1 为负时,分布图形的顶峰偏右,称为负偏度;当 g_1 为 0 时,表明分布图形对称。

标准峰度系数的意义为:当 g_2 为正时,表明分布图形坡度偏陡;当 g_2 为负时,图形坡度平缓;当 g_2 为 0 时,坡度正好。

若 $g_1=0$、$g_2=0$ 时,表明研究的变量为理想正态分布变量。由此可见,利用 g_1 和 g_2 值测定出偏离 0 的程度,以此确定变量是否遵从正态分布。实际应用时,对 g_1 和 g_2 进行统计检验,以判断变量是否近似正态分布。

应用实例[2.3] 天津 1951—1996 年夏季(6—8 月)降水量资料见表 2.3,计算其偏度系数和峰度系数。

表 2.3 天津 1951—1996 年夏季降水量 单位:mm

年份	降水量									
1951—1960 年	216	251	613	680	421	412	397	299	435	420
1961—1970 年	493	365	239	561	341	633	408	148	567	399
1971—1980 年	358	171	545	363	528	384	777	569	417	241
1981—1990 年	469	250	237	465	421	437	362	513	236	337
1991—1996 年	350	253	417	564	484	328				

利用式(2.8)和(2.9)计算出 $g_1=0.96$、$g_2=-0.17$。计算结果表明,天津夏季降水量的分布图形顶峰向左偏,坡度稍平。要判定天津夏季降水量是否遵从正态分布或近似正态分布,还需进一步做分布的统计检验。

2.4 相关统计量

2.4.1 皮尔逊(Pearson)相关系数

皮尔逊(Pearson)相关系数是描述两个随机变量线性相关的统计量,一般简称为相关系数或点相关系数,用 r 来表示。它也作为两总体相关系数 ρ 的估计。

设有两个变量为 $x_1,x_2,\cdots,x_n$ 和 $y_1,y_2,\cdots,y_n$。相关系数计算公式为

$$r=\frac{\sum_{i=1}^{n}(x_i-\overline{x})(y_i-\overline{y})}{\sqrt{\sum_{i=1}^{n}(x_i-\overline{x})^2}\sqrt{\sum_{i=1}^{n}(y_i-\overline{y})^2}} \tag{2.10}$$

也可以用标准差形式计算

$$r=\frac{\frac{1}{n}\sum_{i=1}^{n}(x_i-\overline{x})(y_i-\overline{y})}{\sqrt{\frac{1}{n}\sum_{i=1}^{n}(x_i-\overline{x})^2}\sqrt{\frac{1}{n}\sum_{i=1}^{n}(y_i-\overline{y})^2}}=\frac{\mathrm{cov}(x,y)}{s_x s_y} \tag{2.11}$$

式中,分母为变量 x 和 y 的标准差,分子为两变量 x、y 的协方差。在已经计算出标准差的情况下,式(2.11)的计算变得十分简便。

容易证明,相关系数 r 的取值为 $-1.0\sim+1.0$ 之间。当 $r>0$ 时,表明两变量呈正相关,越接近于 1.0,正相关越显著;当 $r<0$ 时,表明两变量呈负相关,越接近于 -1.0,负相关越显著;当 $r=0$ 时,则表示两变量相互独立。当然,计算出的相关系数是否显著,需要经过显著性检验。

如果观测的数据不是确定的数值，而只是序号或两变量呈非线性关系时，则不能随便去套用皮尔逊相关系数的计算公式。可以先作适当的数据变换，然后再进行相关系数计算。对于不是确定数值的数据，可以计算非参数相关——斯皮尔曼(Spearman)秩相关系数或肯德尔(Kendall)秩相关系数(陶澍，1994)来考察两变量的相依关系。顾名思义，它们的计算是依赖于对数据排序求秩而进行的。实际使用很少，这里不做介绍。

据统计学中大样本定理(王梓坤，1976)，样本量大于30才有统计意义。当样本量较小时，计算所得相关系数可能会与总体相关系数偏离甚远。这时可以用计算无偏相关系数加以校正。将无偏相关系数记为 r^* 。

$$r^* = r\left[1 + \frac{1 - r^2}{2(n-4)}\right] \tag{2.12}$$

应用实例[2.4] 中国1970—1989年年(1—12月)平均气温和冬季(12月至翌年2月)气温等级资料见表2.4。经统计检验，2个变量均遵从正态分布。计算两变量的皮尔逊相关系数。这里 $n=20$。

表 2.4 中国 1970—1989 年年平均和冬季平均气温等级

年份	年平均气温等级									
1970—1979年	3.40	3.30	3.20	2.90	3.40	2.80	3.60	3.00	2.80	3.00
1980—1989年	3.10	3.00	2.90	2.70	3.50	3.20	3.10	2.80	2.90	2.90
年份	冬季平均气温等级									
1970—1979年	3.24	3.14	3.26	2.38	3.32	2.71	2.84	3.94	2.75	1.83
1980—1989年	2.80	2.81	2.63	3.20	3.60	3.40	3.07	1.87	2.63	2.47

利用式(2.10)或(2.11)编制程序计算，两变量间相关系数 $r=0.47$。由于变量只有20个样本，因此，需要用式(2.12)做校正。校正后 $r^*=0.48$。经显著性检验，相关系数超过 $\alpha=0.05$ 显著性水平，表明年平均气温与冬季平均气温之间存在显著的正相关关系。

2.4.2 自相关系数

自相关系数是描述某一变量不同时刻之间相关的统计量。将滞后

长度为 j 的自相关系数记为 $r(j)$。$r(j)$亦是总体相关系数 $\rho(j)$的渐近无偏估计。不同滞后长度的自相关系数可以帮助我们了解前 j 时刻的信息与其后时刻变化的联系。由此判断由 x_i 预测 x_{i+j} 的可能性。对变量 x,滞后长度为 j 的自相关系数为

$$r(j)=\frac{1}{n-j}\sum_{i=1}^{n-j}\left(\frac{x_i-\bar{x}}{s}\right)\left(\frac{x_{i+j}-\bar{x}}{s}\right) \tag{2.13}$$

式中,s 是长度为 n 的时间序列的标准差,s 由式(2.6)求出。

设计自相关系数计算程序时,可以采用以下方式:

(1)连续设置滞后长度,即 $j=1,2,\cdots,k$,这样可以得到 k 个不同时刻的自相关系数 $r(1),r(2),\cdots,r(k)$。

(2)视 i ($i=1,2,\cdots,n-j$)时刻的数据为一序列,$i+j$ ($i+j=1+j,2+j,\cdots,n$)时刻的数据为另一序列,分别计算其均值、方差及协方差,从而得到 i 时刻和 $i+j$ 时刻序列间的相关系数。

应用实例[2.5] 分别计算表 2.4 中所列中国 1970—1989 年年平均和冬季平均气温等级的自相关系数 $r_1(j)$和$r_2(j)$。这里 $n=20$,滞后长度 $j=1,2,\cdots,5$。计算结果见表 2.5。

表 2.5 1970—1989 年年平均和冬季平均气温等级的自相关系数

j	1	2	3	4	5
$r_1(j)$	−0.1372	0.0655	−0.2384	0.1603	0.1491
$r_2(j)$	0.1101	−0.1940	−0.0899	−0.3575	−0.3050

由表可见,年平均气温等级序列在滞后长度 $j=3$ 时达最大,而冬季序列则在 $j=4$ 时达最大。

2.4.3 关联度

表征气候变量关系密切程度的相关系数是以数理统计为基础的,要求足够大的样本量及数据遵从一定的概率分布。灰色关联度是一种相对性排序的量,来源于几何相似,其实质是进行曲线间几何形态的比较。几何形状越相近的序列,变化趋势就越接近,其关联程度就越高;

反之亦然。关联度适合表征小样本变量间的关联程度。灰色系统理论中有绝对值关联度和速率关联度(邓聚龙,1985),这里给出一种更适合于气候变量的关联度计算方案(曹鸿兴 等,1993a),称之为优序度。

设有一因变量 $x_0=\{x_{01},x_{02},\cdots,x_{0n}\}$ 及 m 个自变量 $x_i=\{x_{i1},x_{i2},\cdots,x_{in}\}(i=1,2,\cdots,m)$。$n$ 为样本量。对原始数据进行极差标准化处理,即

$$x'_{ij}=\frac{x_{ij}-\min x_{ij}}{\max x_{ij}-\min x_{ij}},\quad \begin{cases}i=0,1,2,\cdots,m\\ j=1,2,\cdots,n\end{cases} \tag{2.14}$$

为简便起见,下面对标准化后数据仍记为 x_{ij}。

因变量与自变量之间的关联系数为

$$\xi_{ij}=\frac{1}{1+a_i(x_{0j}-x_{ij})^2},\quad \begin{cases}i=1,2,\cdots,m\\ j=1,2,\cdots,n\end{cases} \tag{2.15}$$

式中,a_i 为权重系数,有如下两种取法:

(1)令

$$a_i=\frac{l_i+1}{s_i+1} \tag{2.16}$$

式中,l_i 和 s_i 为第 i 个自变量所有样本在 m 个自变量序列中与因变量序列取最大距离 $\max\Delta x_{ij}$ 的个数和最小距离 $\min\Delta x_{ij}$ 的个数。当取定样本 $j=j_l$、$j=j_s$ 时,

$$\begin{cases}\max\Delta x_{ij_l}=\max\mid x_{0j_l}-x_{ij_l}\mid\\ \min\Delta x_{ij_s}=\min\mid x_{0j_s}-x_{ij_s}\mid\end{cases}\quad i=1,2,\cdots,m \tag{2.17}$$

在某时间窗口上各取出其最大距离和最小距离,再计算二者的个数。权重 a_i 体现了第 i 个自变量在 m 个自变量中远近程度的相对关系。

(2)从数量角度定义权重系数

$$a_i=u_i/v_i \tag{2.18}$$

其中

$$\begin{cases} u_i = \dfrac{1}{l_i+1}\sum_{l=1}^{l_i}\max\Delta x_{ij_l} \\ v_i = \dfrac{1}{s_i+1}\sum_{s=1}^{s_i}\min\Delta x_{ij_s} \end{cases} \tag{2.19}$$

这里 l_i 和 s_i 与式(2.16)意义相同,但 $\max\Delta x_{ij_l}$ 和 $\min\Delta x_{ij_s}$ 的定义与式(2.17)不同,

$$\begin{cases} \max\Delta x_{ij_l} = \max(x_{0j_l} - x_{ij_l})^2 \\ \min\Delta x_{ij_s} = \min(x_{0j_s} - x_{ij_s})^2 \end{cases} \tag{2.20}$$

关联系数表征的是各个序列在不同时刻的关联程度,关联度则是表征序列间关联程度大小的综合指标。一般简单地取关联系数的平均值作为关联度。

$$r_i = \frac{1}{n}\sum_{j=1}^{n}\xi_{ij}, \quad i = 1,2,\cdots,m \tag{2.21}$$

应用实例[2.6] 计算 1958—1987 年二氧化碳(CO_2)浓度序列与全球、北半球、南半球、中国加权 160 站、中国未加权 160 站和西安单站 6 个年气温序列的关联度。这里 $n=20$、$m=6$。计算时,权重 a_i 采用第二种方法。计算结果见表 2.6。

表 2.6 CO_2 浓度与气温序列间的关联度

气温序列	全球	北半球	南半球	中国加权	中国未加权	西安
关联度	0.9239	0.8808	0.9517	0.8679	0.8601	0.8328

由表 2.6 可见,CO_2 浓度与南半球气温关系最密切,与西安单站气温的关系最差。

3 基本气候状态的统计检验

第 2 章介绍了表征基本气候状态的几种常用统计量。我们通过某一气候变量序列的均值和方差了解其变化平均状况和变化幅度,但还不清楚这种状况是否稳定、变化是否显著。因此,需要进行统计检验。自相关系数和皮尔逊相关系数仅仅显示气候变量前后时刻和两变量的相关程度,但还不能由此贸然断言存在显著的相关,必须经过统计检验。本章首先简单介绍一下统计检验的概念和统计检验的流程,然后按照气候状态的稳定性、相关性和分布形态分别介绍统计检验的方法。由于我们分析的气候变量大多遵从正态分布,因此这里着重介绍与正态分布有关的统计检验的方法及其计算。

3.1 统计检验概述

3.1.1 统计检验与统计假设

统计检验的基本思想是针对要检验的实际问题,提出统计假设。所谓统计假设实际上是用统计语言表达出期望得出结论的问题。例如,想了解北京和天津两地夏季降水量是否相同,可以将统计假设表达为"北京与天津两地夏季降水量均值没有差异",然后,用特定的检验方法计算,并按照给定的显著性水平对接受或是拒绝假设做出推断。需要强调的是,由于所有统计检验无一例外地都是针对总体而言的,因此,统计假设也必须与总体有关。例如,北京与天津两地降水量均值的比较,统计假设不能表述为两地降水量均值相同或不同,必须表述为两总体均值相同或两样本来自均值相同的总体。

由上述分析可知,统计检验是对二者择一做出判断的方法。其统计假设包括相互对立的两方面,即原假设和对立假设。原假设是检验的直接对象,常用 H_0 表示;对立假设是检验结果拒绝原假设时必然接受的结论,用 H_1 表示。统计假设多数情况下可以用数学符号表达。例如,原假设 $H_0:\mu_1=\mu_2$,就是检验两总体均值相等的统计假设。

由于选择显著性水平 α 的取值与是否拒绝原假设密切相关,因此,为保证检验的客观性,应该在检验前就确定出适当的显著性水平。通常取 0.05,有时也取 0.01。也就是说,在原假设正确的情况下,接受这一假设的可能性有 95%或 99%,而拒绝这一假设的可能性较小。

3.1.2 统计检验的一般流程

统计检验的一般流程如下:

(1)明确要检验的问题,提出统计假设。

(2)确定显著性水平 α。

(3)针对所研究的问题,选取一个适当的统计量。例如,检验两组样本均值差异可选用 t 检验,检验方差的显著性选用 F 检验等。通常这些统计量的分布均有表可查。

(4)根据观测样本计算有关统计量。

(5)对给定的 α,从表上查出与 α 水平相应的数值,即确定出临界值。

(6)比较统计量计算值与临界值,看其是否落入否定域中。若落入否定域则拒绝原假设。

关于统计检验的具体计算,在介绍检验方法时,根据实例再做详细说明。

3.2 气候稳定性检验

某一地区的气候是否稳定,可以通过比较不同时段气候变量的均值或方差是否发生显著变化来判断。另外,比较两个地区的气候变化是否存在显著差异,也可以通过检验均值和方差来判断。为叙述方便,对于适用上述两种情形的检验方法,在具体介绍时将一并进行说明。

3.2.1 u检验

u 检验可用于两方面的检验：

(1)总体均值的检验，可用于检验某地的气候是否稳定。

(2)两个总体均值的检验，用于检验两地的气候变化是否存在显著差异。

当方差 σ^2 已知，且比较稳定时，只需对均值进行检验。所谓均值检验就是检验样本均值 $\bar{x}$ 和总体均值无偏估计 μ_0 之间的差异是否显著。用 u 检验就可以进行这方面的检验。

构造统计量：

$$u = \frac{\bar{x} - \mu_0}{\sigma}\sqrt{n} \tag{3.1}$$

式中，$\bar{x}$ 为样本均值，μ_0 和 σ 为原总体均值和标准差，n 为样本量。如果假设总体均值无改变，即 $\mu=\mu_0$，则 $\bar{x}$ 遵从正态分布 $N\left(\mu_0,\frac{\sigma^2}{n}\right)$，$u$ 遵从标准正态分布 $N(0,1)$。由正态分布表查得 u_{α_1}、u_{α_2}，使得

$$P(u \leqslant u_{\alpha_1}) + P(u \geqslant u_{\alpha_2}) = \alpha_1 + \alpha_2 = \alpha \tag{3.2}$$

由于正态分布的对称性，令 $\alpha_1=\alpha_2=\frac{\alpha}{2}$，于是有

$$P(|u| \geqslant u_\alpha) = \alpha$$

在给定显著性水平 $\alpha=0.05$ 的条件下，查得 u_α 的值，若 $|u|\geqslant u_\alpha=1.96$ 时否定假设，若 $|u|<u_\alpha$ 则接受原假设。

下面以实例来说明这种检验方法。

应用实例[3.1] 经正态检验，中国 1910—1989 年年平均气温等级遵从正态分布，其均值为 2.94，标准差为 0.30。又观测得到 1990—1994 年中国年平均气温等级分别为 2.60、3.30、3.70、3.10 和 2.40，样本均值 $\bar{x}=3.02$。检验在 $\alpha=0.05$ 显著性水平下，中国年平均气温等级的总体均值与样本均值有无显著差异，即总体均值有无改变。这里

样本量 $n=5$。检验步骤为：

(1)提出原假设 $H_0:\mu=\mu_0$。用统计语言表述为“总体均值与样本均值之间没有显著差异”。

(2)计算统计量。将特征值代入式(3.1)：

$$u=\frac{3.02-2.94}{0.30}\sqrt{5}\approx 0.604$$

(3)当 $\alpha=0.05$ 时，查正态分布函数表(附表 1b)，$u_\alpha=1.96$，那么，$u<u_\alpha$，接受原假设。至此，可以得出结论：在 $\alpha=0.05$ 显著性水平上，可以认为 1990—1994 年样本均值与年平均气温总体均值无显著差异，即年平均气温变化是稳定的。这里应强调，这一结论是在 $\alpha=0.05$ 的显著性水平上得出的，如果以更低的显著性水平进行检验，有可能得出不同的结论。

u 检验还可以用来检验两个总体的均值是否相等。例如，诊断两地气候状况是否有显著差异就可以用 u 检验。假设观测数据 x 和 y 分别遵从正态分布 $N(\mu_1,\sigma_1^2)$ 和 $N(\mu_2,\sigma_2^2)$，若要检验两个均值是否相等，即检验原假设 $H_0:\mu_1=\mu_2$。

x 和 y 的样本量为 n_1 和 n_2，样本均值为 $\bar{x}$ 和 $\bar{y}$。它们均为正态分布，且相互独立，因此 $\bar{x}-\bar{y}$ 也是正态分布，构造统计量

$$u=\frac{\bar{x}-\bar{y}}{\sqrt{\dfrac{\sigma_1^2}{n_1}+\dfrac{\sigma_2^2}{n_2}}} \tag{3.3}$$

u 遵从标准正态分布 $N(0,1)$。

应用实例[3.2] 赤道东太平洋地区(0°～10°S，180°～90°W)春季(3—5 月)平均海面温度 39 年平均值为 27.5 ℃，方差为 2.07 ℃。西风漂流区(40°～20°N，180°～145°W)春季海面温度 39 年平均值为 17.3 ℃，方差为 2.08 ℃。检验两地区海面温度平均值有无显著差异。这里样本量 $n_1=n_2=39$。检验步骤为：

(1)提出原假设 $H_0:\mu_1=\mu_2$。用统计语言表述为“两总体均值之间没有显著差异”。

(2)计算统计量。将特征量代入式(3.3),得到 $u=21.4$。

(3)当显著性水平 $\alpha=0.05$,$u_\alpha=1.96$,那么,$u>u_\alpha$,拒绝原假设。在 $\alpha=0.05$ 的显著性水平上,认为赤道东太平洋春季海面温度均值与西风漂流区春季海面温度的均值之间存在显著性差异。

归纳起来,u 检验适用于下列 3 种情况:

(1)方差是已知的。

(2)对遵从正态分布的观测对象样本量大或小均适用。

(3)若样本量足够大,即使观测对象不遵从正态分布也适用。因为样本量足够大时,可以认为其样本均值近似遵从正态分布。

3.2.2 t检验

t 检验也是一种均值统计检验方法。它适用于下列两种情况:

(1)方差未知时。

(2)遵从正态分布的均值检验,小样本也适用。

和 u 检验一样,t 检验也构造了检验总体均值和两个总体均值两种统计量。在总体方差 σ^2 未知的情况下,是用样本方差 s^2 来估计的。

构造检验总体均值的 t 统计量:

$$t=\frac{\bar{x}-\mu_0}{s}\sqrt{n} \tag{3.4}$$

式中,$\bar{x}$ 和 s 分别代表样本均值和标准差,μ_0 为总体均值,n 为样本量。在确定显著性水平 α 之后,根据自由度 $\nu=n-1$ 查 t 分布表(附表 2),若 $|t|\geqslant t_\alpha$,则拒绝原假设。

应用实例[3.3] 经正态检验,赤道东太平洋地区(0°～10°S,180°～90°W)春季(3—5 月)平均海面温度遵从正态分布,1952—1981 年 30 年平均值 $\mu_0=27.4$ ℃。又观测得到,1982—1990 年 9 年春季海面温度分别为 27.5、28.7、27.3、27.1、27.3、28.3、27.6、26.8 和 27.4 ℃。9 年样本均值 $\bar{x}=27.6$ ℃,样本方差 $s^2=3.1$ ℃,标准差为 $s=1.76$ ℃,$n=9$。

(1)提出原假设 $H_0:\mu=\mu_0$。

(2)计算统计量。$t=\frac{27.4-27.6}{1.76}\sqrt{9}\approx-0.34$

(3)确定显著性水平 $\alpha=0.05$,这里自由度 $\nu=9-1=8$,查 t 分布表(附表 2)得 $t_\alpha=2.31$,因此 $|t|<t_\alpha$,接受原假设,认为赤道东太平洋海面温度的总体均值没有发生显著变化,即这一时段赤道东太平洋海面温度是稳定的。

构造检验两个总体的均值($\bar{x}$、$\bar{y}$)有无显著差异的统计量:

$$t=\frac{\bar{x}-\bar{y}}{\sqrt{\frac{(n_1-1)s_1^2+(n_2-1)s_2^2}{n_1+n_2-2}}\sqrt{\frac{1}{n_1}+\frac{1}{n_2}}} \tag{3.5}$$

式中 $\bar{x}$、$\bar{y}$、n_1、n_2 的意义与式(3.3)相同,s_1^2 和 s_2^2 分别表示 $\bar{x}$ 和 $\bar{y}$ 的方差。显见式(3.5)遵从自由度 $\nu=n_1+n_2-2$ 的 t 分布。

如果样本量 n_1、n_2 均较大,可用下式近似计算:

$$t=\frac{\bar{x}-\bar{y}}{\sqrt{\frac{s_1^2}{n_1}+\frac{s_2^2}{n_2}}} \tag{3.6}$$

应用实例[3.4] 赤道东太平洋地区 1982—1990 年春季海面温度已在应用实例[3.3]中给出。西风漂流区(40°~20°N,180°~145°W)1982—1992 年 11 年春季海面温度分别为:17.0、16.1、17.4、17.7、16.8、16.2、16.9、17.5、17.1、17.1 和 16.7 ℃。在总体方差 σ^2 未知的情况下,检验来自两个总体的样本均值有无显著差异。赤道东太平洋地区春季海面温度的 9 年样本均值 $\bar{x}=27.6$ ℃,样本方差 $s_1^2=3.1$ ℃;西风漂流区春季海面温度的 11 年样本均值 $\bar{y}=17.0$ ℃,样本方差 $s_2^2=2.3$ ℃。

(1)提出原假设 $H_0:\mu_1=\mu_2$。

(2)计算统计量,将特征量代入式(3.5),$t\approx14.9$。

(3)确定显著性水平 $\alpha=0.05$,自由度 $\nu=9+11-2=18$,查 t 分布表,$t_\alpha=2.10$,由于 $t>t_\alpha$,拒绝原假设,认为在 $\alpha=0.05$ 显著性水平上,赤道东太平洋地区的海面温度均值与西风漂流区海面温度均值有显著差异。这一结论与 u 检验用 39 年样本的结果一致。

3.2.3 χ^2 检验

上面讲到的 u 检验和 t 检验是对均值的统计检验。方差反映了某一变量观测数据的偏离程度，它是变量稳定与否的重要测度。因此，对方差的检验与均值检验一样重要。用 χ^2 检验就可以对正态总体方差有无显著改变进行检验。

若 s^2 是来自正态总体 $N(\mu,\sigma^2)$ 的样本方差，则可以构造统计量：

$$\chi^2=\frac{(n-1)s^2}{\sigma^2} \tag{3.7}$$

可见，式(3.7)的统计量适用于总体方差 σ^2 已知的情况，且仅限于对总体方差显著性的检验。确定显著性水平后，查 χ^2 分布表(附表 4)，查出自由度 $\nu=n-1$ 的上界 $\chi^2_{\frac{\alpha}{2}}$ 和下界 $\chi^2_{1-\frac{\alpha}{2}}$。若 $\chi^2>\chi^2_{\frac{\alpha}{2}}$ 或 $\chi^2<\chi^2_{1-\frac{\alpha}{2}}$，则认为总体方差有显著变化。

应用实例[3.5] 已知上海 10 月逐日地面相对湿度(单位：%)近似遵从正态分布，且 $\sigma^2=102.9$，又测得 5 天相对湿度，计算出 $s^2=46.4$。

(1)提出原假设 $H_0:\sigma=\sigma_0$，可表述为“总体方差与样本方差无显著差异”。

(2)计算统计量。将特征量代入式(3.7)，计算得 $\chi^2\approx1.80$。

(3)确定显著性水平 $\alpha=0.10$，自由度 $\nu=5-1=4$，查 χ^2 分布表(附表 4)，$\chi^2_{\frac{\alpha}{2}}=9.49$，$\chi^2_{1-\frac{\alpha}{2}}=0.711$。$\chi^2(=1.80)<\chi^2_{\frac{\alpha}{2}}(=9.49)$，且 $\chi^2>\chi^2_{1-\frac{\alpha}{2}}(=0.711)$，所以接受原假设，认为总体方差与样本方差之间无显著差异。

统计量(式(3.7))是在正态总体均值 μ 未知时检验总体方差的。若总体均值 μ 已知，可用下面统计量

$$\chi^2=\sum_{i=1}^{n}\left(\frac{x_i-\mu}{\sigma}\right)^2 \tag{3.8}$$

进行检验。其中 n 为样本量，$x_i(i=1,2,\cdots,n)$ 为观测样本，式(3.8)构造的统计量遵从自由度 $\nu=n$ 的 χ^2 分布。

3.2.4 F检验

检验两个总体的方差是否存在显著差异，可以用 F 检验。在总体方差未知的情况下，假定 s_1^2 和 s_2^2 是分别来自两个相互独立的正态总体

的样本方差，统计量

$$F = \left(\frac{n_1}{n_1 - 1}s_1^2\right) \Big/ \left(\frac{n_2}{n_2 - 1}s_2^2\right) \tag{3.9}$$

遵从自由度 $\nu_1 = n_1 - 1$、$\nu_2 = n_2 - 1$ 的 F 分布。给定显著性水平 α 之后，查 F 分布表(附表 3c)，若 $F \geqslant F_{\frac{\alpha}{2}}$，则拒绝原假设。

应用实例[3.6]　对应用实例[3.4]的问题用 F 检验两个总体的样本方差有无显著差异。赤道东太平洋春季海面温度样本方差 $s_1^2 = 3.1$ ℃，西风漂流区春季海面温度样本方差 $s_2^2 = 2.3$ ℃。这里 $n_1 = 9$、$n_2 = 11$。

(1)原假设 $H_0: \sigma_1 = \sigma_2$。

(2)计算统计量，得到 $F \approx 1.38$。

(3)给定显著性水平 $\alpha = 0.10$，自由度 $\nu_1 = 9 - 1 = 8$、$\nu_2 = 11 - 1 = 10$，查 F 分布表(附表 3b)，$F_{\frac{\alpha}{2}} = 3.07$，$F < F_{\frac{\alpha}{2}}$，接受原假设，认为赤道东太平洋春季海面温度与西风漂流区春季海面温度的样本方差无显著差异。

顺便指出，F 检验还可用于方差分析。将数据按不同时间间隔进行分组，然后利用 F 检验来检验不同组的组内方差与组间方差的显著性。此外，F 检验常被作为确定线性回归模型自变量入选和剔除的标准。利用 F 检验还可以判断自回归滑动平均(ARMA)模型降阶后与原模型之间是否有显著性差异，以此确定模型的阶数。

3.3　相关性检验

对于气候变量不同时刻间的线性相关[式(2.13)]和两气候变量间的线性相关[式(2.10)]是否显著，即相关系数达到多少算是存在显著相关关系，必须进行统计检验。

正态总体的相关检验实质上是两个变量间或不同时刻间观测数据的独立性检验。式(2.10)和(2.13)给出的相关系数 r 和 $r(j)$ 是总体相关系数 ρ 和 $\rho(j)$ 的渐近无偏估计。所谓相关检验，就是检验 ρ 和 $\rho(j)$ 为 0 的假设是否显著，即提出原假设 $H_0: \rho = 0$ 或 $H_0: \rho(j) = 0$。相关系数检验大致有以下 3 种方法。

(1)在假设总体相关系数 $\rho=0$ 成立的条件下，相关系数 r 的概率密度函数正好是 t 分布的密度函数，因此可以用 t 检验来对 r 进行显著性检验。统计量

$$t=\sqrt{n-2}\,\frac{r}{\sqrt{1-r^2}} \tag{3.10}$$

遵从自由度 $\nu=n-2$ 的 t 分布。给定显著性水平 α，查 t 分布表，若 $t>t_\alpha$，则拒绝原假设，认为相关是显著的。

(2)当样本量足够大时，对于滞后长度为 j 的自相关系数的显著性检验，可以通过统计量

$$u(j)=\sqrt{n-j}\,r(j) \tag{3.11}$$

进行检验。式(3.11)遵从渐近 $N(0,1)$ 分布。通过对自相关系数的检验，可以判断气候变量是否具有持续性。

(3)为检验方便，已构造出不同自由度、不同显著性水平的相关系数检验表。在实际检验过程中，自由度已知，给定显著性水平，就可直接查表对相关系数进行显著性检验，这是实际研究工作中常用的办法。

应用实例[3.7] 在应用实例[2.4]中，计算得中国年平均气温与冬季平均气温之间的相关系数 $r=0.48$。用第一种方法检验 r 是否显著，$n=20$。

(1)提出原假设 $H_0:\rho=0$。统计表述为“总体相关系数为 0”。

(2)计算统计量

$$t=\sqrt{20-2}\,\frac{0.48}{\sqrt{1-0.48^2}}\approx 2.33$$

(3)给定显著性水平 $\alpha=0.05$，查自由度 $\nu=20-2=18$ 时 t 分布表，$t_\alpha=2.10$，由于 $t=2.33>t_\alpha$，故拒绝原假设，在 $\alpha=0.05$ 显著性水平上，认为年平均气温与冬季平均气温之间的相关是显著的。

应用实例[3.8] 应用实例[2.4]计算出中国年平均气温与冬季平均气温之间相关系数 $r=0.48$。给定显著性水平 $\alpha=0.05$，用查相关系

数表的办法对 r 进行检验。这里自由度 $\nu=20-2=18$，查相关系数表（附表 5），自由度 18 对应 $\alpha=0.05$ 时，$r_\alpha=0.44$。由于 $r(=0.48)>r_\alpha$，因此认为，在 $\alpha=0.05$ 的显著性水平上，相关是显著的。若取显著性水平 $\alpha=0.01$，查表，$r_\alpha=0.56$，$r<r_\alpha$，因此认为，在 $\alpha=0.01$ 的显著性水平上相关是不显著的。

由应用实例[3.8]可以看到，取不同的 α，得出的结论可能是不同的。这两个结论并不矛盾，因为它们是在不同显著性水平上做出的结论。因此，在诊断分析中，当希望做出否定原假设，即判断两变量间是否存在相关关系时，应该注意显著性水平的选取，α 取得小一些，得出的结论可靠性就大一些。

在实际工作中，人们依赖相关系数提供的信息对未来做出预测。那么，相关系数是否具有稳定性是预报效果好坏的关键。因此，许多学者都在探索检验相关稳定性的方法（朱盛明，1982）。若两个变量的统计特征不随时间变化，相关系数必然有良好的稳定性。根据这一特性，有学者提出用计算滑动相关系数和序贯检验的方法来检验相关是否稳定（林学椿，1978，丁裕国，1987）。

3.4 分布的统计检验

从前述内容可以看到，正态分布在统计学中处于何等重要的位置。大多数气候诊断方法和预测模型是在气候变量呈正态分布假定的前提下进行的。因此，对于气候变量是否呈正态分布的检验是十分必要的。正态分布检验不仅可以判断原始变量是否遵从正态分布，还可以检验那些原本不遵从正态分布而经某种数学变换后的变量是否已成为正态分布。

3.4.1 正态分布偏度和峰度检验

对变量进行正态分布统计检验最简便的方法是对描述观测数据总体分布密度图形的特征量的偏度系数和峰度系数进行检验。

当样本量 n 足够大时，标准偏度系数（式(2.8)）和标准峰度系数

(式(2.9))都以标准正态分布 $N(0,1)$ 为渐近分布。因此,对某一变量做正态性检验,就是提出变量遵从正态分布的原假设,对计算出的样本标准偏度系数和峰度系数做检验。由于已有标准正态分布表,使得检验十分简便。确定出显著性水平 α,查表即可得出结论。需要注意的是,由于正态分布的对称性,查表时显著性水平应为 $\frac{\alpha}{2}$。例如,给定 $\alpha=0.05$,查表时,要找对应 $\frac{\alpha}{2}=0.025$ 的分布函数值。

这里顺便讲一下正态分布表的查法。附表1给出两种格式的正态分布表。附表1a是已知正态分布函数 u_α,求 α 值,附表1b是已知(给定)α,查 u_α 值。例如,已知分布函数 $u_\alpha=1.96$,求对应的 $\frac{\alpha}{2}$。其方法是,在附表1a中,从左栏找到1.9,平行向右移,移到对应上栏为0.06处,相交点的值为0.025即为 $\frac{\alpha}{2}$。再如,求 $\frac{\alpha}{2}=0.05$ 时分布函数 u_α 的值。其查表顺序是,在附表1b中,先从左栏找到0.0,然后平行向右移,移至对应上栏为5处,相交点的值为1.64485,即为 u_α 值。

应用实例[3.9] 应用实例[2.3]中计算出天津夏季(6—8月)降水量的标准偏度系数 $g_1=0.96$,标准峰度系数 $g_2=-0.17$。检验天津夏季降水量是否遵从或近似遵从正态分布。

(1)提出原假设 H_0:天津夏季降水遵从正态分布。

(2)给定显著性水平 $\alpha=0.05$,查正态分布表(附表1b),查得 $u_\alpha=1.96$,由于 $g_1(=0.96)<1.96$,且 $|g_2|(=0.17)<1.96$,因此,接受原假设,认为在 $\alpha=0.05$ 显著性水平下,天津夏季降水近似遵从正态分布。

值得注意的是,对一个变量进行检验,只有偏度和峰度均接受原假设,才可以认为样本来自正态分布总体。

3.4.2 正态分布的利氏(Lillifors)检验

正态分布的利氏(Lillifors)检验通过对累积频率分布的比较,判断样本是否遵从正态分布。它也是提出变量遵从正态分布的原假设。具体检验步骤如下。

(1)对具有 n 个样本的观测数据 x_i,按从小到大顺序排列,并进行标准化处理

$$x_i' = \frac{x_i - \overline{x}}{s} \quad i = 1,2,\cdots,n \tag{3.12}$$

(2)计算观测的累积频率

$$f_i = \frac{i}{n} \quad i = 1,2,\cdots,n \tag{3.13}$$

(3)从附表 6 中查出理论的累积频率 $\hat{f}_i$。由于附表 6 所列的数值对应于标准正态分布函数曲线下方从 0 到自变量绝对值范围内的面积。当 x_i'为正值时,累积频率 $\hat{f}_i$ 等于 0.5 加上查出的数值;当 x_i'为负值时,$\hat{f}_i$ 等于 0.5 减去查出的数值。

(4)计算理论累积频率与观测累积频率之差的绝对值

$$\begin{cases} E_i = | \hat{f}_i - f | \\ E_i' = | \hat{f}_i - f_{i-1} - 1 | \end{cases} \quad i = 1,2,\cdots,n \tag{3.14}$$

在 E_i'时,取 $f_0 = 0$。

(5)挑选所有 E_i 和 E_i'中的最大值作为检验统计量

$$E = \max(E_i, E_i') \tag{3.15}$$

(6)给定显著性水平 α,查利氏检验临界值表(附表 7),若 $E < E_\alpha$,则接受检验原假设,认为在 α 显著性水平下变量遵从正态分布。

3.4.3 数据正态化变换

对于不遵从正态分布的变量可以做适当的变换,使其正态化。这里给出几种常用的变换公式。

(1)对数变换。对数变换是一种很常用的正态化变换方法。它的优点是计算简便。对原始数据 x_i 取对数

$$x_i' = \ln x_i \quad i = 1,2,\cdots,n \tag{3.16}$$

(2)平方根变换。对离散型变量用平方根变换十分奏效,即

$$x_i' = \sqrt{x_i + 0.5} \quad i = 1,2,\cdots,n \tag{3.17}$$

(3)角变换。对于遵从二项分布的变量,可采用角变换:

$$x_i' = \arcsin \sqrt{x_i} \quad i = 1,2,\cdots,n \tag{3.18}$$

(4)幂变换。对于不清楚分布形式的变量,使用幂变换是最合适的。其中有 BC(Box-Cox)幂变换、欣克利(Hinkley)幂变换和 BT(Box-Tidwell)幂变换等。由于选取最佳幂次涉及优化问题,计算较繁杂,这里不做详细介绍。

4 气候变化趋势分析

随时间变化的一列气候数据构成一个气候时间序列。我们研究的变量常常是离散观测得到的随机序列，如年降水总量序列、月海面温度序列、季平均气温序列等均属于这类时间序列。气候时间序列一般具有以下特征：

(1)数据的取值随时间变化。

(2)每一时刻取值具有随机性。

(3)前后时刻数据之间存在相关和持续性。

(4)序列整体上有上升或下降趋势，并呈现周期性振荡。

(5)在某一时刻的数据取值出现转折或突变。

前两种特征是时间序列的一般规律，其分析方法已有许多书籍介绍(杨位钦 等，1986)。本章重点介绍气候序列变化趋势的诊断方法。在后面的第 5 章和第 6 章中将陆续介绍气候序列突变现象、周期性及时频结构等特征的诊断方法。

任何一个气候时间序列 x_t 都可以看成由下列几个分量构成：

$$x_t = H_t + P_t + C_t + S_t + a_t,$$

其中 H_t 为气候趋势分量，是指几十年的时间尺度显示出的气候变量上升或下降趋势，它是一种相对序列长度的气候波动；P_t 为气候序列存在的一种固有的周期性变化，如年变化和月变化；C_t 为循环变化分量，代表气候序列周期长度不严格的隐含周期性波动，如几年、十几年或几十年长度的波动；S_t 是平稳时间序列分量；a_t 是随机扰动项，又称白噪声。

分离气候变化趋势的常用方法是用年总量、年平均值或月、季总量来构造气候时间序列，这样就消除了固有周期性分量 P_t。然后再做统计处理，消除或削弱循环变化分量 C_t 和随机扰动项 a_t。这就可以将趋势分量 H_t 显现出来。S_t 则可以由平稳随机序列分析方法处理。下面介绍几种常用的分离气候趋势的统计方法。

4.1 线性倾向估计

4.1.1 方法概述

用 x_i 表示样本量为 n 的某一气候变量，用 t_i 表示 x_i 所对应的时间，建立 x_i 与 t_i 之间的一元线性回归方程：

$$\hat{x}_i = a + bt_i \qquad i = 1,2,\cdots,n \tag{4.1}$$

式(4.1)可以看作一种特殊的、最简单的线性回归形式。它的含意是用一条合理的直线表示 x 与其时间 t 之间的关系。由于式(4.1)右边的变量是 x 对应的时间 t，而不是其他变量，因此这一方法属于时间序列分析范畴。式(4.1)中 a 为回归常数，b 为回归系数。a 和 b 可以用最小二乘法进行估计。

对观测数据 x_i 及相应的时间 t_i，回归系数 b 和常数 a 的最小二乘法估计为

$$\begin{cases} b = \dfrac{\sum\limits_{i=1}^{n} x_i t_i - \dfrac{1}{n}\left(\sum\limits_{i=1}^{n} x_i\right)\left(\sum\limits_{i=1}^{n} t_i\right)}{\sum\limits_{i=1}^{n} t_i^2 - \dfrac{1}{n}\left(\sum\limits_{i=1}^{n} t_i\right)^2} \\ a = \bar{x} - b\,\bar{t} \end{cases} \tag{4.2}$$

式中

$$\bar{x} = \frac{1}{n}\sum_{i=1}^{n} x_i, \quad \bar{t} = \frac{1}{n}\sum_{i=1}^{n} t_i$$

利用回归系数 b 与相关系数之间的关系，求出时间 t_i 与变量 x_i 之间的相关系数：

$$r=\sqrt{\frac{\sum_{i=1}^{n}t_i^2-\frac{1}{n}\left(\sum_{i=1}^{n}t_i\right)^2}{\sum_{i=1}^{n}x_i^2-\frac{1}{n}\left(\sum_{i=1}^{n}x_i\right)^2}}\tag{4.3}$$

4.1.2　计算步骤

(1)对变量 x_i 构造其对应的时间序列 t_i。t_i 可以是年份，如 1951，1952，…，1990；也可以是序号，如 1，2，…，30 或其他时间单位值。

(2)按照式(4.2)和(4.3)求出回归系数 b、回归常数 a 及相关系数 r。

(3)将 a 和 b 代入式(4.1)，求出回归计算值 $\hat{x}_i$。

4.1.3　计算结果分析

对于线性回归计算结果，主要分析回归系数 b 和相关系数 r。

4.1.3.1　回归系数 b ——倾向值

回归系数 b 的符号表示气候变量 x 的趋势倾向。b 的符号为正，即当 $b>0$ 时，说明随时间 t 的增加 x 呈上升趋势；当 b 的符号为负，即 $b<0$ 时，说明随时间 t 的增加 x 呈下降趋势。b 值的大小反映了上升或下降的速率，即表示上升或下降的倾向程度。因此，通常将 b 称为倾向值，将这种方法叫做线性倾向估计。

4.1.3.2　相关系数 r

相关系数 r 表示变量 x 与时间 t 之间线性相关的密切程度。当 $r=0$时，回归系数 b 为 0，即用最小二乘法估计确定的回归直线平行于 x 轴，说明 x 的变化与时间 t 无关；当 $r>0$ 时，$b>0$，说明 x 随时间 t 呈上升趋势；当 $r<0$ 时，$b<0$，说明 x 随时间 t 呈下降趋势。$|r|$ 越接近于 0，x 与 t 之间的线性相关就越弱。反之，$|r|$ 越大，x 与 t 之间的线性相关就越强。当然，要判断变化趋势的程度是否显著，就要对相关系数进行显著性检验。确定显著性水平 α，若 $|r|>r_\alpha$，表明 x 随时间 t 的变

化趋势是显著的，否则表明变化趋势是不显著的。

应用实例[4.1] 用线性倾向估计分析华北及周边地区 1951—1995 年夏季(6—8 月)干旱指数的变化趋势(魏凤英，1997)。这一实例包括两方面内容。

(1)分析代表华北整个区域干旱状况的干旱指数的变化趋势。这里 $n=45$，x_i 为干旱指数，t_i 为与 x_i 一一对应的年份。利用式(4.2)计算出 $a=40.7602$，$b=-0.0182$，用式(4.3)求出相关系数 $r=-0.3395$，将 a 和 b 代入式(4.1)，求出 $\hat{x}_i$。绘制出线性趋势图(图 4.1)。计算结果表明，从总体上考察，该地区夏季干旱指数呈下降趋势，相关系数 $|r|>r_{0.05}(=0.2875)$，表明这种下降趋势在 $\alpha=0.05$ 显著性水平下是显著的。由图 4.1 可以看出，回归直线向下倾斜比较明显。

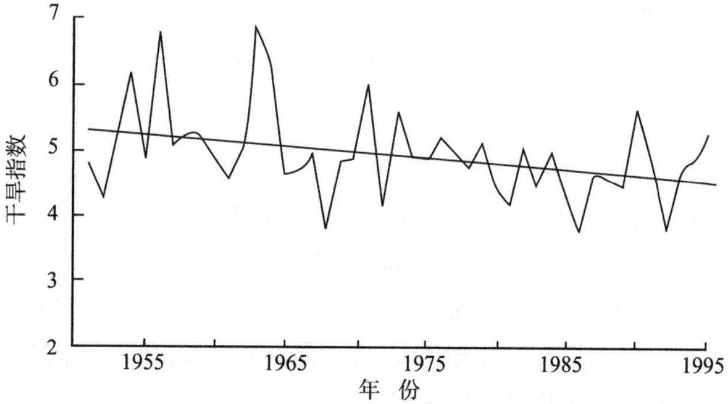

图 4.1 华北及周边地区夏季干旱指数线性变化趋势

(曲线为干旱指数，直线为式(4.1)绘制的回归直线)

(2)分别计算 24 个站(承德、张家口、北京、天津、石家庄、德州、邢台、安阳、烟台、青岛、潍坊、济南、临沂、菏泽、连云港、淮阴、徐州、阜阳、郑州、南阳、信阳、长治、太原、临汾)夏季干旱指数的线性变化趋势，绘制出线性趋势分布图(图 4.2)。由图 4.2 可以看出，除张家口一站外，其余各站均呈下降趋势，其中烟台、长治等站下降趋势明显，相关系数超过 0.05 显著性检验水平。

由此可以得出这样的结论：近 45 年来，无论从区域整体还是从各

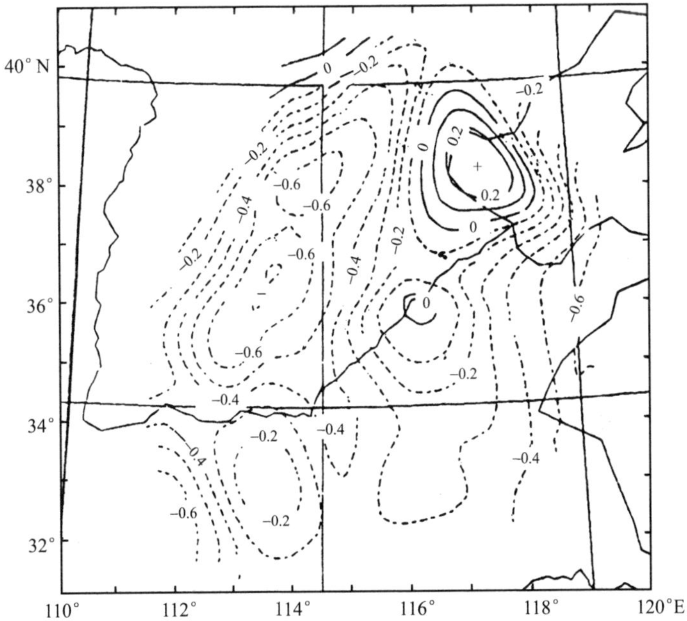

图 4.2 华北及周边地区干旱指数线性趋势分布

（图中虚线表示下降趋势，实线表示上升趋势）

个站的角度分析，华北及周边地区夏季干旱指数均呈下降趋势，即趋于干旱且趋势比较明显。

应用实例[4.2] 利用线性倾向估计研究全球冰雪变化趋势（曹鸿兴 等，1996）。资料取自 1973—1992 年美国诺阿（NOAA）卫星资料中的北极冰（NI）、南极冰（SI）覆盖范围和北半球雪盖（NS）。计算结果列于表 4.1。可以看到，除夏季南极冰呈正倾向外，其余均呈负倾向，表明 1973—1992 年，北极冰和北半球雪盖面积都在收缩，其中北半球夏季雪盖的收缩最显著，相关系数超过 0.01（$r_{0.01}=0.561$）显著性检验水平，且收缩速度较快，为 $-14.34\times10^5\ \mathrm{km}^2\cdot(100\ \mathrm{a})^{-1}$。其次，全年北半球雪盖的收缩亦较显著，相关系数亦超过 0.01 显著性检验水平，其余均未达到一定的显著性水平，虽然也趋于收缩，但趋势不明显。

表 4.1　极冰和雪盖的变化趋势

项　目	时　段	倾向值 b	相关系数 r
北极冰(NI)	12 月至翌年 2 月(冬)	−0.016	−0.026
	6—8 月(夏)	−0.032	−0.053
	年	−0.051	−0.123
南极冰(SI)	12 月至翌年 2 月(冬)	0.244	0.234
	6—8 月(夏)	−0.386	−0.291
	年	−0.131	−0.131
北半球雪盖(NS)	12 月至翌年 2 月(冬)	−0.006	−0.020
	6—8 月(夏)	−0.143	−0.633
	年	−0.103	−0.585

4.2 滑动平均

4.2.1 方法概述

滑动平均是趋势拟合技术最基础的方法,它相当于低通滤波器。用确定时间序列的平滑值来显示变化趋势。对样本量为 n 的序列 x,其滑动平均序列表示为

$$\hat{x}_j = \frac{1}{k}\sum_{i=1}^{k} x_{i+j-1} \quad j = 1,2,\cdots,n-k+1 \qquad (4.4)$$

式中,k 为滑动长度。作为一种规则,k 最好取奇数,以使平均值可以加到时间序列中项的时间坐标上;若 k 取偶数,可以对滑动平均后的新序列取每两项的平均值,以使滑动平均对准中间排列。

可以证明,经过滑动平均后,序列中短于滑动长度的周期大大削弱,显现出变化趋势。

4.2.2 计算步骤

根据具体问题的要求及样本量大小确定滑动长度 k,用式(4.4)直

接计算观测数据的滑动平均值。n 个数据可以得到 $n-k+1$ 个平滑值。编制程序计算时可采用这种形式：首先将序列的前 k 个数据求和得到一值，然后依次用这个值减去平均时段的第一个数据，并加上第 $k+1$ 个数据，再用求出的值除以 k，循环这样的过程，计算出 $1,2,\cdots,n-k+1$ 个平滑值。

4.2.3 计算结果分析

分析时主要从滑动平均序列曲线图来诊断其变化趋势。例如，看其演变趋势有几次明显的波动，是呈上升趋势还是呈下降趋势。

应用实例[4.3] 北京 1951—1996 年夏季(6—8 月)降水量见表 2.1。计算 11 年滑动平均。样本量 $n=46$，滑动平均后得到 $46-11+1=36$ 个平滑值。图 4.3 中较光滑的曲线即为滑动平均曲线。可以看出，20 世纪 50 年代中期至 60 年代末，北京夏季降水量呈逐渐下降趋势。20 世纪 70 年代初降至低点后变化平缓，处于少雨阶段，并持续至 21 世纪初，虽有小的波动，但没有出现明显的上升或下降趋势。

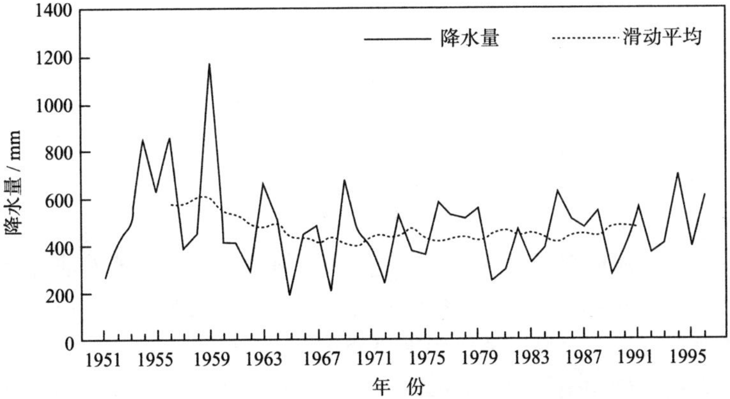

图 4.3 北京 1951—1996 年夏季降水量变化趋势

4.3 累积距平

4.3.1 方法概述

累积距平也是一种常用的、由曲线直观判断变化趋势的方法。对于序列 x,其某一时刻 t 的累积距平表示为

$$\hat{x}_t = \sum_{i=1}^{t}(x_i - \bar{x}) \qquad t = 1,2,\cdots,n \tag{4.5}$$

式中,

$$\bar{x} = \frac{1}{n}\sum_{i=1}^{n}x_i$$

将 n 个时刻的累积距平值全部算出,即可绘出累积距平曲线进行趋势分析。

4.3.2 计算步骤

(1)计算出序列 x 的均值 $\bar{x}$。

(2)按式(4.5)逐一计算出各个时刻的累积距平值。

4.3.3 计算结果分析

累积距平曲线呈上升趋势,表示距平值增大,呈下降趋势则表示距平值减小。从曲线明显的上下起伏,可以判断其长期显著的演变趋势及持续性变化,甚至还可以诊断出发生突变的大致时间。从曲线小的波动变化可以考察其短期的距平值变化。

应用实例[4.4] 分别计算 1958—1994 年全球二氧化碳浓度和全球气温序列的累积距平值。这里 $n=37$。图 4.4a 和图 4.4b 为它们的累积距平曲线图。尽管二氧化碳的累积距平均为负值(图 4.4a),但曲线的变化形态却十分直观、清晰地展示出 1958—1994 年全球二氧化碳经历了一次显著的波动。从 37 年的平均值来看,20 世纪 50 年代末至

70年代中期，二氧化碳浓度呈下降趋势，70年代末80年代初开始上升，上升趋势至今未减。全球气温的累积距平曲线(图4.4b)的变化趋势与二氧化碳有着十分一致的配合，从70年代末80年代初开始上升，直至1994年。

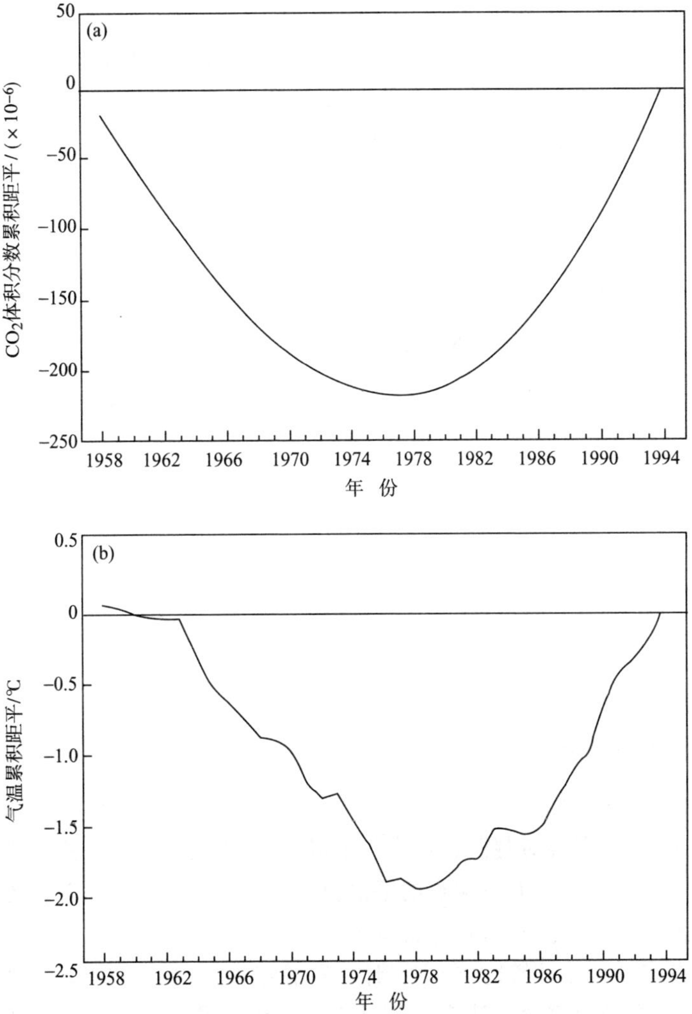

图4.4 1958—1994年全球二氧化碳浓度(a)和全球气温(b)的累积距平曲线

4.4 五、七和九点二次平滑

4.4.1 方法概述

对时间序列 x 做五点二次、七点二次和九点二次平滑，与滑动平均作用一样，亦是起到低通滤波器的作用，以展示出变化趋势，它可以克服滑动平均削弱过多波幅的缺点。对于时间序列 x，用二次多项式拟合：

$$\hat{x} = a_0 + a_1 x + a_2 x^2 \tag{4.6}$$

根据最小二乘法原理确定系数 a_0、a_1、a_2，可以分别得到五点二次、七点二次和九点二次平滑公式：

$$\hat{x}_{i-2} = \frac{1}{35}(-3x_{i-2} + 13x_{i-1} + 17x_i + 12x_{i+1} - 3x_{i+2}) \tag{4.7a}$$

$$\hat{x}_{i-3} = \frac{1}{21}(-2x_{i-3} + 3x_{i-2} + 6x_{i-1} + 7x_i + 6x_{i+1} + 3x_{i+2} - 2x_{i+3}) \tag{4.7b}$$

$$\hat{x}_{i-4} = \frac{1}{231}(-21x_{i-4} + 14x_{i-3} + 39x_{i-2} + 54x_{i-1} + 59x_i + 54x_{i+1} + 39x_{i+2} + 14x_{i+3} - 21x_{i+4}) \tag{4.7c}$$

4.4.2 计算步骤

(1)根据实际问题的需要及样本量的大小确定平滑的点数 k，然后按照式(4.7)直接对观测数据进行平滑计算，得到 $n-k+1$ 个平滑值。

(2)对五、七及九点端点的平滑值，分别由相邻的二、三和四点平滑值求平均得到。这样就可以得 n 个平滑值。

在编制程序计算时，分别设计计算五点、七点和九点二次平滑的子程序，每个子程序含有计算 $n-k+1$ 个平滑值及端点平滑值过程。在主程序中用条件语句控制执行指定平滑点数的子程序。

应用实例[4.5] 对北京1951—1996年夏季降水量(表2.1)进行九点二次平滑。样本量$n=46$,平滑后仍得到46个平滑值。九点二次平滑曲线(图4.5)显然不像11年滑动平均曲线(图4.3)那么光滑了,除显现出20世纪60年代末至70年代初降水量的下降趋势外,还保留了几次明显的波动。如在相对少雨时段的70年代至90年代,曾经历了两次几年周期的振动。可见,滑动长度选取得不同,得到的变化趋势会有差别。因此,根据分析的目的和对象选取恰当的平滑时段是很重要的。

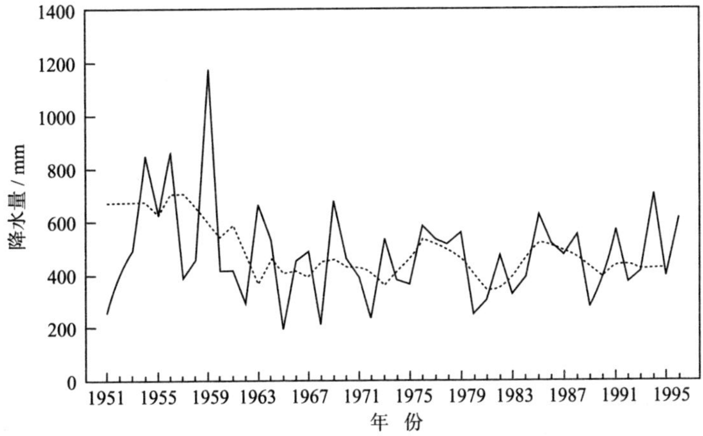

图4.5 北京1951—1996年夏季降水变化趋势

(其中虚线为九点二次平滑值)

4.5 五点三次平滑

4.5.1 方法概述

五点三次平滑与上述的二次平滑一样,是一种常用的多项式平滑方法。它可以很好地反映序列变化的实际趋势,特别适合于做相对短时期变化趋势的分析。

对序列x,在其每个数据点前后各取两相邻数据,用三次多项式

拟合

$$\hat{x} = a_0 + a_1 x + a_2 x^2 + a_3 x^3 \tag{4.8}$$

根据最小二乘法原理确定系数 a_0、a_1、a_2 和 a_3，可得到五点三次平滑公式：

$$\hat{x}_{i-2} = \frac{1}{70}(69x_{i-2} + 4x_{i-1} - 6x_i + 4x_{i+1} - x_{i+2}) \tag{4.9a}$$

$$\hat{x}_{i-1} = \frac{1}{35}(2x_{i-2} + 27x_{i-1} + 12x_i - 8x_{i+1} - x_{i+2}) \tag{4.9b}$$

$$\hat{x}_i = \frac{1}{35}(-3x_{i-2} + 12x_{i-1} + 17x_i + 12x_{i+1} - 3x_{i+2}) \tag{4.9c}$$

$$\hat{x}_{i+1} = \frac{1}{35}(2x_{i-2} - 8x_{i-1} + 12x_i + 27x_{i+1} + 2x_{i+2}) \tag{4.9d}$$

$$\hat{x}_{i+2} = \frac{1}{70}(-x_{i-2} + 4x_{i-1} - 6x_i + 4x_{i+1} + 69x_{i+2}) \tag{4.9e}$$

由上述公式可见，这一方法要求样本量 $n \geqslant 5$。

4.5.2 计算步骤

对序列的开始两点用式(4.9a)和(4.9b)平滑，最后两点用式(4.9d)和(4.9e)平滑，其余各点均按式(4.9c)进行平滑。

4.6 三次样条函数

4.6.1 方法概述

三次样条函数是近年来统计界十分瞩目的数据拟合方法。它以对给定的时间序列进行分段曲线拟合的方式，来反映其本身真实的变化趋势。

对样本量为 n 的序列 x_i，其对应的时刻为 t_i。欲将 $t_1, t_2, \cdots, t_n$ 分成

m 段，需在 t_i 中插入 $m-1$ 个分点，即有

$$t_1 < \eta_1 < \eta_2 < \cdots < \eta_{m-1} < t_n \tag{4.10}$$

为方便起见，两端各引入一个新分点 η_0 和 η_m，并令 $\eta_0 < t_1, t_n \leqslant \eta_m$。这样，就可以在每个新分点上构造拟合函数：

$$F(t) = \begin{cases} \hat{x}_1(t) & \eta_0 < t \leqslant \eta_1 \\ \hat{x}_2(t) & \eta_1 < t \leqslant \eta_2 \\ \vdots & \vdots \\ \hat{x}_m(t) & \eta_{m-1} < t \leqslant \eta_m \end{cases} \tag{4.11}$$

其中

$$\hat{x}_k(t) = \sum_{j=0}^{3} V_{kj} a_{kj}(s) \quad k = 1, 2, \cdots, m \tag{4.12}$$

$$s = \frac{2t - \eta_{k-1} - \eta_1}{\eta_k - \eta_{k-1}} = 2\frac{t - \eta_{k-1}}{\eta_k - \eta_{k-1}} - 1 \tag{4.13}$$

式(4.12)中 $a_{kj}(s)$ 是切比雪夫第一类多项式：

$$\begin{cases} a_{k0}(s) = 1 \\ a_{k1}(s) = s \\ a_{k2}(s) = 2s^2 - 1 \\ a_{k3}(s) = 4s^3 - 3s \end{cases} \tag{4.14}$$

$\hat{x}_k(t)$ 在 $m-1$ 个分点上相邻的两个多项式满足函数 $\hat{x}_k(t)$ 及其二阶导数在 η_k 处均连续，分段多项式 $F(t)$ 即为三次样本函数。用最小二乘法原理确定出 V_{kj}，就可以得到分段拟合曲线。

假设第 k 个区间的 t_k 共有 q 个，即

$$\eta_{k-1} < t_{k1} \leqslant t_{k2} \leqslant \cdots \leqslant t_{kq} \leqslant \eta_k \quad k = 1, 2, \cdots, m \tag{4.15}$$

要确定 V_{kj}，使得

$$Q_0 = \sum_{k=1}^{m}\sum_{l=1}^{q}[x_{kl} - \hat{x}_k(t_{kl})]^2 \tag{4.16}$$

达到最小,并满足函数 $\hat{x}_k(t)$ 及其二阶导数在各分点处都连续的约束条件。

应用拉格朗日乘子法,上述条件极值问题化为无条件极值问题,即确定 V_{kj},使得

$$Q = \sum_{k=1}^{m}\sum_{l=1}^{q}(x_{kl} - \hat{x}_k(t_{kl}))^2 + \sum_{k=1}^{m-1}\sum_{s=0}^{2}\lambda_{ks}[x_k^{(s)}(t_k{}') - x_{k+1}^{(s)}(t_k)] \tag{4.17}$$

达到最小,其中 $\lambda_{ks}(k=1,2,\cdots,m-1;s=0,1,2)$ 为拉格朗日乘子,也是需要定出的。

这时,V_{kj} 和 λ_{ks} 满足

$$\begin{cases} \dfrac{\partial Q}{\partial V_{kj}} = 0 \quad k = 1,2,\cdots,m \quad j = 0,1,2,3 \\ \dfrac{\partial Q}{\partial \lambda_{ks}} = 0 \quad k = 1,2,\cdots,m-1 \quad s = 0,1,2 \end{cases} \tag{4.18}$$

式(4.18)是关于 V_{kj} 和 λ_{ks} 的线性方程组。经过推导,式(4.18)可以表示为下列矩阵形式:

$$\begin{cases} \boldsymbol{H}_k\boldsymbol{V}_k + \dfrac{1}{2}(\boldsymbol{C}_k^{\mathrm{T}}\lambda_k + \boldsymbol{D}_{k-1}^{\mathrm{T}}\boldsymbol{\lambda}_{k-1}) = \boldsymbol{b}_k \quad k = 1,2,\cdots,m \\ \boldsymbol{C}_k\boldsymbol{V}_k + \boldsymbol{D}_k\boldsymbol{V}_{k+1} = 0 \quad k = 1,2,\cdots,m-1 \end{cases} \tag{4.19}$$

其中

$$\boldsymbol{H}_k = \boldsymbol{A}_k\boldsymbol{A}_k^{\mathrm{T}}$$

$$\boldsymbol{A}_k = \begin{bmatrix} a_{k0}(s_{k1}) & a_{k1}(s_{k1}) & a_{k2}(s_{k1}) & a_{k3}(s_{k1}) \\ a_{k0}(s_{k2}) & a_{k1}(s_{k2}) & a_{k2}(s_{k2}) & a_{k3}(s_{k2}) \\ \vdots & \vdots & \vdots & \vdots \\ a_{k0}(s_{kq}) & a_{k1}(s_{kq}) & a_{k2}(s_{kq}) & a_{k3}(s_{kq}) \end{bmatrix}$$

符号“T”代表矩阵转置，

$$\boldsymbol{V}_k^{\mathrm{T}} = (V_{k0}, V_{k1}, \cdots, V_{km})$$

$$\boldsymbol{C}_k = \begin{bmatrix} 1 & 1 & 1 & 1 \\ 0 & h_k & 4h_k & 9h_k \\ 0 & 0 & 4h_k^2 & 24h_k^2 \end{bmatrix}$$

$$\boldsymbol{C}_k^{\mathrm{T}} = \begin{bmatrix} 0.5 & 0 & 0 \\ 0.5 & 0.5h_k & 0 \\ 0.5 & 2h_k & 2h_k^2 \\ 0.5 & 4.5h_k & 12h_k^2 \end{bmatrix}$$

$$\boldsymbol{D}_{k-1} = \begin{bmatrix} -1 & 1 & -1 & 1 \\ 0 & -h_k & 4h_k & -9h_k \\ 0 & 0 & -4h_k^2 & 24h_k \end{bmatrix}$$

$$\boldsymbol{D}_{k-1}^{\mathrm{T}} = \begin{bmatrix} -0.5 & 0 & 0 \\ 0.5 & -0.5h_k & 0 \\ -0.5 & 2h_k & -2h_k^2 \\ 0.5 & -4.5h_k & 12h_k^2 \end{bmatrix}$$

$$\boldsymbol{h}_k^s = \left(\frac{2}{\eta_k - \eta_{k-1}}\right)^s \quad s = 0,1,2$$

$$\boldsymbol{\lambda}_k^{\mathrm{T}} = [\lambda_{k0}, \lambda_{k1}, \lambda_{k2}]$$

$$\boldsymbol{b}_k = \mathrm{A}_s x_k = \begin{bmatrix} \sum_{l=1}^{q} a_{k0}(s_{kl}) x_{kl} \\ \sum_{l=1}^{q} a_{k1}(s_{kl}) x_{kl} \\ \sum_{l=1}^{q} a_{k2}(s_{kl}) x_{kl} \\ \sum_{l=1}^{q} a_{k3}(s_{kl}) x_{kl} \end{bmatrix}$$

这时，式(4.19)变成一般带型线性方程组：

$$\boldsymbol{FV} = \boldsymbol{B} \tag{4.20}$$

其中

$$\boldsymbol{V} = (V_{11}, V_{12}, V_{13}, V_{14}, \lambda_{11}, \lambda_{12}, \lambda_{13}, \cdots, \lambda_{m1}, \lambda_{m2}, \lambda_{m3}, V_{m1}, V_{m2}, V_{m3}, V_{m4})^{\mathrm{T}}$$

$$\boldsymbol{B} = (b_{11}, b_{12}, b_{13}, b_{14}, 0, 0, 0, \cdots, 0, 0, 0, b_{m1}, b_{m2}, b_{m3}, b_{m4})^{\mathrm{T}}$$

这时，就可以采用标准求解方法来解方程组(4.20)。

4.6.2 计算步骤

三次样条函数拟合的计算步骤如下：

(1)根据原序列的长度及实际问题的需要，将序列划分为 m 段，即给定新分点 $\eta_0, \eta_1, \cdots, \eta_m$ 和每段对应的点数。实际计算时，每段点数只包括右端点，不含左端点。

(2)用形如式(4.11)的样条函数，对各分段做最小二乘拟合。其中式(4.12)的 a_{kj} 由式(4.13)和(4.14)给出。V_{kj} 由式(4.19)算出。

(3)将分段拟合曲线连接起来，即可得序列 x 的光滑拟合曲线。虽然每段上的多项式可能各不相同，但却在相邻段的连接处是光滑的。

应用实例[4.6] 对 1884—1988 年西太平洋热带气旋年频数用三次样条函数进行拟合，分析其变化趋势(张光智 等，1995)。在 105 年年频数序列中插入 5 个分点分成 6 段，两端各引进一个新分点 η_0 和 η_6，这样分点 $\eta_0, \eta_1, \cdots, \eta_6$ 定为 0.5、10.5、20.5、30、40、60、105，每段点数为 10、10、10、10、20、45。经过样条函数拟合，得到一条光滑的变化趋势曲线(图 4.6)。

4.7 潜在非平稳气候序列趋势分析

在气候趋势分析中，对于潜在非平稳行为的气候序列需要选择合适的平滑方法，以便通过历史数据的前后关系推断最近的变化趋势。

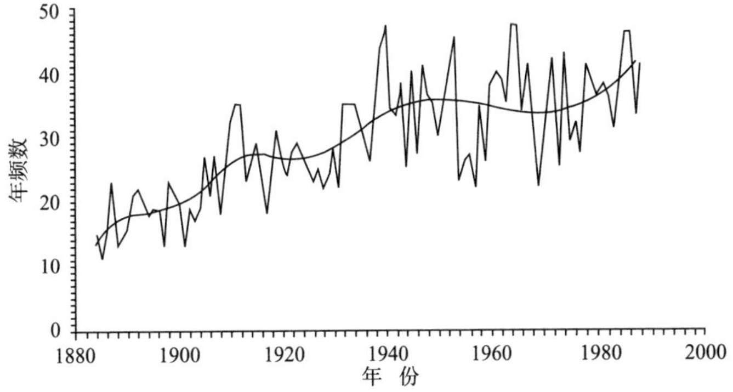

图 4.6 1884—1988 年西太平洋热带气旋年频数变化

（图中光滑曲线为三次样本函数拟合）

然而，常用的平滑方法（如前面几节介绍的滑动平均、二次平滑和三次平滑等）均会造成缺少序列两端的平滑值，大多使用序列的平均值来填补，这样处理很难反映出序列两端的真实趋势。因此，对序列两端附近的趋势必须用客观的方法来确定。

我们将一个气候时间序列的平滑视为具有非唯一边界约束问题，这样至少有 3 种最低阶边界约束方案可以应用到平滑过程中（Park，1992）。第 1 种方案是滑动序列的零阶导数，它可以生成最小模的解，应用此方案有利于序列边界附近的平滑趋势接近于气候态，这里将其简称为模（norm）约束方案；第 2 种方案是滑动序列的一阶导数，它可以生成最小斜率的约束，使用这个方案有利于序列边界附近的平滑趋势接近一个局部值，这里将其简称为斜率（slope）约束方案；第 3 种方案是滑动序列的二阶导数，它可以生成最小粗糙度的解，使用这个方案有利于边界平滑趋势由一个定常斜率来逼近，这里将其简称为粗糙度（rough）约束方案。但是，这 3 种方案均存在一定问题。前两种方案会导致过低地估计边界附近长期趋势的持续性，而第 3 种可能会引起由边界附近外持续性的影响而造成推断误差。

为了使序列两端附近的平滑趋势更接近真实趋势，Mann（2004）提出了一种简单的方法，其具体步骤如下：

（1）首先使用巴特沃思（Butterworth）低通滤波平滑器或其他滤

波器，对气候序列进行平滑。

(2) 分别用上述 3 种边界约束方案计算出序列两端的平滑值。

(3) 分别计算利用上述 3 种方案得到的平滑序列的均方误差，可以证明，最小均方误差的平滑序列就是最优的平滑方案。

由上述步骤可以看出，此方法是以计算平滑序列的均方误差作为确定时间序列最优平滑的客观度量。当然，这一准则必须用在相同样本量且选取相同平滑时间尺度的气候序列的平滑，以便进行有意义的比较。

应用实例[4.7] 对 1900—2002 年冬季(12 月至翌年 2 月)北极涛动(Arctic Oscillation, AO)指数序列做巴特沃思低通滤波平滑，滑动尺度分别取 10 和 20 年，然后计算滑动序列的模约束方案、斜率约束方案和粗糙度约束方案作为填补序列两端的平滑值。图 4.7a 和 b 中光滑曲线分别为 3 种边界约束 10 和 20 年滑动长度的平滑序列，表 4.2 列出 3 种约束方案的均方误差。由图 4.7a 可以看出，取 10 年滑动长度时，模约束方案和斜率约束方案序列两端的平滑值十分接近，粗糙度约束方案与前 2 个方案有些差异，主要是序列前端的平滑趋势较低，从表 4.2 可以看出，以此方案得到的平滑均方误差要比另两个方案小，因此可以认为这个方案的平滑趋势更接近真实趋势，若取 20 年滑动长度时，模约束方案和斜率约束方案的均方误差很接近且比粗糙度约束方案的均方误差小。由图 4.7a 可以看出，粗糙度约束方案计算出的两端平滑值过高，特别是 1910 年前后的平滑趋势明显高出序列的观测值，因此，对于 20 年滑动长度的平滑趋势，粗糙度约束方案不可取。

表 4.2 3 种约束方案的均方误差

	模约束方案	斜率约束方案	粗糙度约束方案
10 年滑动长度	0.7242	0.7160	0.7026
20 年滑动长度	0.8263	0.8228	0.8850

应用实例[4.8] 对北京 1724—2005 年的年降水量序列做 40 年巴特沃思低通滤波平滑，分别用模约束方案、斜率约束方案和粗糙度约

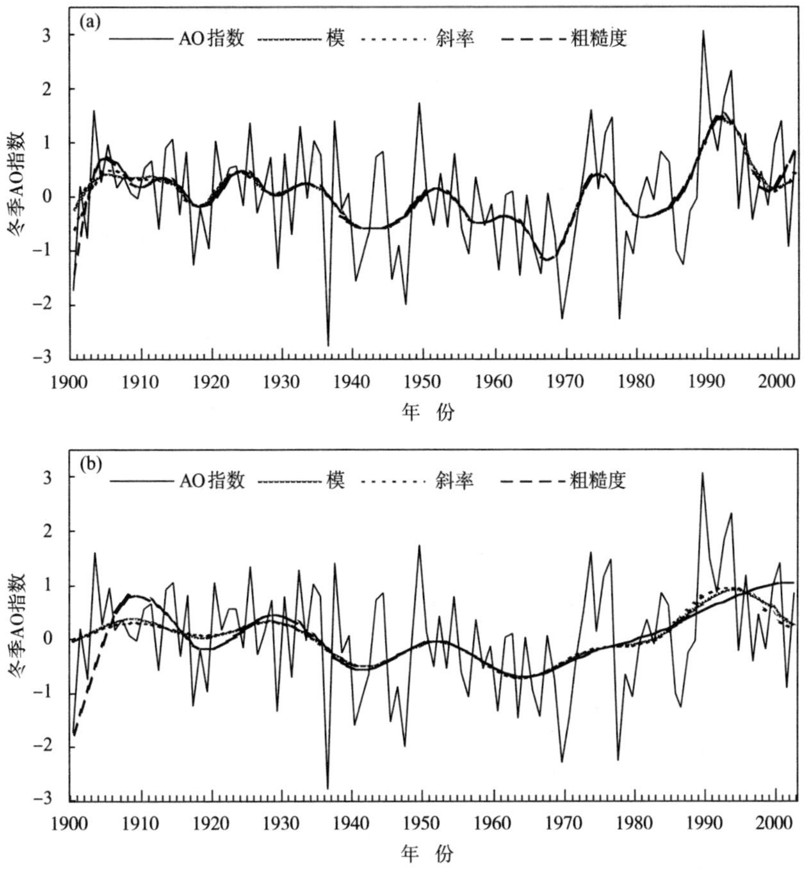

图 4.7 1900—2002 年冬季 AO 指数及其 3 种方案的平滑

(a)10 年滑动长度;(b)20 年滑动长度

束方案作为填补序列两端的平滑值,它们的均方误差差别不大,分别为 0.8271、0.8252 和 0.8213。从图 4.8 中的 3 条光滑曲线可以看出,粗糙度方案对于北京近期极端少降水的趋势拟合得更接近,因此选取此方案的平滑更合理。

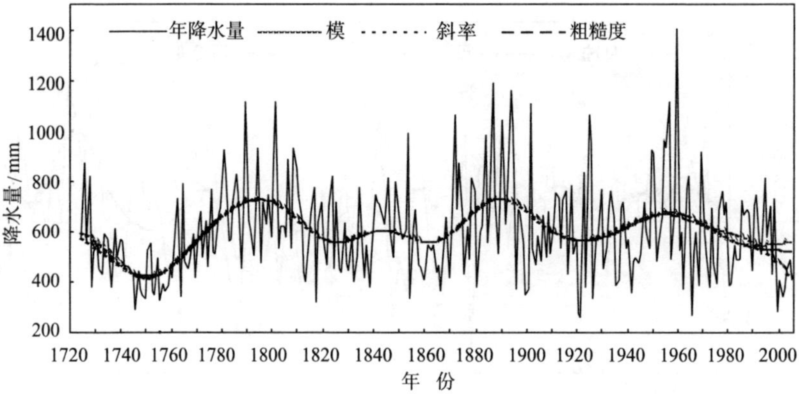

图 4.8 1724—2005 年北京年降水量及其 3 种方案的平滑

4.8 变化趋势的显著性检验

前面讲到的用线性倾向估计方法考察气候序列的变化趋势，其变化趋势是否显著可以通过对相关系数的显著性检验进行判断。但是，滑动平均、累积距平、多项式拟合等方法是根据变化趋势曲线图直观判断的。对趋势十分明显的容易得出结论，而有时则很难直观得到结论。这时可以借助统计检验方法。这里给出一种非参数统计检验方法(Mann,2004)。

4.8.1 方法概述

对于气候序列 x_i，在 i 时刻($i=1,2,\cdots,n-1$)，有

$$r_i=\begin{cases}1 & x_j>x_i \\ 0 & x_j\leqslant x_i\end{cases}\quad j=i+1,\cdots,n \tag{4.21}$$

可见，r_i 是 i 时刻以后的数值 x_j($j=i+1,\cdots,n$)大于该时刻值 x_i 的样本个数。

计算统计量

$$Z = \frac{4}{n(n-1)}\sum_{i=1}^{n-1} r_i - 1 \tag{4.22}$$

显见,对于递增直线,r_i 序列为 $n-1,n-2,\cdots,1$,这时 $Z=1$,对于递减直线 $Z=-1$,Z 值在 $1\sim-1$ 之间变化。

给定显著性水平 α,假定 $\alpha=0.05$,则判据

$$Z_{0.05} = 1.96\left[\frac{4n+10}{9n(n-1)}\right]^{1/2} \tag{4.23}$$

若 $|Z|>Z_{0.05}$,则认为变化趋势在 $\alpha=0.05$ 显著性水平下是显著的。

4.8.2 计算步骤

(1)对原气候序列或用某种方法得到的趋势序列,计算其秩统计量 r_i。

(2)计算统计量 Z。

(3)计算判据 $Z_{0.05}$,若 $|Z|>Z_{0.05}$ 则判断变化趋势是显著的。

应用实例[4.9] 北京 1951—1996 年夏季降水量见表 2.1。用累积距平进行变化趋势分析。用上述非参数统计量对变化趋势做显著性检验。由式(4.21)得到 r_i 序列(表 4.3)。$Z=-0.4531$,$Z_{0.05}=0.20$,$|Z|>Z_{0.05}$,因此我们认为,在 $\alpha=0.05$ 显著性水平下,夏季降水量的变化趋势是显著的。

表 4.3 北京夏季降水量累积距平序列的 r_i

42	44	43	29	25	12	13	14	0	0
1	2	1	0	0	1	0	3	0	0
0	3	1	3	5	3	2	1	0	0
0	1	5	8	3	1	1	0	2	4
2	3	3	1	1					

5 气候突变检测

所有变量的变化方式不外乎两种基本形式:一种是连续性变化;另一种是不连续性变化。不连续变化现象的特点是突发性,所以人们称不连续现象为“突变”。对突变有不同的理解和定义。其实,突变可以理解为一种质变,一种当量变达到一定的限度时发生的质变。形形色色的突变现象向传统的分析方法提出了挑战。20 世纪 60 年代末期,法国数学家托姆(René Thom)创立了突变理论,很快突变理论风靡一时,经过十几年从理论到实际应用方面的改进与完善,在科学界产生了很大影响。随后,突变理论在数学、生物、天文、地震、气象、社会科学等领域得到了广泛应用。

突变理论是以常微分方程为数学基础的(谷松林,1993),其精髓是关于奇点的理论,其要点在于考察某种系统或过程从一种稳定状态到另一种稳定状态的飞跃。从统计学的角度,可以把突变现象定义为从一个统计特性到另一个统计特性的急剧变化,即从考察统计特征值的变化来定义突变,如考察均值、方差状态的急剧变化。目前,突变统计分析还不是很成熟,针对常见的突变问题,人们借助统计检验、最小二乘法、概率论等发展了一些行之有效的检验方法,主要涉及检验均值和方差有无突然漂移、回归系数有无突然改变,以及事件的概率有无突然变化等方面。这里仅介绍几种在检测气候突变现象中最常用的方法。

顺便指出,突变理论研究中最为活跃同时争议最大的就是有关应用问题。对一些物理机制目前还不甚明确的突变现象,人们很难给予解释,有时使用的检测方法不当,可能会得出错误的结论。因此,建议在确定某气候系统或过程发生突变现象时,最好使用多种方法进行比较。另外,要指定严格的显著性水平进行检验。运用气候学的专业知识对突变现象进行判断也十分重要。

5.1 滑动 t 检验

5.1.1 方法概述

滑动 t 检验是通过考察两组样本平均值的差异是否显著来检验突变。其基本思想是把一气候序列中两段子序列均值有无显著差异看作来自两个总体均值有无显著差异的问题来检验。如果两段子序列的均值差异超过了一定的显著性水平，可以认为均值发生了质变，有突变发生。

对于具有 n 个样本量的时间序列 x，人为设置某一时刻为基准点，基准点前后两段子序列 x_1 和 x_2 的样本量分别为 n_1 和 n_2，两段子序列平均值分别为 $\overline{x}_1$ 和 $\overline{x}_2$，方差分别为 s_1^2 和 s_2^2。定义统计量：

$$t = \frac{\overline{x}_1 - \overline{x}_2}{s \cdot \sqrt{\frac{1}{n_1} + \frac{1}{n_2}}} \tag{5.1}$$

其中，

$$s = \sqrt{\frac{n_1 s_1^2 + n_2 s_2^2}{n_1 + n_2 - 2}}$$

式(5.1)遵从自由度 $\nu = n_1 + n_2 - 2$ 的 t 分布。

这一方法的缺点是子序列时段的选择带有人为性。为避免任意选择子序列长度造成突变点的漂移，具体使用这一方法时，可以反复改变子序列长度进行试验比较，以提高计算结果的可靠性。

5.1.2 计算步骤

(1)确定基准点前后两子序列的长度，一般取相同长度，即$n_1 = n_2$。

(2)采取滑动的方法连续设置基准点，依次按式(5.1)计算统计量。由于进行滑动的连续计算，可得到统计量序列 $t_i[i=1,2,\cdots,n-(n_1+n_2)+1]$。

(3)给定显著性水平 α，查 t 分布表(附表 2)得到临界值 t_α，若 $|t_i|<t_\alpha$，则认为基准点前后的两子序列均值无显著差异，否则认为在基准点时刻出现了突变。

在编制程序计算时，滑动计算两子序列平均值 $\bar{x}_1$ 和 $\bar{x}_2$，相当于执行两子序列的滑动平均过程。设子序列长度 $n_1=n_2=I_H$，以前 I_H 个数据之和为基数，依次减前一个数向后加一个数求平均，这是第一个序列的滑动平均过程。第二个滑动平均是以第 I_H+1 个至 $2\times I_H$ 个数据之和为基数，再依次减前一个数向后加一个数求平均。再用滑动的方式依次计算两子序列各自的方差。

5.1.3 计算结果分析

根据 t 统计量曲线上的点是否超过 t_α 值来判断序列是否出现过突变，如果出现过突变，则可以确定出大致的时间。

另外，还可以根据诊断出的突变点分析突变前后序列的变化趋势。

应用实例[5.1] 用滑动 t 检验检测 1911—1995 年中国年平均气温等级序列的突变。这里 $n=85$，两子序列长度 $n_1=n_2=10$。给定显著性水平 $\alpha=0.01$，按 t 分布自由度 $\nu=n_1+n_2-2=18$，$t_{0.01}=\pm2.898$。这里为便于编制程序，给定 $t_{0.01}=\pm3.20$，实际上给出了更严格的显著性水平。将计算出的 t 统计量序列和 $t_{0.01}=\pm3.20$ 绘成图 5.1。从图 5.1 中看出，自 1920 年以来，t 统计量有两处超过 0.01 显著性水平，一

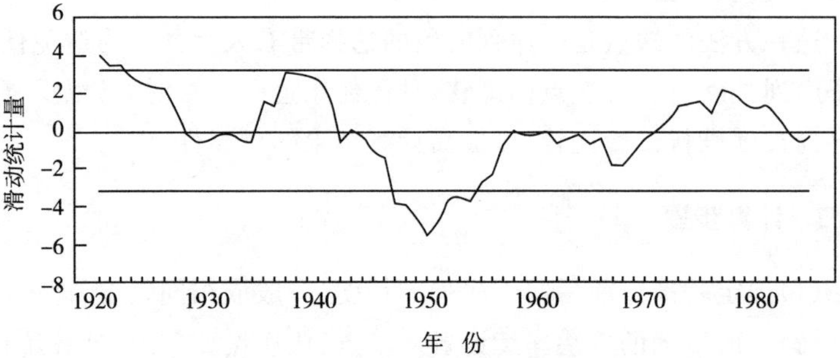

图 5.1 中国气温等级滑动 t 统计量曲线

(直线为 $\alpha=0.01$ 显著性水平临界值)

处是正值(出现在1920年);另一处是负值(出现在1950年),说明中国年平均气温在近85年中出现过两次明显的突变。20世纪20年代经历了一次由冷到暖的转变,50年代经历了一次由变暖转为变冷的明显突变,尽管70年代末80年代初中国气温与全球气温同步在上升,但没有达到显著性检验水平。

5.2 克拉默(Cramer)法

5.2.1 方法概述

克拉默方法的原理与 t 检验类似,区别仅在于它是用比较一个子序列与总序列的平均值的显著差异来检测突变。

设总序列 x 和子序列 x_1 的均值分别为 $\overline{x}$ 和 $\overline{x}_1$,总序列方差为 s,定义统计量

$$t = \sqrt{\frac{n_1(n-2)}{n-n_1(1+\tau)}} \cdot \tau \tag{5.2}$$

式中,n 为总序列样本长度,n_1 为子序列样本长度,$\tau = \dfrac{\overline{x}_1 - \overline{x}}{s}$。

式(5.2)遵从自由度 $n-2$ 的 t 分布。

由于这一方法也要人为地确定子序列长度,因此在具体使用时,应采取反复改变子序列长度的方法来提高计算结果的可靠性。

5.2.2 计算步骤

(1)确定子序列 x_1 的长度 n_1。

(2)按式(5.2)以滑动的方式计算 t 统计量,可得到 t 统计量序列 t_i $(i=1,2,\cdots,n-n_1+1)$。

(3)给定显著性水平 α,查 t 分布表得到临界值 t_α,若 $|t_i|<t_\alpha$,则认为子序列均值与总体序列均值之间无显著差异,否则认为在 t_i 对应的时刻发生了突变。

5.3 山本(Yamamoto)法

山本方法是从气候信息与气候噪声两部分来讨论突变问题。由于是由山本(R. Yamamoto)最先将信噪比用于确定日本地面气温、降水、日照时数等序列的突变,故称其为山本法(Yamamoto et al.,1986)。

5.3.1 方法概述

对于时间序列 x,人为设置某一时刻为基准点,基准点前后样本量分别为 n_1 和 n_2 的两段子序列 x_1 和 x_2 的均值分别为 $\bar{x}_1$ 和 $\bar{x}_2$,标准差分别为 s_1 和 s_2,定义信噪比为

$$R_{SN} = \frac{|\bar{x}_1 - \bar{x}_2|}{s_1 + s_2} \tag{5.3}$$

式(5.3)的含义是,两段子序列的均值差的绝对值为气候变化的信号,而它们的变率(用标准差 s_1 和 s_2 表示)则视为噪声。信噪比还有一些不同的定义,但与此类似。

在 t 检验中,我们曾假定两段子序列样本相同,即 $n_1=n_2=I_H$。那么比较式(5.1)和(5.3),可以得到:

$$t > R_{SN}\sqrt{I_H}$$

若取 $I_H=10$,$R_{SN}=1.0$,相当于 $|t|>3.162$,$t_\alpha=t_{0.01}=2.878$,即 $|t|>t_\alpha$,超过 $\alpha=0.01$ 显著性水平,说明两段子序列的均值存在显著差异,认为在基准点发生了突变。显然,$R_{SN}>2.0$,相当于 $t>6.324$,超过 $\alpha=0.0001$ 显著性水平,表明在基准点出现了强的突变。

由式(5.3)可见,山本法也是用检验两个子序列均值的差异是否显著来判别突变的。从形式上它比 t 检验更简单明了。但它也存在与 t 检验相同的缺点,由于人为设置基准点,子序列长度的不同可能引起突变点的漂移。因此,应该通过反复改变子序列的长度进行实验比较,以便得到可靠的判别。

5.3.2 计算步骤

(1)确定基准点前后两段子序列长度,一般取 $n_1=n_2=I_H$。

(2)连续设置基准点,以滑动方式依次按式(5.3)计算信噪比,得到信噪比序列 $R_{SNi}(i=1,2,\cdots,n-2\times I_H-1)$。

(3)若 $R_{SNi}>1.0$,则认为在 i 时刻有突变发生。若 $R_{SNi}>2.0$,则认为在 i 时刻有强突变发生。

5.3.3 计算结果分析

根据信噪比曲线上的点是否超过 1.0 或 2.0 直线,判断序列是否发生过突变或强突变,并确定发生突变的时间。同时,根据信噪比曲线的变化,分析序列的演变趋势,特别是长期演变趋势。

应用实例[5.2] 用山本法研究中国、北半球和全球气温序列的突变(魏凤英 等,1995a)。具体计算时,子序列的长度分别取为 30、25、20、15、10 和 5 年。计算结果指出,中国气温序列在 1948—1953 年间信噪比均超过 $\alpha=0.01$ 显著性水平,且最大者大都出现在 1949—1950 年。北半球和全球气温序列的信噪比变化大体一致。在子序列长度取 30、25、20 和 15 年时,1925—1926 年间信噪比出现了最大值,且超过 0.01 显著性水平。这两个序列的子序列长度取 10 年时,除 20 世纪 20 年代中期有一突变点外,北半球序列在 1893—1894 年间、全球序列在 1895—1896 年间的信噪比也超过了 0.01 显著性水平。在子序列长度取 5 年时,中国气温序列在 20 世纪 60 年代中期又有一次超过显著性水平的突变点出现。北半球和全球也分别在 20 世纪 60 年代和 70 年代间各有一次信噪比超过显著性检验水平。

由计算结果可见,取长短不同的平均时段得到的突变事实是有差异的。但是,揭示的显著突变基本上是一致的,且信噪比最大值出现的年份也基本相同。可以确定,在 1949—1950 年间,中国气温曾出现过一次显著的突变,20 世纪 40 年代明显由暖转冷,这种变冷是近百年来最为显著的一次突变。19 世纪末和 20 世纪 20 年代北半球和全球经历过两次突变。可见,突变事实的揭露有助于我们了解气候系统的行为,同时也为建立气候预测模型提供了必要的根据。

5.4 曼-肯德尔(Mann-Kendall)法

曼-肯德尔法是一种非参数统计检验方法。在第3章统计检验中介绍的检验方法都是参数方法,即假定了随机变量的分布。非参数检验方法亦称无分布检验,其优点是不需要样本遵从一定的分布,也不受少数异常值的干扰,更适用于类型变量和顺序变量,计算也比较简便。由于最初由曼(H. B. Mann)和肯德尔(M. G. Kendall)提出了原理并发展了这一方法,故称其为曼-肯德尔(Mann-Kendall)法。但是,当时这一方法仅用于检测序列的变化趋势。后来经其他人进一步完善和改进,才形成目前的计算格式。

5.4.1 方法概述

对于具有 n 个样本量的时间序列 x,构造一秩序列:

$$s_k = \sum_{i=1}^{k} r_i \quad k = 2,3,\cdots,n \tag{5.4}$$

其中

$$r_i = \begin{cases} +1 & x_i > x_j \\ 0 & x_i \leqslant x_j \end{cases} \qquad j = 1,2,\cdots,i$$

可见,秩序列 s_k 是第 i 时刻数值大于 j 时刻数值个数的累计数。

在时间序列随机独立的假定下,定义统计量

$$\mathrm{UF}_k = \frac{[s_k - \mathrm{E}(s_k)]}{\sqrt{\mathrm{var}(s_k)}} \qquad k = 1,2,\cdots,n \tag{5.5}$$

式中,$\mathrm{UF}_1=0$,$\mathrm{E}(s_k)$、$\mathrm{var}(s_k)$是累计数 s_k 的均值和方差,在 $x_1,x_2,\cdots,x_n$ 相互独立,且有相同连续分布时,它们可由下式算出:

$$\begin{cases} E(s_k) = \dfrac{n(n-1)}{4} \\ \text{var}(s_k) = \dfrac{n(n-1)(2n+5)}{72} \end{cases} \tag{5.6}$$

UF_i 为标准正态分布，它是按时间序列 x 顺序 $x_1, x_2, \cdots, x_n$ 计算出的统计量序列，给定显著性水平 α，查正态分布表（附表 1b），若 $|UF_i| > U_\alpha$，则表明序列存在明显的趋势变化。

按时间序列 x 逆序 $x_n, x_{n-1}, \cdots, x_1$，再重复上述过程，同时使 $UB_k = -UF_k(k=n, n-1, \cdots, 1)$，$UB_1 = 0$。

这一方法的优点在于不仅计算简便，而且可以明确突变开始的时间，并指出突变区域。因此，是一种常用的突变检测方法。

5.4.2 计算步骤

(1)计算顺序时间序列的秩序列，并按式(5.5)计算 UF_k。

(2)计算逆序时间序列的秩序列，也按式(5.5)计算出 UB_k。

(3)给定显著性水平，如 $\alpha = 0.05$，那么临界值 $u_{0.05} = \pm 1.96$。将 UF_k 和 UB_k 两个统计量序列曲线和 ± 1.96 两条直线均绘在同一张图上。

5.4.3 计算结果分析

分析绘出的 UF_k 和 UB_k 曲线图。若 UF_k 或 UB_k 的值大于 0，则表明序列呈上升趋势，小于 0 则表明呈下降趋势。当它们超过临界值直线时，表明上升或下降趋势显著。超过临界线的范围确定为出现突变的时间区域。如果 UF_k 和 UB_k 两条曲线出现交点，且交点在临界线之间，那么交点对应的时刻便是突变开始的时间。

应用实例[5.3] 用曼-肯德尔法检测 1900—1990 年上海年平均气温序列（表 5.1）的突变。给定显著性水平 $\alpha = 0.05$，即 $u_{0.05} = \pm 1.96$。计算结果绘成图 5.2。

表 5.1 1900—1990 年上海年平均气温序列

时间	年平均气温值									
1900—1909 年	15.4	14.6	15.8	14.8	15.0	15.1	15.1	15.0	15.2	15.4
1910—1919 年	14.8	15.0	15.1	14.7	16.0	15.7	15.4	14.5	15.1	15.3
1920—1929 年	15.5	15.1	15.6	15.1	15.1	14.9	15.5	15.3	15.3	15.4
1930—1939 年	15.7	15.2	15.5	15.5	15.6	16.1	15.1	16.0	16.0	15.8
1940—1949 年	16.2	16.2	16.0	15.6	15.9	16.2	16.7	15.8	16.2	15.9
1950—1959 年	15.8	15.5	15.9	16.8	15.5	15.8	15.0	14.9	15.3	16.0
1960—1969 年	16.1	16.5	15.5	15.6	16.1	15.6	16.0	15.4	15.5	15.2
1970—1979 年	15.4	15.6	15.1	15.8	15.5	16.0	15.2	15.8	16.2	16.2
1980—1989 年	15.2	15.7	16.0	16.0	15.7	15.9	15.7	16.7	15.3	16.1
1990 年	16.2									

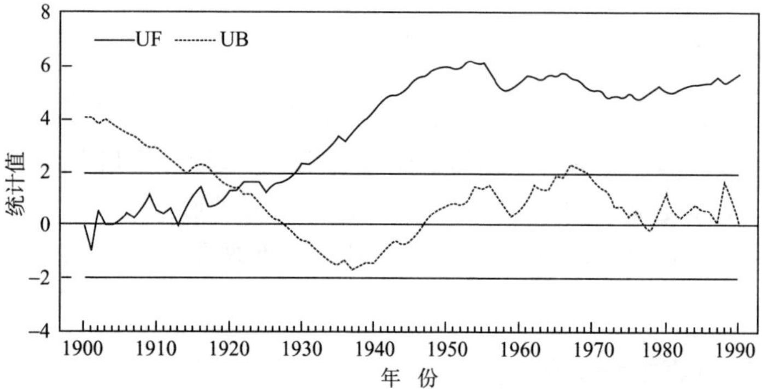

图 5.2 上海年平均气温曼-肯德尔统计量曲线

（直线为 $\alpha=0.05$ 显著性水平临界值）

由图 5.2 中的 UF 曲线可见，自 20 世纪 20 年代以来，上海年平均气温有一明显的上升趋势。30 年代至 90 年代这种上升趋势均大大超过显著性水平 0.05 临界线，甚至超过 0.001 显著性水平（$u_{0.001}=2.56$），表明上海气温的上升趋势是十分显著的。根据图 5.2 中 UF 和 UB 曲线交点的位置，确定上海年平均气温 20 世纪 20 年代的上升是一突变现象，具体是从 1921 年开始的。

上海年平均气温的上升趋势及发生突变的时间均与北半球年平均气温完全一致。作为突变的典型实例，许多文献都给出了北半球平均气温的曼-肯德尔统计量曲线图(符淙斌 等,1992)。与图 5.2 比较,发现两张图的变化趋势与突变点完全吻合。可见,上海的气温变化与北半球是同步的。

5.5 佩蒂特(Pettitt)法

佩蒂特方法是一种与曼-肯德尔法相似的非参数检验方法。由于是由佩蒂特(A. N. Pettitt)最先用于检测突变点的,故将其称为佩蒂特法(Pettitt,1979)。

与曼-肯德尔法一样,构造形如式(5.4)的一秩序列。不同的是,r_i 是分 3 种情况定义的,即

$$r_i = \begin{cases} 1 & x_i > x_j \\ 0 & x_i = x_j \qquad j = 1,2,\cdots,i \\ -1 & x_i < x_j \end{cases} \tag{5.7}$$

可见,这里的秩序列 s_k 是第 i 时刻数值大于或小于 j 时刻数值个数的累计数。

佩蒂特法是直接利用秩序列来检测突变点的。若 t_0 时刻满足

$$k_{t_0} = \max|s_k| \qquad k = 2,3,\cdots,n \tag{5.8}$$

则 t_0 点处为突变点。

计算统计量

$$P = 2\exp[-6k_{t_0}^2(n^3 + n^2)] \tag{5.9}$$

若 $P \leqslant 0.5$,则认为检测出的突变点在统计意义上是显著的。

5.6 勒帕热(Le Page)法

勒帕热法是一种无分布双样本的非参数检验方法。它的统计量是由标准的威氏(Wilcoxon)检验和安氏-布氏(Ansariy-Bradley)检验之

和构成的。由于将两个检验联合在一起的原理最早是由勒帕热(Platt Le Page)提出的,因此将其称为勒帕热检验(Yonetani,1992)。已有研究证明,与其他检验相比,它是一种十分有效的检验方法。但是,它还没有像上述介绍的方法那样广泛地应用到气候研究领域。

5.6.1 方法概述

勒帕热检验原本是用于检验两个独立总体有无显著差异的非参数统计检验方法。用它来检测序列的突变,其基本思想简言之即为,视序列中的两个子序列为两个独立总体,经过统计检验,如果两子序列有显著差异,则认为在划分子序列的基准点时刻出现了突变。

假设基准点之前的子序列样本量为 n_1,之后的子序列样本量为 n_2,n_{12}为 n_1 和 n_2 之和。在 n_{12}范围内计算秩序列 s_i

$$s_i = \begin{cases} 1 & \text{最小值出现在基准点之前} \\ 0 & \text{最小值出现在基准点之后} \end{cases} \tag{5.10}$$

构造一秩统计量:

$$W = \sum_{i=1}^{n_{12}} i s_i \tag{5.11}$$

式(5.11)是两子序列的累计数。其均值和方差分别为

$$\begin{cases} \mathrm{E}(W) = \dfrac{1}{2} n_1 (n_1 + n_2 + 1) \\ \mathrm{var}(W) = \dfrac{1}{12} n_1 n_2 (n_1 + n_2 + 1) \end{cases} \tag{5.12}$$

再构造一秩统计量:

$$A = \sum_{i=1}^{n_1} i s_i + \sum_{i=n_1+1}^{n_{12}} (n_{12} - i + 1) s_i \tag{5.13}$$

可见,式(5.13)是两个子序列各自累计数之和。前半部分是基准点之前子序列的累计数,后半部分是基准点之后子序列的累计数。A 的均值和方差分别为

$$\begin{cases} \mathrm{E}(A) = \dfrac{1}{4}n_1(n_1 + n_1 + 2) \\ \mathrm{var}(A) = \dfrac{n_1 n_2(n_1 + n_2 - 2)(n_1 + n_2 + 2)}{48(n_1 + n_2 - 1)} \end{cases} \tag{5.14}$$

至此,可以构造威氏和安氏-布氏联合统计量:

$$\mathrm{WA} = \frac{[W - \mathrm{E}(W)]^2}{\mathrm{var}(W)} + \frac{[A - \mathrm{E}(A)]^2}{\mathrm{var}(A)} \tag{5.15}$$

式(5.15)是勒帕热统计量。注意到当样本量足够大时,WA 渐近具有自由度为 2 的 χ^2 分布。

由于需要人为确定子序列长度,因此使用时也应该反复改变子序列的长度,以避免由于突变点的漂移而给解释带来的困难。

5.6.2 计算步骤

(1)确定基准点前后两子序列的样本长度,一般取 $n_1 = n_2 = I_{\mathrm{H}}$。

(2)采用连续设置基准点的办法以滑动的方式计算 $n_1 + n_2$ 范围内的 s_i,并按照式(5.11)—(5.15)计算。由于是以滑动方式计算,因此可以最终得到统计量序列 $\mathrm{WA}_i(i=1,2,\cdots,n-(n_1+n_2)+1$;$n$ 为一时间序列 x 的样本量)。

(3)给定显著性水平,查 χ^2 分布表(附表 4),得到自由度为 2 的临界值。当 WA_i 超过临界值时,表明第 i 时刻前时段的样本与第 i 时刻后的样本之间存在显著差异,认为 i 时刻发生了突变。

5.6.3 计算结果分析

从绘出的 WA 曲线上的点是否超过临界值来判断序列是否出现突变,并确定出现突变的时间。

应用实例[5.4] 利用勒帕热检测 1951—1995 年华北地区夏季旱涝指数序列的突变(魏凤英,1997)。$n=45$,子序列长度 $n_1 = n_2 = 10$。

计算结果表明,在 1966 和 1979 年处,勒帕热统计量出现了极大值,且均超过 $\alpha=0.01$ 的显著性水平,说明近 45 年中,华北地区夏季旱涝指数曾经历过两次明显的趋势突变。1966 年的剧烈变化标志着华北地区从相对湿润转变为干旱少雨，这一突变现象与北半球及全国大范围气候变化的大背景是一致的。20 世纪 80 年代又经历了一次明显振动，进入更为干旱的时期，这一振动与 80 年代全球气候激烈振荡相协调。从这一实例可见，勒帕热检验有较强的检验突变功效。

子序列长度取为 5 年的计算结果显示，统计量有 3 处超过 $\alpha=0.05$ 显著性水平，除了在 1966 和 1979 年处之外，还有一处在 1988 年。这一结果验证了上述 1966 和 1979 年的突变。同时表明，从较小的时间尺度来看，20 世纪 80 年代末又有一次突变发生。事实上，华北旱涝实况资料中已显露出 80 年代末 90 年代初干旱趋于缓解的端倪。

5.7 BG(Bernaola-Galvan)分割算法

针对非平稳时间序列的特点，美国波士顿大学 Bernaola-Galvan 等(2001)提出了一种突变检测的分割算法(简称 BG 分割算法)，并将其应用到人的心率序列的突变检测中。随后，封国林等(2005)通过理想时间序列验证了这一算法的有效性，并利用这一方法检测和分析了北半球树木年轮距平宽度序列不同尺度的突变特征。

Bernaola-Galvan 等(2001)提出的检测方法的主要思想是，将非平稳时间序列的突变检测问题视为一个分割问题，即将非平稳时间序列看作由多个具有不同平均值的子序列构成，此方法的目的就是要找出各子序列之间最大差值的平均值的位置。

对于一个具有 n 个样本量的时间序列 $x(t)$，BG 分割算法的过程如下。

(1)对于序列自左至右以滑动的方式分别计算每个点左边子序列的平均值和右边子序列的平均值，分别记为 μ_{left} 和 μ_{right}。

(2)检验 μ_{left} 和 μ_{right} 之间的差异是否显著，计算统计量

$$T=\left|\frac{\mu_{\text{left}}-\mu_{\text{right}}}{s_d}\right| \tag{5.16}$$

式中，

$$s_d = \left[\frac{(s_{\text{left}}^2 + s_{\text{right}}^2)}{(n_{\text{left}} + n_{\text{right}} - 2)}\right]^{1/2} \cdot \left(\frac{1}{n_{\text{left}}} + \frac{1}{n_{\text{right}}}\right)^{1/2} \tag{5.17}$$

这里 s_{left} 和 s_{right} 分别为左边子序列和右边子序列的标准差，n_{left} 和 n_{right} 分别为左边子序列和右边子序列的样本量。

对于 $x(t)$ 的每一个点均重复上述过程，就可以得到统计量序列 $T(t)$，T 值越大，表明该点左、右子序列的均值差异越大。

(3) 确定 T 达到最大值 $T_{\max}$ 的位置，计算 $T_{\max}$ 的统计显著性。具有

$$T_{\max} = \tau \tag{5.18}$$

的可能截取点的显著性水平 $P(\tau)$ 可以定义为 τ 的概率，即

$$P(\tau) \approx \text{prob}\{T_{\max} \leqslant \tau\} \tag{5.19}$$

一般情况下，$P(\tau)$ 可以近似地由下式求得：

$$P(\tau) \approx \left[1 - I_{[v/(v+\tau^2)]} \times (\delta_v, \delta)\right]^{\gamma} \tag{5.20}$$

由蒙特卡罗(Monte Carlo)模拟可以得到一个合适的逼近，其中 $\gamma = 4.19\ln n - 11.54$，$\delta = 0.40$，$v = n-2$ 是自由度，$I_\gamma(a,b)$ 是不完全 B 函数。设定临界值 P_0，通常取为 95%，如果 $P(\tau) \geqslant P_0$，则认为以该点为界，将 $x(t)$ 分割的两段子序列的均值存在显著差异，将其进行分割，否则不予分割。

(4) 对新分割的两个子序列分别重复上述步骤(1)～(3)，如子序列左、右边的子序列间的均值差异又满足上述条件，则对子序列进行再分割。如此重复，直至分割的子序列不可再分割为止。在实际操作过程中，当子序列样本量小于 25 时，就应停止分割，以确保结果具有统计意义。通过上述步骤可以将原序列 $x(t)$ 分割成若干具有不同均值的子序列，分割点即为序列的突变点。

6 气候序列周期提取方法

近年来,提取时间序列振荡周期的统计方法发展十分迅速。从离散的周期图、方差分析过渡到连续谱分析。然而,周期图不能处理周期的相位突变和周期振幅的变化。方差分析在具体实施时,对原序列寻找一个隐含的显著周期的统计推断是十分巧妙的,但用剩余序列推断第二和第三个周期时,从假设检验意义上讲,就很牵强。就其结果而言,上述两种方法及经典的谐波分析均是从时间域上研究气候序列周期振荡的方法,它们将气候序列的周期性视为正弦波,有其固有的局限性,这里不做介绍。

1807 年法国数学家傅里叶(J. B. J. Fourier)提出,在有限时间间隔内定义的任何函数均可以用正弦分量的无限谐波的叠加来表示,这样就出现了与时域相对应的频域。特别是 1965 年出现快速傅里叶变换以来,使频域分析走向实用并迅速拓展。这里将重点介绍以傅里叶变换概念为基础的功率谱、交叉谱以及以自回归模型为基础的最大熵谱。

近年来,又出现了研究周期现象的新技术(奇异谱分析)和时频结构分析的新方法(小波分析),使得提取气候序列周期的技术有了新的飞跃,这些内容将在本章进行介绍。

6.1 功率谱

功率谱分析是以傅里叶变换为基础的频域分析方法,其意义为将时间序列的总能量分解到不同频率上的分量,根据不同频率波的方差贡献诊断出序列的主要周期,从而确定周期的主要频率,即序列隐含的显著周期。功率谱是应用极为广泛的一种分析周期的方法。有关功率谱的概念、谱分解及傅里叶变换的算法，许多书籍中都有详尽的阐述（黄嘉佑 等，1984）。这里仅给出有关提取显著周期的具体方法、计算流程及结果分析要点。

6.1.1 方法概述

对于一个样本量为 n 的离散时间序列 $x_1, x_2, \cdots, x_n$，可以使用下面两种完全等价的方法进行功率谱估计。

（1）直接使用傅里叶变换。序列 x_t 可以展开成傅里叶级数

$$x_t = a_0 + \sum_{k=1}^{\infty}(a_k \cos\omega kt + b_k \sin\omega kt) \tag{6.1}$$

式中，a_0、a_k、b_k 为傅里叶系数。它们可以由式(6.2)求得：

$$\begin{cases} a_0 = \dfrac{1}{n}\sum\limits_{t=1}^{n} x_t \\ a_k = \dfrac{2}{n}\sum\limits_{t=1}^{n} x_t \cos\dfrac{2\pi k}{n}(t-1) \\ b_k = \dfrac{2}{n}\sum\limits_{t=1}^{n} x_t \sin\dfrac{2\pi k}{n}(t-1) \end{cases} \tag{6.2}$$

这里 k 为波数，$k=1,2,\cdots,\left[\dfrac{n}{2}\right]$，[]表示取整数。不同波数 k 的功率谱值为

$$\hat{s}_k^2 = \frac{1}{2}(a_k^2 + b_k^2) \tag{6.3}$$

（2）根据谱密度与自相关函数互为傅里叶变换的重要性质，通过自相关函数间接做出连续功率谱估计。对一时间序列 x_t，最大滞后时间长度为 m 的自相关系数 $r(j)(j=0,1,2,\cdots,m)$为

$$r(j) = \frac{1}{n-j}\sum_{t=1}^{n-j}\left(\frac{x_t - \bar{x}}{s}\right)\left(\frac{x_{t+j} - \bar{x}}{s}\right) \tag{6.4}$$

式中，$\bar{x}$ 为序列的均值，s 为序列的标准差。

由下式得到不同波数 k 的粗谱估计值：

$$\hat{s}_k = \frac{1}{m}\left[r(0) + 2\sum_{j=1}^{m-1} r(j)\cos\frac{k\pi j}{m} + r(m)\cos k\pi\right] \quad k = 0,1,\cdots,m \tag{6.5}$$

式中，$r(j)$表示第 j 个时间间隔上的相关函数。在实际计算中考虑端点特性，常用下列形式：

$$\begin{cases} \hat{s}_0 = \dfrac{1}{2m}[r(0) + r(m)] + \dfrac{1}{m}\sum\limits_{j=1}^{m-1} r(j) \\ \hat{s}_k = \dfrac{1}{m}\left[r(0) + 2\sum\limits_{j=1}^{m-1} r(j)\cos\dfrac{k\pi j}{m} + r(m)\cos k\pi\right] \\ \hat{s}_m = \dfrac{1}{2m}[r(0) + (-1)^m r(m)] + \dfrac{1}{m}\sum\limits_{j=1}^{m-1}(-1)^j r(j) \end{cases} \tag{6.6}$$

最大滞后时间长度 m 是给定的。在已知序列样本量为 n 的情况下，功率谱估计随 m 的不同而变化。当 m 取较大值时，谱的峰值就多，但这些峰值并不表明有对应的周期现象，而可能是对真实谱的估计偏差造成的虚假现象。当 m 取太小值时，谱估计过于光滑，不容易出现峰值，难以确定主要周期。因此，最大滞后长度的选取十分重要，一般 m 取为$\frac{n}{3}\sim\frac{n}{10}$为宜。

上述两种方法得到的谱估计都与真实谱存在一定差别。因而对粗谱估计需要做平滑处理，以便得到连续性的谱值。常用汉宁（Hanning)平滑系数

$$\begin{cases} s_0 = 0.5\hat{s}_0 + 0.5\hat{s}_1 \\ s_k = 0.25\hat{s}_{k-1} + 0.5\hat{s}_k + 0.25\hat{s}_{k+1} \\ s_m = 0.5\hat{s}_{m-1} + 0.5\hat{s}_m \end{cases} \tag{6.7}$$

进行平滑。

6.1.2 计算步骤

上面给出了计算谱估计值的两种方法。那么,如何利用功率谱提取隐含在气候序列中的显著周期呢?下面给出通过自相关系数间接求谱估计值,从而确定显著周期的计算步骤:

(1)据式(6.4)计算自相关系数。

(2)据式(6.6)计算粗谱估计值。

(3)据式(6.7)计算平滑谱估计值。

(4)确定周期。周期与波数 k 的关系是:

$$T_k = \frac{2m}{k} \tag{6.8}$$

(5)对谱估计做显著性检验。为了确定谱值在哪一波段最突出并了解该谱值的统计意义,需要求出一个标准过程谱以便比较。标准谱有以下两种情况。

①红噪声标准谱:

$$s_{0k} = \bar{s}\left[\frac{1-r(1)^2}{1+r(1)^2+2r(1)\cos\dfrac{\pi k}{m}}\right] \tag{6.9}$$

式中,$\bar{s}$ 为 $m+1$ 个谱估计值的均值,即

$$\bar{s} = \frac{1}{2m}(s_0+s_m)+\frac{1}{m}\sum_{k=1}^{m-1}s_k \tag{6.10}$$

②白噪声标准谱:

$$s_{0k} \equiv \bar{s} \tag{6.11}$$

如果序列的滞后自相关系数 $r(1)$ 为较大正值时,表明序列具有持续性,用红噪声标准谱检验。若 $r(1)$ 接近于 0 或为负值时,表明序列无持续性,用白噪声标准谱检验。

假设总体谱是某一随机过程的谱,记为 E(s),则

$$\frac{s}{E(s)/\nu} = \chi_\nu^2 \tag{6.12}$$

遵从自由度为 ν 的 χ^2 分布。自由度 ν 与样本量 n 及最大滞后长度 m 有关,即

$$\nu = \left(2n - \frac{m}{2}\right)/m \tag{6.13}$$

给定显著性水平 α,查 χ^2 分布表(附表 4)得到 χ_α^2 值。计算

$$s'_{0k} = s_{0k}\left(\frac{\chi_\alpha^2}{\nu}\right) \tag{6.14}$$

若谱估计值 $s_k > s'_{0k}$,则表明 k 波数对应的周期波动是显著的。

编制程序计算时,可以给定一显著性水平,如 $\alpha=0.05$,将 χ^2 分布表中对应的不同自由度的 χ^2 值赋予某一数组,然后依式(6.14)计算出 s'_{0k}。

6.1.3 计算结果分析

将功率谱估计和标准谱绘成曲线图。根据绘出的曲线确定序列的显著周期。首先,看功率谱估计曲线的峰点是否超过标准谱,若超过则说明峰点所对应的周期是显著的。这一周期是序列存在的第一显著周期。再从图上找次峰点、再次峰点……看其是否超过标准谱,从中找出第二、第三……显著周期。

应用实例[6.1] 取 1882—1995 年南方涛动指数序列计算功率谱。$n=114$,最大滞后长度 m 取为 $\frac{n}{3}$。计算时首先对指数序列做 10 年滑动平均处理。计算标准谱的显著性水平,α 取 0.05。计算结果如图 6.1 所示。

由图 6.1 可以清楚地看出,在周期长度为 6.8 年处,功率谱估计值为一峰值且大大超过标准谱,因此 6.8 年是第一显著周期。其次在 6.1 和 7.5 年处,功率谱估计值也超过标准谱。因此,可以确定南方涛动指数存在 6～7 年的周期振荡。另外,在 4.25 年处还有一峰

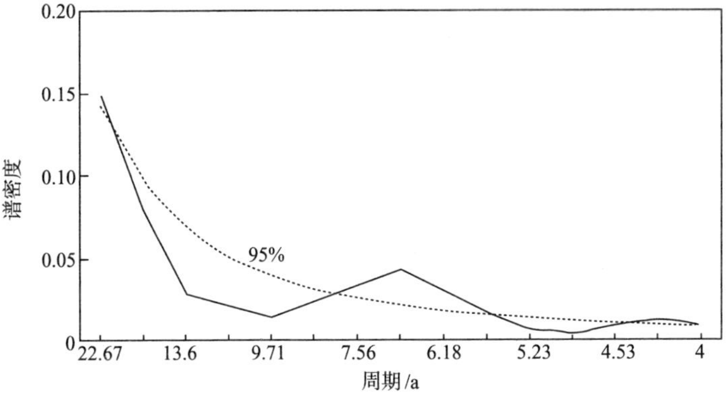

图 6.1 南方涛动指数功率谱

（光滑曲线为 $\alpha=0.05$ 的红噪音标准谱）

点，谱估计值也超过标准谱。可见，南方涛动指数还存在准 4 年的另一显著周期。

6.2 最大熵谱

如上所述，连续功率谱估计需要借助于谱窗函数对粗谱加以平滑而求得。因此，其统计稳定性和分辨率都与选择的窗函数有关。例如，式(6.7)就是一种对应于汉宁窗函数的平滑公式。由于使用了与分析的系统毫无关系的窗函数，有时可能会得出虚假的结论。另外，在连续功率谱估计中，自相关函数估计与样本量大小有关，这也会造成谱估计的误差，影响分辨率。可见，功率谱存在分辨率不高和有可能产生虚假频率分量等缺点。由于功率谱不需要由时间序列本身提供某种参数模式，因而是一种非参量谱估计。Burg (1967)提出了一种称之为“最大熵”谱估计的方法，从而将谱估计推进了一个新的阶段。最大熵谱的基本思想是，以信息论中熵的概念为基础，选择这样一种谱估计——在外推已知时间序列的自相关函数时，其外推原则是使相应的序列在未知点上取值的可能性具有最大的不确定性，也就是不对结果做人为的主观干预，因而所得信息最多。最大熵谱估计是与确定时间序列的参数模式——自回归模型有关的方法，是一种参数谱估计。最大熵谱具有分辨率高等优点，尤其适用于短序列，因此受到人们的广泛重视。

6.2.1 方法概述

Burg (1977)将“熵”的概念引入谱估计中，提出了最大熵谱估计。在统计学中用“熵”作为各种随机事件不确定性程度的度量。假定研究的随机事件只有 n 个相互独立的结果，它们相应的概率为 $P_i(i=1,2,\cdots,n)$，且满足 $\sum_{i=1}^{n} P_i = 1$。已经证明，可以用熵 H 来度量随机事件不确定的程度：

$$H = -\sum_{i=1}^{n} P_i \log_2 P_i \tag{6.15}$$

对均值为 0，方差为 σ^2 的正态分布序列 x 有

$$f(x) = \frac{1}{\sqrt{2\pi\sigma}} \mathrm{e}^{-x^2/2\sigma^2} \tag{6.16}$$

则有

$$H = \ln\sigma\sqrt{2\pi \mathrm{e}} \tag{6.17}$$

由信息论可知，随机事件以等概率可能性出现时，熵值达到极大。由式(6.17)可知，熵谱越大，对应的方差 σ^2 越大。将式(6.17)推广，且考虑方差与功率谱的关系，则有

$$H = \int_{-\infty}^{\infty} \ln s(\omega)\mathrm{d}\omega \tag{6.18}$$

功率谱与自相关函数存在如下关系：

$$r(j) = \int_{-\infty}^{\infty} s(\omega)\mathrm{e}^{\mathrm{i}\omega j}\mathrm{d}\omega \tag{6.19}$$

式(6.19)表明，自相关函数 $r(j)$ 与谱密度 $s(\omega)$ 按傅里叶变换一一对应。然而对有限的样本序列，只有有限个 $r(j)$ 估计值来代替$r(j)$。因

此，关键问题在于如何利用 $r(j)$ 提供的信息去估计谱密度 $s(\omega)$。利用泛函分析中拉格朗日乘子法可以证明，欲使谱估计满足式(6.19)，且使熵谱为最大，则其谱密度

$$S_H(\omega)=\frac{\sigma_{k_0}^2}{\left|1-\sum_{k=1}^{k_0}a_k^{(k_0)}\mathrm{e}^{-\mathrm{i}\omega k}\right|^2} \tag{6.20}$$

式中，k_0 为自回归的阶数，$a_k^{(k_0)}$ 为自回归系数，$\sigma_{k_0}^2$ 为预报误差方差估计。由式(6.20)可见，最大熵谱估计实质上是自回归模型的谱。

最大熵谱最流行的算法是由伯格设计的算法。伯格算法的思路是，建立适当阶数的自回归模型，并利用式(6.20)计算出最大熵谱。在建立自回归模型的过程中，必须根据某种准则截取阶数 k_0，并递推算出各阶自回归系数。

变量 x 的自回归模型为

$$x_t=a_1x_{t-1}+a_2x_{t-2}+\cdots+a_kx_{t-k}+\varepsilon_t \tag{6.21}$$

式中，$a_1,a_2,\cdots,a_k$ 为自回归系数；ε_t 为白噪声。在线性系统中，将自回归模型看作预报误差滤波器，输入为 x_t，输出为 ε_t，式(6.21)可以写为

$$\varepsilon_t=x_t-a_1x_{t-1}-a_2x_{t-2}-\cdots-a_kx_{t-k} \tag{6.22}$$

假设均值为 0，k 阶预报误差滤波器输出方差为 σ_k^2，则相应的系数为 $a_{k_1},a_{k_2},\cdots,a_{k_k}$。那么，零阶($k=0$)预报误差滤波器输出方差的估计值为

$$\sigma_0^2=\frac{1}{n}\sum_{t=1}^{n}x_t^2=r(0)>0 \tag{6.23}$$

根据尤尔-沃克(Yule-Walk)方程可以推出 $k=1$ 时预报误差滤波器输出方差的估计值为

$$\begin{cases}r(1)=a_{11}\sigma_0^2\\ \sigma_1^2=(1-a_{11}^2)\sigma_0^2\\ a_{11}=2\sum_{t=2}^{n}x_tx_{t-1}\Big/\sum_{t=2}^{n}(x_t^2+x_{t-1}^2)\end{cases} \tag{6.24}$$

当 $k=2$ 时,

$$\begin{cases} r(2) = a_{11}r(1) + a_{11}\sigma_1^2 \\ \sigma_2^2 = \sigma_1^2 - a_{22}[r(2) - a_{11}r(1)] = [1 - a_{22}^2]\sigma_1^2 \\ a_{21} = a_{11} - a_{22}a_{11} \\ a_{22} = \dfrac{\sum\limits_{t=3}^{n}(x_t - a_{11}x_{t-1})(x_{t-2} - a_{11}x_{t-1})}{\sum\limits_{t=3}^{n}[(x_t - a_{11}x_{t-1})^2 + (x_{t-2} - a_{11}x_{t-1})^2]} \end{cases} \tag{6.25}$$

由归纳法可以导出递推公式,在 a_{kj} $(j=1,2,\cdots,k)$ 已知情况下,求 $a_{k+1,k+1}$

$$\begin{cases} r(k+1) = \sum\limits_{j=1}^{k}a_{kj} \cdot r(k+1-j) + a_{k+1,k+1}\sigma_k^2 \\ \sigma_{k+1}^2 = (1 - a_{k+1,k+1}^2)\sigma_k^2 \\ a_{k+1,j} = a_{kj} - a_{k+1,k+1}a_{k,k+1-j} \\ a_{k+1,k+1} = \dfrac{\left[2\sum\limits_{t=k+2}^{n}\left(x_t - \sum\limits_{j=1}^{k}a_{kj}x_{t-j}\right)\left(x_{t-k-1} - \sum\limits_{j=1}^{k}a_{kj}x_{t-k-1+j}\right)\right]}{\sum\limits_{t=k+2}^{n}\left[\left(x_t - \sum\limits_{j=1}^{k}a_{kj}x_{t-j}\right)^2 + \left(x_{t+k-1} - \sum\limits_{j=1}^{k}a_{kj}x_{t-k-1+j}\right)^2\right]} \end{cases} \tag{6.26}$$

由上面递推过程可以看到,伯格算法巧妙之处在于直接从序列来计算谱密度中的参数,不必提前算出自相关函数。

确定自回归模型的阶数 k_0 可以采用下面几种准则。

(1)最终预测误差(FPE)准则。这一准则是由 Akaike(1974)提出的,其含义为:如果用由过程的一组采样所算出的自回归模型来估计同一过程的另一组采样,则会有预测均方误差,该误差在某一个 k 值时最小。当过程的均值为 0 时,k 阶自回归模型的 FPE 定义为

$$\mathrm{FPE}(k)=\frac{n+k}{n-k}\sigma_k^2 \qquad k=1,2,\cdots,n-1 \tag{6.27}$$

由于 σ_k^2 随 k 的增大而减小，而$\frac{n+k}{n-k}$项随 k 的增大而增大，所以在某一个 k 值时，FPE(k)将出现最小值。根据最终预测误差准则，这个 k 值就定义为自回归模型的最佳阶数。

(2)信息论准则(AIC)。AIC 准则是由 Akaike(1974)将统计学中根据极大似然原理估计参数的方法加以改进而提出来的。AIC 准则定义为

$$\mathrm{AIC}(k)=\ln\sigma_k^2+\frac{2k}{n} \tag{6.28}$$

由式(6.28)可以看出，AIC 准则是通过预测均方误差与模型阶数的权衡来确定模型的。显而易见，以 AIC 值达到最小为准则确定自回归模型的阶数。从数学上可以证明，在一定条件下 FPE 与 AIC 是等价的。

(3)自回归传输函数准则(CAT)。CAT 准则是由帕森(E. Parzen)提出的。按照这个准则，当自回归模型与估计自回归模型二者均方误差之差的估计值为最小时，自回归的阶数就是最佳阶数。CAT 准则定义为

$$\mathrm{CAT}(k)=\frac{1}{n}\sum_{j=1}^{k}\frac{n-j}{n\sigma_j^2}-\frac{n-k}{n\sigma_k^2} \tag{6.29}$$

6.2.2 计算步骤

归纳起来，用伯格算法的最大熵谱提取序列显著周期的计算步骤为：

(1)对时间序列 $x_1,x_2,\cdots,x_n$ 用伯格递推公式(6.24)—(6.26)计算 $k=1,2,\cdots,n-1$ 各阶试验模型，同时以 FPE 准则或其他准则确定自回归最佳阶数 k_0。

(2)将 k_0 代入递推公式中，计算出最终的自回归系数 $a_1,a_2,\cdots,a_{k_0}$。

(3)用式(6.20)计算最大熵谱。在实际计算中,通常采用离散形式。因为

$$e^{-i\omega k} = \cos\omega k - i\sin\omega k$$

所以,

$$\left|1-\sum_{k=1}^{k_0} a_k^{(k_0)} e^{-i\omega k}\right|^2 = \left(1-\sum_{k=1}^{k_0} a_k^{(k_0)} \cos\omega k\right)^2 + \left(\sum_{k=1}^{k_0} a_k^{(k_0)} \sin\omega k\right)^2$$

在计算离散谱值时,频率取 $\omega_l = \dfrac{2\pi l}{2m}$ $(l=0,1,2,\cdots,m)$,m 为选取的最大波数,在序列样本量不大时,m 通常取为 $\dfrac{n}{2}$。m 对应的周期 $T_l = \dfrac{2m}{l}$,这时,可以得到最大熵谱的离散形式:

$$S_H(l) = \frac{\sigma_{k_0}^2}{\left[1-\sum_{k=1}^{k_0} a_k^{(k_0)} \cos\left(\dfrac{\pi lk}{m}\right)\right]^2 + \left[\sum_{k=1}^{k_0} a_k^{(k_0)} \sin\left(\dfrac{\pi lk}{m}\right)\right]^2}$$

6.2.3 计算结果分析

将计算出的最大熵谱谱密度绘成图。如果谱密度有尖锐的峰点,其对应的周期就是序列存在的显著周期。

用伯格递推估计出的谱密度有时也会出现峰值漂移或出现将真实峰值估计成两个或多个接近的峰值现象,对这种现象可以采用马普尔(Marple)方法进行纠正(项静恬 等,1991)。

应用实例[6.2] 用最大熵谱提取1952—1995年华北地区春季干旱指数序列的显著周期(魏凤英,1997)。样本量 $n=44$,最大波数 m 取为22,计算各阶试验自回归模型。用FPE准则确定出最佳阶数 $k_0=4$。计算结果绘成最大熵谱图(图6.2)。由图6.2可见,有2个明显的峰点:最高峰值对应在6.29年周期上;次峰值对应在2.93年周期上。

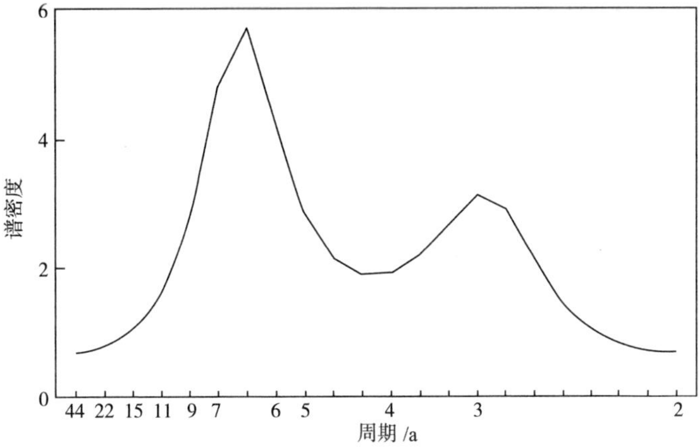

图 6.2 华北地区春季干旱指数最大熵谱

6.3 交叉谱

在分析实际问题时,我们不仅要研究单个气候序列的频域结构和周期特性,还要分析不同序列在频域变化上的相互关系。因此,需要讨论多个序列(这里仅限两个序列)之间的交叉谱。

6.3.1 方法概述

对于时间序列 $x_1(t)$和 $x_2(t)$,两个序列的互相关函数反映它们的交叉能量,可以表示为

$$r_{12}(j) = \int_{-\infty}^{\infty} x_1(t)x_2(t)\mathrm{d}t = \frac{1}{2\pi}\int_{-\infty}^{\infty} f_2(\omega)f_1^*(\omega)\mathrm{e}^{\mathrm{i}\omega j}\mathrm{d}\omega = \frac{1}{2\pi}\int_{-\infty}^{\infty} s_{12}(\omega)\mathrm{e}^{\mathrm{i}\omega j}\mathrm{d}\omega \qquad j = 0,1,2,\cdots,m \quad (6.30)$$

式中,$f_1(\omega)$和 $f_2(\omega)$分别是 $x_1(t)$和 $x_2(t)$的复谱,$s_{12}(\omega)$称为 $x_1(t)$和 $x_2(t)$的

交叉谱，m 为最大滞后时间长度。交叉谱由式(6.31)求出：

$$s_{12}(\omega)=f_2(\omega)f_1^*(\omega)=\int_{-\infty}^{\infty}r_{12}(j)\mathrm{e}^{-\mathrm{i}\omega j}\mathrm{d}j \tag{6.31}$$

交叉谱是复谱，可以用实部与虚部形式表示：

$$s_{12}(\omega)=P_{12}(\omega)-\mathrm{i}Q_{12}(\omega) \tag{6.32}$$

式中，$P_{12}(\omega)$为实部谱，称为协谱；$Q_{12}(\omega)$为虚部谱，称为正交谱。其中

$$\begin{cases}P_{12}(\omega)=\int_{-\infty}^{\infty}r_{12}(j)\cos\omega j\,\mathrm{d}j\\ Q_{12}(\omega)=\int_{-\infty}^{\infty}r_{12}(j)\sin\omega j\,\mathrm{d}j\end{cases} \tag{6.33}$$

互相关函数具有交叉关系对称性，即

$$\begin{cases}r_{12}(-j)=r_{21}(j)\\ r_{12}(j)=r_{21}(-j)\end{cases} \tag{6.34}$$

应用交叉关系对称性方程(6.34)，协谱可以化为

$$\begin{aligned}P_{12}(\omega)=&\int_{-\infty}^{0}r_{12}(j)\cos\omega j\,\mathrm{d}j+\int_{0}^{\infty}r_{12}(j)\cos\omega j\,\mathrm{d}j=\\ &-\int_{0}^{\infty}r_{12}(-j)\cos(-\omega j)\mathrm{d}(-j)+\int_{0}^{\infty}r_{12}(j)\cos\omega j\,\mathrm{d}j=\\ &\int_{0}^{\infty}r_{21}(j)\cos\omega j\,\mathrm{d}j+\int_{0}^{\infty}r_{12}(j)\cos\omega j\,\mathrm{d}j=\\ &\int_{0}^{\infty}[r_{12}(j)+r_{21}(j)]\cos\omega j\,\mathrm{d}j\end{aligned} \tag{6.35}$$

协谱的含义为两个时间序列在某一频率 ω 上同相位的相关程度。

同样，正交谱可以化为

$$Q_{12}(\omega)=\int_{0}^{\infty}[r_{12}(j)-r_{21}(j)]\sin\omega j\,\mathrm{d}j \tag{6.36}$$

正交谱的含义是某一频率上两序列相位差 90°时的交叉相关关系。

根据协谱和正交谱可以得到两个序列的振幅谱、相位谱和凝聚谱：

$$C_{12}(\omega) = \sqrt{P_{12}^2(\omega) + Q_{12}^2(\omega)} \tag{6.37}$$

振幅谱 $C_{12}(\omega)$反映的是两个序列分解出的某一频率振动的能量关系。

$$\Theta_{12}(\omega) = \arctan \frac{Q_{12}(\omega)}{P_{12}(\omega)} \tag{6.38}$$

显见，相位谱 $\Theta_{12}(\omega)$反映的是两序列各个频率波动的相位差关系，其值在$-\frac{\pi}{2} \sim \frac{\pi}{2}$之间变化。

$$R_{12}^2(\omega) = \frac{P_{12}^2(\omega) + Q_{12}^2(\omega)}{P_{11}(\omega) \cdot P_{22}(\omega)} \tag{6.39}$$

式中，$P_{11}(\omega)$和 $P_{22}(\omega)$分别为序列 $x_1(t)$和 $x_2(t)$自身的交叉谱，即单个序列的功率谱。凝聚谱 $R_{12}^2(\omega)$代表两序列各个频率之间的相关程度，其值在任何频率下都在 0～1 之间变化。

与功率谱一样，交叉谱也有直接和间接两种计算方法。

(1)直接使用傅里叶变换。将一个函数的傅里叶变换：

$$\begin{cases} f_1(\omega) = a_1(\omega) - \mathrm{i}b_1(\omega) \\ f_1^*(\omega) = a_1(\omega) + \mathrm{i}b_1(\omega) \\ f_2(\omega) = a_2(\omega) - \mathrm{i}b_2(\omega) \end{cases} \tag{6.40}$$

代入式(6.31)得到：

$$\begin{aligned} S_{12}(\omega) = f_2(\omega) f_1^*(\omega) = \\ [a_2(\omega) - \mathrm{i}b_2(\omega)][a_1(\omega) + \mathrm{i}b_1(\omega)] = \\ [a_1(\omega)a_2(\omega) + b_1(\omega)b_2(\omega)] - \mathrm{i}[a_1(\omega)b_2(\omega) - a_2(\omega)b_1(\omega)] \end{aligned} \tag{6.41}$$

其中，$a_1(\omega) \to \frac{1}{2}a_{1k}$，$b_1(\omega) \to \frac{1}{2}b_{1k}$，$a_2(\omega) \to \frac{1}{2}a_{2k}$，$b_2(\omega) \to \frac{1}{2}b_{2k}$，$a_{1k}$、$b_{1k}$、$a_{2k}$、$b_{2k}$分别为序列 $x_1(t)$、$x_2(t)$离散傅里叶系数，这里作为相应频率的近似估计值。

将式(6.41)写成离散交叉谱形式：

$$S_{12k}=\frac{1}{4}[(a_{1k}a_{2k}+b_{1k}b_{2k})-\mathrm{i}(a_{1k}b_{2k}-a_{2k}b_{1k})] \tag{6.42}$$

离散形式的协谱与正交谱为

$$\begin{cases}P_{12k}=\dfrac{1}{4}(a_{1k}a_{2k}+b_{1k}b_{2k})\\[2ex]Q_{12k}=\dfrac{1}{4}(a_{1k}b_{2k}-a_{2k}b_{1k})\end{cases} \tag{6.43}$$

将式(6.43)分别代入式(6.37)、(6.38)和(6.39)就可以得到振幅谱、相位谱和凝聚谱。

(2)通过计算落后互相关系数间接求出连续交叉谱估计。

首先计算落后互相关函数：

$$\begin{cases}r_{12}(j)=\dfrac{1}{n-j}\displaystyle\sum_{i=1}^{n-j}\left(\frac{x_{1i}-\overline{x}_1}{s_1}\right)\left(\frac{x_{2(i+j)}-\overline{x}_2}{s_2}\right)\\[2ex]r_{21}(j)=\dfrac{1}{n-j}\displaystyle\sum_{i=1}^{n-j}\left(\frac{x_{1(i+j)}-\overline{x}_1}{s_1}\right)\left(\frac{x_{2i}-\overline{x}_2}{s_2}\right)\end{cases} \tag{6.44}$$

式中，$\overline{x}_1$、$\overline{x}_2$ 分别为 $x_1(t)$ 和 $x_2(t)$ 的平均值，s_1 和 s_2 分别是它们的标准差。将式(6.35)和(6.36)化为有限求和形式：

$$\begin{cases}P_{12}(k)=\dfrac{1}{m}\left\{r_{12}(0)+\displaystyle\sum_{j=1}^{m-1}[r_{12}(j)+r_{21}(j)]\cos\frac{k\pi}{m}j+r_{12}(m)\cos k\pi\right\}\\[2ex]Q_{12}(k)=\dfrac{1}{m}\displaystyle\sum_{j=1}^{m-1}[r_{12}(j)-r_{21}(j)]\sin\frac{k\pi}{m}j\end{cases} \tag{6.45}$$

应用汉宁光滑系数(式(6.7))计算谱的估计值 $\hat{P}_{12}(k)$ 和 $\hat{Q}_{12}(k)$。再将它们分别代入式(6.37)、(6.38)和(6.39)得到振幅谱、相位谱和凝聚谱。

6.3.2 计算步骤

下面给出用间接方法进行两序列交叉谱分析的计算步骤：

(1)确定最后滞后长度 m，利用式(6.44)计算滞后交叉相关系数 $r_{12}(j)$ 和 $r_{21}(j)$。

(2)利用式(6.45)计算协谱 $P_{12}(k)$ 和正交谱 $Q_{12}(k)$。

(3)利用汉宁平滑公式对 $P_{12}(k)$ 和 $Q_{12}(k)$ 进行平滑得到 $\hat{P}_{12}(k)$ 和 $\hat{Q}_{12}(k)$。

(4)分别计算 $x_1(t)$ 和 $x_2(t)$ 的光滑功率谱，得到 $\hat{P}_{11}(k)$ 和 $\hat{P}_{22}(k)$。

(5)将 $\hat{P}_{12}(k)$、$\hat{Q}_{12}(k)$、$\hat{P}_{11}(k)$ 和 $\hat{P}_{22}(k)$ 代入式(6.37)、(6.38)和(6.39)得到振幅谱 $C_{12}(k)$、相位谱 $\Theta_{12}(k)$ 和凝聚谱 $R_{12}^2(k)$。在实际使用时，相位谱 $\Theta_{12}(k)$ 通常用时间长度来表示，利用式(6.8)可以从相位角与周期的关系计算落后时间长度谱：

$$L(k) = \frac{m\Theta_{12}(k)}{\pi k} \tag{6.46}$$

(6)对凝聚谱 $R_{12}^2(k)$ 的值进行显著性检验。原假设：在某一频率上两序列振动的相关程度为 0，即凝聚谱为 0。计算统计量

$$F = \frac{(\nu - 1)R_{12}^2}{1 - R_{12}^2} \tag{6.47}$$

该统计量是遵从分子自由度为 2，分母自由度为 $2(\nu-1)$ 的 F 分布。其中 $\nu = \frac{2n-(m-1)/2}{m-1}$。确定显著性水平 α，查 F 分布表(附表 3)得 F_α，若 $F > F_\alpha$ 则拒绝原假设，认为在某一频率上两序列振动的凝聚是显著的。

6.3.3 计算结果分析

由上述计算流程可知，两序列交叉谱分析得到 5 种谱——协谱、正交谱、振幅谱、相位谱(落后时间长度谱)和凝聚谱估计。5 种谱估计相互有密切联系，其中凝聚谱和相位谱是分析的主要对象。

(1)利用协谱估计和正交谱估计可以分别分析两序列在某一频率

上同相位相关关系和相位差 90°的相关关系。

(2)利用振幅谱分析在某一频率上同相位相关和相位差 90°相关关系的能量大小。

(3)利用凝聚谱分析两序列在某一频率上振动相关的程度。如果在某一频率上所对应的凝聚值通过显著性检验,则证明两序列在这一频率上存在密切的相关关系。那么,存在怎样的相关关系呢?依据其对应的相位谱(或更经常使用落后时间长度谱)来分析这两个序列在这一频率上存在落后多长时间尺度的相关关系。

应用实例[6.3] 对南京和上海两站 1951—1996 年 7 月降水量序列进行交叉谱分析。样本量 $n=46$,最大滞后长度 $m=20$。主要结果列于表 6.1。

表 6.1 南京和上海两站 7 月降水量交叉谱分析

k	$T(k)$	$R_{12}^2(k)$	$\Theta_{12}(k)$	$L(k)$	k	$T(k)$	$R_{12}^2(k)$	$\Theta_{12}(k)$	$L(k)$
0	∞	—	—	—	10	3.6	0.665	0.410	0.248
1	40.0	1.223	1.277	7.723	11	3.3	0.273	1.369	0.753
2	20.0	0.369	0.343	1.037	12	3.1	0.380	−0.290	−0.146
3	10.3	0.177	1.462	2.947	13	2.9	0.923	−0.397	−0.185
4	10.0	0.188	0.574	0.868	14	2.7	0.767	−0.268	−0.116
5	8.0	0.104	0.754	0.912	15	2.5	0.781	0.366	0.147
6	6.7	0.733	0.634	0.639	16	2.4	0.592	0.168	0.064
7	5.0	0.325	1.073	0.927	17	2.2	0.405	−0.358	−0.128
8	4.4	0.158	0.506	0.382	18	2.1	0.369	−0.040	−0.014
9	4.0	0.546	0.00	0.00	19	2.0	—	—	—

从表 6.1 凝聚谱 $R_{12}^2(k)$一列中看到,在 2.9 年周期上凝聚出现了最大值,其附近 2.7～2.5 年周期段上的凝聚程度也较高。另外,在 6.7 和 3.6 年周期上凝聚程度也比较高。要确定南京和上海两地降水量序列在上述几个周期上是否存在显著的相关关系,要进行显著性检验。由于$n=46$,$m=20$,因此自由度

$$\nu=\left(2n-\frac{m-1}{2}\right)\Big/(m-1)=\left(2\times 46-\frac{20-1}{2}\right)\Big/(20-1)=4.34$$

将上述几个较高凝聚值逐一代入式(6.47)。6.7 年的 F 值为 9.18，3.6 年为 6.63，2.9 年为 40.04，2.7 年为 10.99，2.5 年为 11.91，2.4 年为 4.85。确定显著性水平 $\alpha=0.05$，查分子自由度为 2，分母自由度为 $2(\nu-1)=6.68$ 的 F 检验表，$F_{0.05}=4.74$。上述几个周期的 F 计算值均大于 $F_{0.05}$，因此上述几个周期上振动的凝聚是显著的。也就是说，南京和上海两站 7 月降水量在上述几个周期上的振动存在显著的相关关系。

从表 6.1 的落后长度谱 $L(k)$ 一列中可以查到上述高凝聚对应的落后长度。6.7 年对应 $L(6)=0.639$，表明在 6 年左右周期相关关系中，南京 7 月降水量比上海 7 月降水量落后半年左右。类似地，在 3.6 年的周期关系中，南京 7 月降水量比上海 7 月降水量落后 0.248 年，在 2.9 和 2.7 年的周期关系中，南京 7 月降水量则比上海 7 月降水量分别超前 0.185 和 0.116 年。

6.4　多维最大熵谱

上一节介绍了使用交叉谱研究两个气候序列之间的凝聚和相位关系。在提取单个气候序列的周期时，最大熵谱表现出相对于普通功率谱的优越性。这一节将最大熵谱推广到多变量形式——多维最大熵谱，它描述的是多个不同气候时间序列之间的交叉能量关系，是一种估计复合谱(海金，1986)。多维最大熵谱最早主要应用于地质信号处理，后来推广到雷达、通讯的信号处理领域，各种计算方法在应用中相继应运而生。在雷达、通讯领域通常将其称为多信道最大熵谱。因此，在方法的描述上有关术语通常使用通讯信号处理的用法。

6.4.1　方法概述

假设有 l 个变量，样本量均为 n，用一个 $l\times1$ 的列向量 $\boldsymbol{x}_i$ 表示 l 个序列在 i 时刻的值，即

$$\boldsymbol{x}_i = \begin{pmatrix} x_i^{(1)} \\ x_i^{(2)} \\ \vdots \\ x_i^{(l)} \end{pmatrix} \tag{6.48}$$

这里假设 $\boldsymbol{x}_i$ 是复数，均值为 0，那么，滞后长度为 j 的相关函数定义为

$$\boldsymbol{R}_x(j) = \mathrm{E}[\boldsymbol{x}_i \boldsymbol{x}_{i-j}^{\mathrm{H}}] \tag{6.49}$$

式中，E[ ]表示数学期望算子，上标 H 表示共轭转置[关于复数、共轭转置，埃尔米特(Hermite)矩阵的概念及运算，在第 7 章介绍复经验正交函数时再叙述，必要时可参阅]。$\boldsymbol{R}_x(j)$类似于单变量的滞后长度为 j 的自相关函数，对角线元素代表每个序列的自相关函数，其余元素则表示两两序列之间的相关函数。值得注意的是，由于 x_i 是复数，故矩阵 $\boldsymbol{R}_x(j)$是复数矩阵——埃尔米特(Hermite)阵。

对于 m 阶多维预测误差滤波器(同单变量一样，将自回归模型视为预测误差滤波器)，可以定义$(m+1)\times(m+1)$的分块相关矩阵为

$$\boldsymbol{R}_x = \begin{pmatrix} R_x(0) & R_x(-1) & \cdots & R_x(-m) \\ R_x(1) & R_x(0) & \cdots & R_x(1-m) \\ \vdots & \vdots & & \vdots \\ R_x(m) & R_x(m-1) & \cdots & R_x(0) \end{pmatrix} \tag{6.50}$$

当滤波器的阶数 $m \geqslant |j|$时，序列 $\boldsymbol{R}_x(j)$的最大熵一般可以表示为下列 z 变换形式：

$$\boldsymbol{S}_H(\omega) = \boldsymbol{A}_m^{-1}(z)\boldsymbol{P}_{f,m}\boldsymbol{A}_m^{-\mathrm{H}}(z^{-1}) = \boldsymbol{B}_m^{-1}(z)\boldsymbol{P}_{b,m}\boldsymbol{B}_m^{-\mathrm{H}}(z^{-1}) \tag{6.51}$$

式中，上标“-1”表示相应矩阵的逆；

$$\boldsymbol{A}_m(z) = \boldsymbol{I} + \boldsymbol{A}_1^{(m)} z^{-1} + \cdots + \boldsymbol{A}_{m-1}^{(m)} z^{1-m} + \boldsymbol{A}_m^{(m)} z^{-m} \tag{6.52}$$

$$\boldsymbol{B}_m(z) = \boldsymbol{B}_m^{(m)} + \boldsymbol{B}_{m-1}^{(m)} z^{-1} + \cdots + \boldsymbol{B}_1^{(m)} z^{1-m} + \boldsymbol{I} z^{-m} \tag{6.53}$$

这里 z^{-1} 为单位延时算子，$\boldsymbol{P}_{f,m}$ 和 $\boldsymbol{P}_{b,m}$ 分别为向前和向后预测误差功率：

$$\boldsymbol{P}_{f,m} = \mathrm{E}[(\boldsymbol{e}_{f,i}^{(m)})(\boldsymbol{e}_{f,i}^{(m)})^{\mathrm{H}}] \tag{6.54}$$

$$\boldsymbol{P}_{b,m} = \mathrm{E}[(\boldsymbol{e}_{b,i}^{(m)})(\boldsymbol{e}_{b,i}^{(m)})^{\mathrm{H}}] \tag{6.55}$$

式中，$\boldsymbol{e}_{f,i}^{(m)}$ 和 $\boldsymbol{e}_{b,i}^{(m)}$ 分别为向前和向后预测误差。式(6.52)和(6.53)中的滤波器系数矩阵 $\boldsymbol{A}_k^{(m)}$ 和 $\boldsymbol{B}_k^{(m)}$ $(k=0,1,\cdots,m)$可以利用递推方法算出。但是，用这种方法不能得到唯一的最大熵谱估计。

另有一种归一化递推方法，系数矩阵直接由已知数据估计出来，产生唯一的最小相位预测误差滤波器，从而确保多维最大熵谱估计的唯一性。对于一个 m 阶多维预测误差滤波器，利用递推关系，可以分别定义一系列归一化向前和向后的计算公式。下式中带"～"的变量为归一化的变量。

6.4.1.1 系数矩阵

$$\widetilde{\boldsymbol{A}}_k^{(m)} = \boldsymbol{P}_m^{-1/2}[\widetilde{\boldsymbol{A}}_k^{(m-1)} - \boldsymbol{\rho}_m \widetilde{\boldsymbol{B}}_{m-k}^{(m-1)}] \quad k = 0,1,\cdots,m-1 \tag{6.56}$$

$$\widetilde{\boldsymbol{B}}_k^{(m)} = \boldsymbol{Q}_m^{-1/2}[\widetilde{\boldsymbol{B}}_k^{(m-1)} - \boldsymbol{\rho}_m^{\mathrm{H}} \widetilde{\boldsymbol{A}}_{m-k}^{(m-1)}] \quad k = 0,1,\cdots,m-1 \tag{6.57}$$

当阶数 $m=0$ 时，滤波器系数的初始条件为

$$(\widetilde{\boldsymbol{A}}_0^{(0)})^{-1} = \left(\sum_{i=1}^{n} x_i x_i^{\mathrm{H}}\right)^{\frac{1}{2}} \tag{6.58}$$

$$(\widetilde{\boldsymbol{B}}_0^{(0)})^{-1} = \left(\sum_{i=0}^{n-1} x_i x_i^{\mathrm{H}}\right)^{\frac{1}{2}} \tag{6.59}$$

式(6.56)和(6.57)中，$\boldsymbol{\rho}_m$ 称为反射系数矩阵，定义为

$$\boldsymbol{\rho}_m = \boldsymbol{P}_{f,m-1}^{-1/2} \Delta m \boldsymbol{P}_{b,m-1}^{-\mathrm{H}/2} \tag{6.60}$$

其中

$$\Delta m = \sum_{k=0}^{m-1} \boldsymbol{A}_k^{(m-1)} \boldsymbol{R}_x(m-k) = \sum_{k=0}^{m-1} \boldsymbol{B}_k^{(m-1)} \boldsymbol{R}_x(m-k) \tag{6.61}$$

$\boldsymbol{P}_m^{1/2}$ 和 $\boldsymbol{Q}_m^{1/2}$ 分别定义为

$$\boldsymbol{P}_m^{1/2}=\boldsymbol{P}_{f,m-1}^{-1/2}\cdot\boldsymbol{P}_{f,m}^{1/2} \tag{6.62}$$

$$\boldsymbol{Q}_m^{1/2}=\boldsymbol{P}_{b,m-1}^{-1/2}\cdot\boldsymbol{P}_{b,m}^{1/2} \tag{6.63}$$

在阶数 $m=0$ 时,其初始条件为

$$\boldsymbol{P}_0^{1/2}=\boldsymbol{Q}_0^{1/2}=\boldsymbol{R}_x^{1/2}(0) \tag{6.64}$$

利用反射系数,可以求出:

$$\boldsymbol{P}_m=\boldsymbol{I}-\boldsymbol{\rho}_m\boldsymbol{\rho}_m^{\mathrm{H}} \tag{6.65}$$

$$\boldsymbol{Q}_m=\boldsymbol{I}-\boldsymbol{\rho}_m^{\mathrm{H}}\boldsymbol{\rho}_m \tag{6.66}$$

6.4.1.2 向前和向后预测误差功率

$$\widetilde{\boldsymbol{P}}_{f,m}=\sum_{i=m+1}^{n}\tilde{\boldsymbol{e}}_{f,i}^{(m)}(\tilde{\boldsymbol{e}}_{f,i}^{(m)})^{\mathrm{H}}, \tag{6.67}$$

$$\widetilde{\boldsymbol{P}}_{b,m}=\sum_{i=m+1}^{n}\tilde{\boldsymbol{e}}_{b,i-1}^{(m)}(\tilde{\boldsymbol{e}}_{b,i-1}^{(m)})^{\mathrm{H}}。 \tag{6.68}$$

向前和向后预测误差的互功率为

$$\widetilde{\boldsymbol{P}}_{fb,m}=\sum_{i=m+1}^{n}\tilde{\boldsymbol{e}}_{f,i}^{(m)}(\tilde{\boldsymbol{e}}_{b,i-1}^{(m)})^{\mathrm{H}} \tag{6.69}$$

6.4.1.3 传输函数

$$\widetilde{\boldsymbol{A}}_m(z)=\boldsymbol{P}_m^{-1/2}[\widetilde{\boldsymbol{A}}_{m-1}(z)-z^{-1}\boldsymbol{\rho}_m\widetilde{\boldsymbol{B}}_{m-1}(z)] \tag{6.70}$$

$$\widetilde{\boldsymbol{B}}_m(z)=\boldsymbol{Q}_m^{-1/2}[z^{-1}\widetilde{\boldsymbol{B}}_{m-1}(z)-\boldsymbol{\rho}_m^{\mathrm{H}}\widetilde{\boldsymbol{A}}_{m-1}(z)] \tag{6.71}$$

在 $m=0$ 时,其初始条件为

$$\widetilde{\boldsymbol{A}}_0(z)=\widetilde{\boldsymbol{B}}_0(z)=\boldsymbol{R}_x^{-\frac{1}{2}}(0) \tag{6.72}$$

6.4.1.4 预测误差

$$\tilde{\boldsymbol{e}}_{f,i}^{(m)} = \sum_{k=0}^{m} \widetilde{\boldsymbol{A}}_k^{(m)} x_{i-k} \tag{6.73}$$

$$\tilde{\boldsymbol{e}}_{b,i}^{(m)} = \sum_{k=0}^{m} \widetilde{\boldsymbol{B}}_k^{(m)} x_{i-k} \tag{6.74}$$

仿照单变量最大熵谱，利用多维形式的最终预测误差准则来确定滤波器的最佳阶数：

$$\mathrm{FPE}(m,l) = \left(\frac{n+lm+1}{n-lm-1}\right)^l \det\left[\frac{1}{2}(\boldsymbol{P}_{m+1} + \boldsymbol{Q}_{m+1})\right] \tag{6.75}$$

式中，det[]表示广义方差。

6.4.2 计算步骤

归纳起来，多维最大熵谱估计的计算步骤大致如下。

(1)首先利用式(6.58)和(6.59)计算 0 阶多维预测误差滤波器系数 $\widetilde{\boldsymbol{A}}_0^{(0)}$ 和 $\widetilde{\boldsymbol{B}}_0^{(0)}$。用式(6.73)和(6.74)计算 0 阶向前和向后预测误差 $\tilde{\boldsymbol{e}}_{f,i}^{(0)}$ 和 $\tilde{\boldsymbol{e}}_{b,i}^{(0)}$，用式(6.67)—(6.69)计算向前、向后及互预测误差功率 $\widetilde{\boldsymbol{P}}_{f,0}$、$\widetilde{\boldsymbol{P}}_{b,0}$ 和 $\widetilde{\boldsymbol{P}}_{fb,0}$。

(2)将 $\widetilde{\boldsymbol{P}}_{f,0}$、$\widetilde{\boldsymbol{P}}_{b,0}$ 和 $\widetilde{\boldsymbol{P}}_{fb,0}$ 代入下列归一化反射系数公式：

$$\boldsymbol{\rho}_{m+1} = \widetilde{\boldsymbol{P}}_{f,m}^{-1/2} \cdot \widetilde{\boldsymbol{P}}_{fb,m} \cdot \widetilde{\boldsymbol{P}}_{b,m}^{-\mathrm{H}/2} \quad m=0 \tag{6.76}$$

得到 $\boldsymbol{\rho}_1$，并将其代入式(6.65)和(6.66)，求出 $\boldsymbol{P}_1$ 和 $\boldsymbol{Q}_1$，进而利用式(6.75)计算出 FPE(0,l)。

(3)利用式(6.56)和(6.57)计算 $k=1,2,\cdots,m-1$ 阶数的系数 $\widetilde{\boldsymbol{A}}_k^{(m)}$ 和 $\widetilde{\boldsymbol{B}}_k^{(m)}$，并重复过程(1)的其他计算，求出 $\tilde{\boldsymbol{e}}_{f,i}^{(m)}$ 和 $\tilde{\boldsymbol{e}}_{b,i}^{(m)}$ 及 $\widetilde{\boldsymbol{P}}_{f,m}$、$\widetilde{\boldsymbol{P}}_{b,m}$ 和 $\widetilde{\boldsymbol{P}}_{fb,m}$，进一步求出 $\boldsymbol{\rho}_{m+1}$、$\boldsymbol{P}_{m+1}$ 和 $\boldsymbol{Q}_{m+1}$。

(4)计算 FPE(m,l)，若 FPE(m,l)≤FPE($m-1$,l)，则回到上一步计算过程，否则停止计算。

(5)将最终 m 阶的计算结果代入 z 变换形式(式(6.51))，得到归一化多维最大熵谱估计。

(6)与交叉谱类似,通过计算出的 $\boldsymbol{P}_m$ 和 $\boldsymbol{Q}_m$,求出凝聚谱和相位谱。多维最大熵谱是复合谱,可以用实部与虚部形式表示:

$$S_{ij} = P_{ij} - \mathrm{i}Q_{ij} \tag{6.77}$$

凝聚谱为

$$R_{ij}^2 = \frac{P_{ij} + Q_{ij}}{P_{ij}Q_{ij}} \tag{6.78}$$

相位谱为

$$\Theta_{ij} = \arctan\frac{Q_{ij}}{P_{ij}} \tag{6.79}$$

为便于研究,通常是计算两序列的交叉最大熵谱,即计算 R_{12}^2 和 Q_{12},分析两序列在某一频率上振动相关程度及两序列的相关状况。计算结果分析可以仿照交叉谱操作。

6.5 奇异谱分析

奇异谱分析(Singular Spectrum Analysis,SSA)是从时间序列的动力重构出发,并与经验正交函数(Empirical Orthogonal Function,EOF)相联系的一种统计技术。它已被广泛应用于时间范围上的信号处理。SSA 的具体操作过程是,将一个样本量为 n 的时间序列 $x(t)$ 按给定的嵌套空间维数 m (称为窗口长度)构造一资料矩阵。当这一资料矩阵计算出明显成对的特征值,且相应的 EOF 几乎是周期性或正交时,通常就对应着信号中的振荡行为。可见,SSA 在数学上相应于 EOF 在延滞坐标上的表达,亦可以看做是 EOF 的一种特殊应用。分解的空间结构与时间尺度有关,可以有效地从一个有限的含有噪声的时间序列中提取信息。Broomhead 等(1986)最先将 SSA 引入非线性动力学研究,后来由 Vautard (1992)和 Ghil 等 (1991)将其进行了一系列改进,并应用到研究气候序列的周期振荡现象中。SSA 的优点主要表现在两方面：一是它的滤波器不像通常的谱分析需要预先给定，而是根据资料自身最优确定。因此，它适合于确定和寻找噪声系统中的弱信号。尤其是它不需要做时间序列由不同频率正弦波叠加而成的假定，因而也就无需将一个本质上是非线性振荡的信号分解为大量正弦波之叠加来讨论。二是对嵌套空间维数 m 的限定，可以使得对振荡的转换进行时间定位。SSA 是一种特别适合于识别隐含在气候序列中的弱信号研究周期振荡现象的新统计技术。

6.5.1 方法概述

给定一个间隔为 1，取样样本量为 n_T，均值为 0 的时间序列 $x_i=x(t)$。再给定嵌套空间维数 m，$m\leqslant\frac{n_T}{2}$。那么，可将原时间序列 x_i 排列为 $m\times n$ 的资料矩阵

$$\boldsymbol{x}=\begin{bmatrix} x_1 & x_2 & \cdots & x_n \\ x_2 & x_3 & \cdots & x_{n+1} \\ \vdots & \vdots & & \vdots \\ x_m & x_{m+1} & \cdots & x_{n_T} \end{bmatrix} \tag{6.80}$$

其中，$n=n_T-m+1$。式(6.80)的滞后自协方差则是一个 $m\times m$ 的矩阵，即

$$S_{ij}=\frac{1}{n}\sum_{t=1}^{n}x_t x_{t+j} \tag{6.81}$$

式中，j 为时间滞后步长，$j=1,2,\cdots,m$。显然，S_{ij} 为对称矩阵且主对角线为同一常数，称为特普利茨(Toeplitz)矩阵。计算求出 S_{ij} 的特征值 λ_k 和相应的特征向量 φ_{kk}。特征值 λ_k 的开方值 σ_k 为奇异值。那么，滞后 j 的时间函数 $x(t+j)$ 的展开式表达为

$$x(t+j)=\sum_{k=1}^{m}t_{kt}\varphi_{kj}\quad t=1,2,\cdots,n \tag{6.82}$$

由于资料矩阵是由嵌入时间滞后构成的，故 t_{kt} 为时间主分量，记为T-PC，由下式求得：

$$t_{kt} = \sum_{j=1}^{m} x_{t+j}\varphi_{kj} \quad t = 1,2,\cdots,n \tag{6.83}$$

式中，φ_{kj} 称为时间经验正交函数，记为 T-EOF。和普通的 EOF 一样，T-PC 仍是时间 t 的函数。T-EOF 则是滞后时间步长的函数，而不再是空间的函数。

棘手的问题是如何恰当地选取嵌套空间维数 m。从要求涵盖较多信息量的角度要选取大些的 m，从统计可信度考虑则 m 越小越好。通常视研究问题的时间尺度，选择适中的 m 为宜。

Ghil 等(1991)和 Vautard (1992)提出了几种分离振荡和噪声分量的方法，这里介绍其中的一种。这种方法能够很好地从时间序列中分离出周期小于嵌套维数 m，谱宽小于 $1/m$ 的振荡。首先，估计特征值的误差：

$$\delta\lambda_k = \left(\frac{2}{n_d}\right)^{1/2}\lambda_k \tag{6.84}$$

其中

$$n_d = \left(\frac{n_T}{m}\right) - 1 \tag{6.85}$$

式中，n_d 是给定窗口 m 的自由度个数。当一对 T-EOF 所对应的 λ_k 和 λ_{k+1} 满足

$$|\lambda_{k+1} - \lambda_k| \leqslant \min\{\delta\lambda_k, \delta\lambda_{k+1}\} \tag{6.86}$$

且这对 T-EOF 和 T-PC 是互相正交时，这一对 T-EOF 就代表系统的基本振荡。检验后者条件的办法是计算所给定的一对 T-PC 之间的滞后相关系数。如果存在很大的滞后相关系数，则表明对应的这对T-PC具有正交性。一般情况下，气候序列隐含的显著周期信号不止一个，因而有几对 T-PC 之间的滞后相关系数达到最大(通常大于 0.90)。滞后长度 j 作为推断显著振荡周期的依据。

6.5.2 计算步骤

用 SSA 提取气候时间序列基本周期的计算流程如下。

(1)将一维气候时间序列 $x(t)$ 按给定的嵌套空间维数构造形如式(6.80)的二维资料矩阵。

(2)计算资料矩阵的协方差矩阵 $\boldsymbol{S}_{ij}$。

(3)利用雅可比(Jacobi)方法求解协方差阵 $\boldsymbol{S}_{ij}$ 的特征值 λ_k 和相应的特征向量。再利用式(6.83)求出时间主分量。

(4)将特征值按大小排序,并计算方差贡献:

$$\mathrm{var}_k = \frac{\lambda_k}{\sum_{i=1}^{m}\lambda_i^2} \quad k = 1,2,\cdots,m \tag{6.87}$$

(5)按式(6.84)计算各特征值的误差范围。若某对 T-EOF 所对应的特征值满足式(6.87)的条件,则进一步计算这对 T-PC 的滞后相关系数。将相关系数亦按大小排序,如果存在较大数值,表示这对 T-PC 代表系统的基本周期。

(6)计算周期。由于上述一对 T-PC 近于正交,j 滞后时间内相差 90°,一个周期 360°为 $4j$,将最大滞后相关系数对应的滞后时间长度 j 乘以 4,所得到的周期就是系统存在的显著周期。

(7)继续寻找其他对特征值 λ_k 和 λ_{k+1},若满足式(6.86)及 T-PC 相互正交条件,也视为统计的基本周期。但当满足条件的特征值出现在某个非线性动力系统的统计维数 S 之后就无需再考虑。当特征值 λ_k 随 k 的变化曲线斜率由明显的负值转为近似 0 时,对应的 k 值就是统计维数 S。

计算过程中的一些具体问题,在应用实例中还会进一步说明。

6.5.3 计算结果分析

在气候研究中,SSA 主要用于对大气的年际和季节尺度的低频振荡进行分析。另外,它还可以对一维时间序列进行非线性吸引子的重建及对预报因子的信息压缩。SSA 用于气候诊断方面的用途可以进行如下两方面的分析。

(1)分析气候时间序列隐含的显著周期。这里需要强调的是,显著周期长度与窗口长度 m 的选择密切相关。因此,选择恰当的 m 非常重要,它取决于讨论问题的时间尺度,用 SSA 研究长于窗口长度的周期是毫无意义的。

(2)分析前几个显著主分量所代表信号的趋势变化。

应用实例[6.4] 作为计算实例,取 1952—1996 年赤道东太平洋(180°～90°W,0°～10°S)季平均标准化的海面温度资料做奇异谱分析。样本量为 180 个,嵌套空间维数取 40。构造一新资料矩阵,用雅可比方法求解特征值和特征向量,并计算出 T-PC。

图 6.3 为特征值随滞后长度 k 的变化曲线。由图 6.3 可以看出,在 $k=17$ 时,特征值随 k 变化曲线斜率由负转为近似于 0。因此,确定统计维数 $S=17$,亦即我们只需讨论 $k=17$ 之前的特征值。另外,图 6.3 还展现出存在 3 对 T-EOF 对应的特征值相近,即 T-EOF_1 和 T-EOF_2 对应的 λ_1 和 λ_2,T-EOF_3 和 T-EOF_4 对应的 λ_3 和 λ_4,T-EOF_5 和 T-EOF_6 对应的 λ_5 和 λ_6,这前 6 个 T-EOF 解释总方差的 63%。应该说,它们代表了赤道东太平洋海温的主要信息。

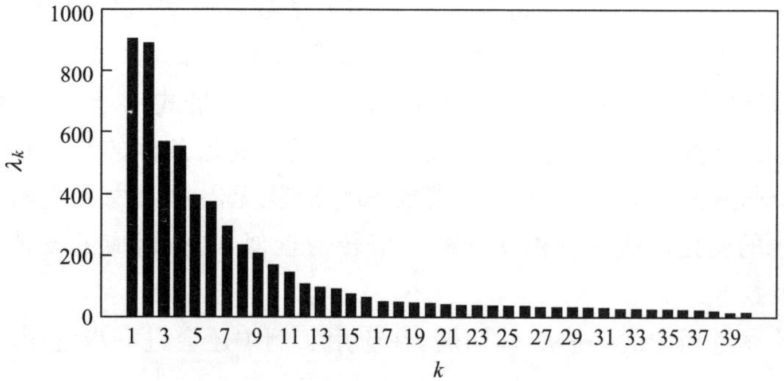

图 6.3 特征值 λ_k 随滞后长度 k 的变化

第一对 T-EOF (T-EOF_1,T-EOF_2)占总方差的 31%。图 6.4 为这对 T-EOF 的变化曲线。两个 T-EOF 曲线均呈现出十分明显的周期性。目测大约存在 16 个季的周期。T-EOF_1 和 T-EOF_2 变化趋势

十分一致，T-EOF$_2$ 比 T-EOF$_1$ 滞后约 4 个季。特征值误差范围 $|\lambda_2-\lambda_1|=14.40$，$\min(\delta\lambda_1, \delta\lambda_2)=893.26$。因此，第一对特征值满足式(6.86)的条件。T-PC$_1$ 和 T-PC$_2$ 之间的滞后相关存在较大的相关系数。在滞后长度 $j=4$ 时，相关系数达最大，为 0.94。次大相关系数为 0.89，出现在滞后 $j=3$ 时。表明 T-PC$_1$ 和 T-PC$_2$ 具有正交性。对应的周期为 $4\times j$，即存在长度为 $4\times4=16$ 个季(4 年)的主要周期；其次，存在 12 个季(3 年)的周期。这种提取周期的方法所得到的结果与 T-EOF$_1$ 和 T-EOF$_2$ 曲线显示的周期是一致的。

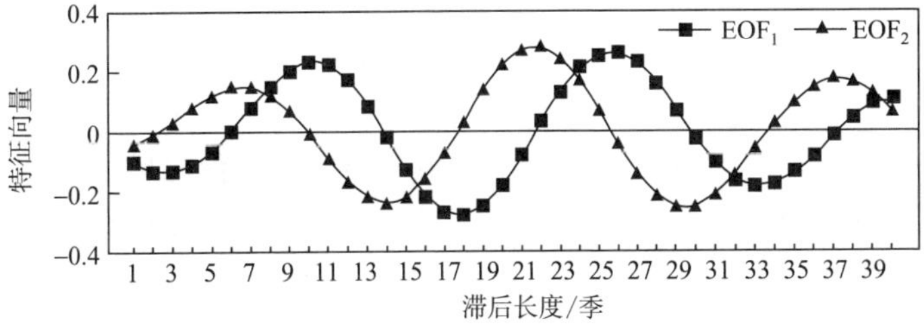

图 6.4 T-EOF$_1$ 和 T-EOF$_2$ 的变化曲线

第二对 T-EOF (T-EOF$_3$ 和 T-EOF$_4$)占总方差的 19%。特征值误差范围 $|\lambda_4-\lambda_3|=14.70$，$\min(\delta\lambda_3, \delta\lambda_4)=552.66$，亦满足式(6.86)的条件。T-PC$_3$ 和 T-PC$_4$ 的滞后相关中亦有较大的相关系数。$j=4$ 时，相关系数为 0.95；$j=3$ 时为 0.91。表明这对 T-PC 亦具正交性，且亦存在 16 个季(4 年)和 12 个季(3 年)的周期。

第三对 T-EOF (T-EOF$_5$ 和 T-EOF$_6$)占总方差的 13%。特征值误差范围满足式(6.86)的条件。但是，T-PC$_5$ 和 T-PC$_6$ 的滞后相关系数没有较大数值，故认为不具正交性。

由 SSA 分析结果可知，赤道东太平洋海面温度存在 16 个季和 12 个季，即 3～4 年的显著周期。

6.6 小波分析

小波分析(Wavelet Analysis)亦称多分辨率分析(Multiresolution

Analysis)，是国际上十分热门的一个前沿领域，被认为是傅里叶分析方法的突破性进展。1982 年法国地质学家 J. Morlet 在分析地震波的局部性质时，将小波概念引入信号分析中(Grossman et al. ,1985)。之后，Grossman 等(1985)和 Meyer (1990)又对小波进行了一系列深入研究，使小波理论有了坚实的数学基础。进入 20 世纪 90 年代，小波分析成为众多学科共同关注的热点。在信号处理、图像处理、地震勘探、数字电路、物理学、应用数学、力学、光学等诸多科技领域得以广泛应用(崔锦泰，1994；秦前清 等，1994)。小波分析因其对信号处理具有特殊优势而很快受到气象学家们的重视，并将其应用于气象和气候序列的时频结构分析中，取得不少引人注目的研究成果(Weng et al. ,1994)。在气候诊断中，广泛使用的傅里叶变换可以显示出气候序列不同尺度的相对贡献，而小波变换不仅可以给出气候序列变化的尺度，还可以显现出变化的时间位置。后者对于气候预测是十分有用的(Arnedo et al. ,1988；Meyer et al. ,1992) 。需要指出的是，小波分析是一种基本数学手段，它可以应用于多个领域，可以从统计学角度研究，也可以应用在动力学乃至人工智能中。这里仅介绍用小波分析进行气候序列小波分解的具体方法及主要分析内容。

6.6.1 方法概述

(1)小波分析的来源。经典傅里叶分析的本质是将任意一个关于时间 t 的函数 $f(t)$ 变换到频域上：

$$F(\omega) = \int_R f(t)\mathrm{e}^{\mathrm{i}\omega t}\,\mathrm{d}t \tag{6.88}$$

式中，ω 为频率，R 为实数域。$F(\omega)$ 确定了 $f(t)$ 在整个时间域上的频率特征。可见，经典的傅里叶分析是一种频域分析。对时间域上分辨不清的信号，通过频域分析便可以清晰地描述信号的频率特征。因此，从 1822 年傅里叶分析方法问世以来，已得到十分广泛的应用。上面讲到的谱分析就是傅里叶分析方法。但是，经典的傅里叶变换有其固有缺陷，它几乎不能获取信号在任一时刻的频率特征。这里就存在时域与频域的局部化矛盾。在分析实际问题时，人们恰恰十分关心信号在局部范围内的特征，这就需要寻找时频分析方法。

Gabor 等(1964)引入了窗口傅里叶变换：

$$\widetilde{F}(\omega,b)=\frac{1}{\sqrt{2\pi}}\int_R f(t)\overline{\Psi}(t-b)\mathrm{e}^{-\mathrm{i}\omega t}\,\mathrm{d}t \tag{6.89}$$

式中，函数 $\Psi(t)$是固定的，称为窗函数；$\overline{\Psi}(t)$是 $\Psi(t)$的复数共轭；b 是时间参数。由式(6.89)可知，为了达到时间域上的局部化，在基本变换函数之前乘以一个时间上有限的时限函数 $\Psi(t)$，这样 $\mathrm{e}^{-\mathrm{i}\omega t}$起到频限作用，$\Psi(t)$起到时限作用。随着时间 b 的变换，Ψ 确定的时间窗在 t 轴上移动，逐步对 $f(t)$进行变换。从式(6.88)中可以看出，窗口傅里叶变换是一种窗口大小及形状均固定的时频局部分析，它能够提供整体上和任一局部时间内信号变化的强弱程度，如带通滤波就属于这类方法。由于窗口傅里叶变换的窗口大小及形状固定不变，因此局部化只是一次性的，不可能灵敏地反映信号的突变。事实上，反映信号高频成分需用窄的时间窗，低频成分则用宽的时间窗。在窗口傅里叶变换局部化思想基础上产生了窗口大小固定、形状可以改变的时频局部分析——小波分析。

(2)小波变换。若函数 $\Psi(t)$为满足下列条件的任意函数：

$$\begin{cases}\int_R \Psi(t)\,\mathrm{d}t=0\\ \int_R \dfrac{|\hat{\Psi}(\omega)|^2}{|\omega|}\mathrm{d}\omega<\infty\end{cases} \tag{6.90}$$

式中，$\hat{\Psi}(\omega)$是 $\Psi(t)$的频谱。令

$$\Psi_{a,b}(t)=|a|^{-\frac{1}{2}}\Psi\left(\frac{t-b}{a}\right) \tag{6.91}$$

为连续小波，Ψ 叫基本小波或母小波，它是双窗函数，一个是时间窗，一个是频率谱。$\Psi_{a,b}(t)$的振荡随$\dfrac{1}{|a|}$的增大而增大。因此，a 是频率参数，b 是时间参数，表示波动在时间上的平移。那么，函数 $f(t)$小波变换的连续形式为

$$\omega_f(a,b)=|a|^{-\frac{1}{2}}\int_R f(t)\overline{\Psi}\left(\frac{t-b}{a}\right)\mathrm{d}t \tag{6.92}$$

由式(6.92)看到，小波变换函数是通过对母小波的伸缩和平移得到的。小波变换的离散形式为

$$\omega_f(a,b)=|a|^{-\frac{1}{2}}\Delta t\sum_{i=1}^{n} f(\mathrm{i}\Delta t)\Psi\left(\frac{\mathrm{i}\Delta t-b}{a}\right) \tag{6.93}$$

式中，Δt 为取样间隔，n 为样本量。离散化的小波变换构成标准正交系，从而扩充了实际应用的领域。

小波方差为

$$\mathrm{var}(a)=\sum\left[\omega_f(a,b)\right]^2 \tag{6.94}$$

由连续小波变换下信号的基本特性证明，下面两个函数是母小波。

①哈尔(Harr)小波：

$$\Psi(t)=\begin{cases}1 & 0\leqslant t<\frac{1}{2}\\ -1 & \frac{1}{2}\leqslant t<1\\ 0 & \text{其他。}\end{cases}$$

②墨西哥帽状小波：

$$\Psi(t)=(1-t^2)\frac{1}{\sqrt{2\pi}}\mathrm{e}^{-\frac{t^2}{2}}\quad -\infty<t<\infty$$

6.6.2 计算步骤

离散表达式的小波变换计算步骤如下。

(1)根据研究问题的时间尺度确定频率参数 a 的初值和 a 增长的时间间隔。

(2)选定并计算母小波函数。

(3)将确定的频率 a 和研究对象序列 $f(t)$ 及母小波函数 $\Psi(t)$ 代入

式(6.93),计算出小波变换 $\omega_f(a,b)$。在编制程序计算 $\omega_f(a,b)$时,要做两重循环,一个是关于时间参数 b 的循环,另一个是关于频率参数 a 的循环。

6.6.3 计算结果分析

小波分析既保持了傅里叶分析的优点,又弥补了其某些不足。原则上讲,过去使用傅里叶分析的地方,均可以由小波分析取代。从上述方法介绍中可知,小波变换实际上是将一个一维信号在时间和频率两个方向上展开,这样就可以对气候系统的时频结构进行细致的分析,提取有价值的信息。小波系数与时间和频率有关,因此可以将小波变换结果绘制成二维图像。如图 6.5 所示,横坐标为时间参数 b,纵坐标为频率参数 a,图中数值为小波系数。这样可将不同波长的结构进行客观的分离,使波幅一目了然地展现在同一张图上。当然,对结果的分析还需凭借对所研究系统的认识,根据作者个人的体会,对小波变换结果可以做以下几方面的分析。

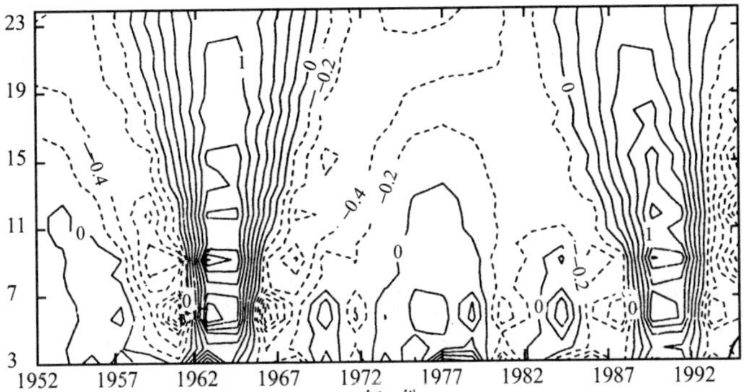

图 6.5 华北春季干旱指数小波变换

(1)利用分辨率是可调的这一特性,对我们感兴趣的细小部分进行了放大。从而可以十分细致地分析系统的局部结构和任一点附近的振荡特征,如分析某一波长振荡的强度等。

(2)在小波系数呈现振荡之处分辨局地的奇异点,确定序列不同尺度变化的时间位置，提供突变信号，由此可以做序列的阶段性分析，并为气候预测提供信息。

(3)从平面图上同时给出的不同长度的周期随时间的演变特征，认识不同尺度的扰动特性，由此判断序列存在的显著周期。

(4)利用小波方差可以更准确地诊断出多长周期的振动最强。另外，从分段的小波方差中推断某一时段内多长周期的振动最突出。

应用实例[6.5] 对1952—1995年华北春季干旱指数做小波分析(魏凤英，1997)。图6.5为小波变换平面图。图6.5的上半部分为低频，等值线相对稀疏，对应较长周期的振荡。下半部分是高频，等值线相对密集，对应较短周期的振荡。

从图6.5中呈现的振荡之处可以分辨出奇异点，每个奇异点就是一次转折。在频率$a=6$时的1965年处，小波系数出现了最大值，表明1965年前后春季干旱指数发生了最强的振动。另外，图像呈现出明显的阶段性。就年代际尺度变化而言，1967—1986年华北春季干旱指数变化相对稳定，处在比较干旱的时期。1966年以前时段的变化结构与1987年以后时段的变化结构相似，变化均比较剧烈。

应用实例[6.6] 对1882—1995年114年的南方涛动指数做小波变换。从小波变换呈现的振荡之处很容易分辨出厄尔尼诺与拉尼娜事件的转折点。厄尔尼诺与拉尼娜出现的周期振动是随时间变化的。在某一时段以某种周期为主；另一时段则另一长度周期占主导，这从小波方差图(图6.6)中可以看得十分清楚。1882—1919年的38年中7年周期的振动最强；1920—1957年的38年中5年周期振动最强；而1958—1995年的38年中则是4年周期振动最为突出。可见，1958—1995年，南方涛动的振荡比较频繁。

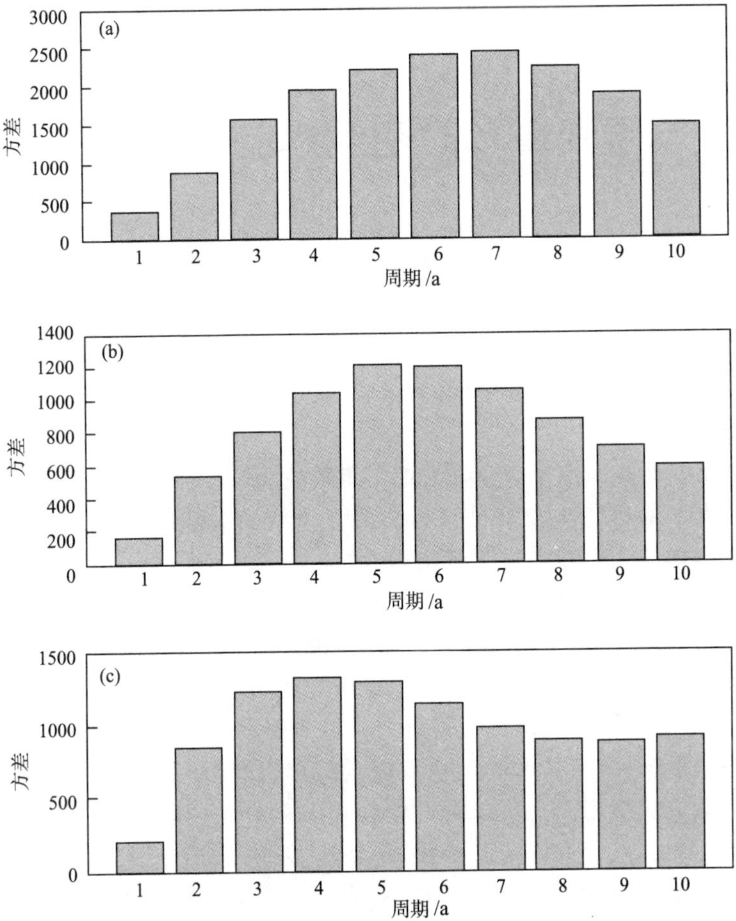

图 6.6 南方涛动指数小波方差

(a)1882—1919 年;(b)1920—1957 年;(c)1958—1995 年

7 气候变量场时空结构的分离

某一区域的气候变量场通常由许多个观测站点或网格点数据构成，这给直接研究其时空变化特征带来了困难。如果能用个数较少的几个空间分布模态来描述原变量场，且又能基本涵盖原变量场的信息，是一项很有实用价值的工作。也就是来寻找某种数学表达式，将变量场的主要空间分布结构有效地分离出来。气候统计诊断中应用最为普遍的办法是把原变量场分解为正交函数的线性组合，构成为数很少的互不相关的典型模态，代替原始变量场，每个典型模态都含有尽量多的原始场的信息。其中经验正交函数(Empirical Orthogonal Function, EOF)分解技术就是这样一种方法。

EOF 最早是由 Pearson (1902)提出来的。20 世纪 50 年代中期，Lorenz 将其引入大气科学研究中。由于计算条件的限制，直至 20 世纪 70 年代初才在我国的气候研究领域中使用。20 世纪 70 年代中期以后，随着计算机技术的迅速发展。EOF 分解技术在气候诊断研究中得以充分应用。之所以被广泛使用，还由于它具有一系列突出的优点：第一，它没有固定的函数，不像有些分解需要以某种特殊函数为基函数，如球谐函数等；第二，它能在有限区域对不规则分布的站点进行分解；第三，它的展开收敛速度快，很容易将变量场的信息集中在几个模态上；第四，分离出的空间结构具有一定的物理意义。正因为如此，EOF 分解已成为气候科学研究中分析变量场特征的主要工具。以 EOF 分解为气候特征分析手段的研究成果颇丰，揭示出许多有价值的气候变化事实。

近 10 年来，气候统计诊断方法有了很大的进展，其中以 EOF 分解为基础的变量场分解方法的飞跃发展格外引人注目。针对气候变量场特征分析的需要，发展了揭示气象场空间结构和时间相关特征的扩展经验正交函数(Extended Empirical Orthogonal Function,EEOF)、着重表现空间的相关性分布结构的旋转经验正交函数(Rotated Empirical Orthogonal Function,REOF)、可以揭示空间行波结构的复经验正交函数(Complex Empirical Orthogonal Function,CEOF)和描述动力系统非线性变化特征的主振荡型(Principal Oscillation Patterns,POPs)。这些方法使气候统计诊断研究开阔了视野,并进入了一个更高水平。本章就以 EOF 为基础,介绍上述几种方法的特点、计算步骤及作者对计算结果分析的一些认识。

当然,EOF 的应用范围远不止这一章所包含的内容。第 6 章叙述的奇异谱分析就是与 EOF 有联系的统计技术。尤其是近年来,EOF 分析方法在应用方面发展十分迅速。利用 EOF 是正交函数这一基本事实,发展了以 EOF 为基函数对强迫气候信号进行检测和估计(North et al.,1995)、对循环稳态型气候时间序列信号进行检测和估计(Kim et al.,1996)等技术。张邦林等 (1991)还提出了基于 EOF 的气候数值模拟及模式设计的新构思。另外,EOF 还被用来作为气候变量缺测资料插补的工具(孙照渤 等,1991)。

7.1　经验正交函数分解

在数理统计学的多变量分析中,EOF 分解又称为主分量分析,是一种分解方法的两种提法。

由 m 个相互关联的变量,每个变量有 n 个样本构成矩阵 $\boldsymbol{X}_{m\times n}$,对 $\boldsymbol{X}$ 进行线性变换,即由 p 个变量线性组合为一新变量:

$$\boldsymbol{Z}_{p\times n} = \boldsymbol{A}_{p\times m}\boldsymbol{X}_{m\times n}$$

称 $\boldsymbol{Z}$ 为原变量的主分量,$\boldsymbol{A}$ 为线性变换矩阵。这一过程将原多个变量的大部分信息最大限度地集中到少数独立变量的主分量上。

将主分量分析在气候变量场上进行。将由 m 个空间点 n 次观测构成的变量 $\boldsymbol{X}_{m\times n}$ 看作是 p 个空间特征向量和对应的时间权重系数的线性组合:

$$\boldsymbol{X}_{m\times n} = \boldsymbol{V}_{m\times p}\boldsymbol{T}_{p\times n}$$

称 $\boldsymbol{T}$ 为时间系数,$\boldsymbol{V}$ 为空间特征向量。这一过程将变量场的主要信息集中由几个典型特征向量表现出来。

可见,主分量分析和经验正交函数分解是用两种形式推导出的同一方法。这里介绍的是在气候变量场上进行的经验正交函数分解。

7.1.1 方法概述

将某气候变量场的观测资料以矩阵形式给出:

$$\boldsymbol{X} = \begin{bmatrix} x_{11} & x_{12} & \cdots & x_{1j} & \cdots & x_{1n} \\ x_{21} & x_{22} & \cdots & x_{2j} & \cdots & x_{2n} \\ \vdots & \vdots & & \vdots & & \vdots \\ x_{i1} & x_{i2} & \cdots & x_{ij} & \cdots & x_{in} \\ \vdots & \vdots & & \vdots & & \vdots \\ x_{m1} & x_{m2} & \cdots & x_{mj} & \cdots & x_{mn} \end{bmatrix} \tag{7.1}$$

式中,m 是空间点数,它可以是观测站或网格点;n 是时间点数,即观测次数;x_{ij} 表示在第 i 个测站或网格上的第 j 次观测值。

EOF 展开,就是将式(7.1)分解为空间函数和时间函数两部分的乘积之和

$$x_{ij} = \sum_{k=1}^{m} v_{ik}t_{kj} = v_{i1}t_{1j} + v_{i2}t_{2j} + \cdots + v_{im}t_{mj} \tag{7.2}$$

写为矩阵形式

$$\boldsymbol{X} = \boldsymbol{VT} \tag{7.3}$$

式中

$$\boldsymbol{V} = \begin{bmatrix} v_{11} & v_{12} & \cdots & v_{1m} \\ v_{21} & v_{22} & \cdots & v_{2m} \\ \vdots & \vdots & & \vdots \\ v_{m1} & v_{m2} & \cdots & v_{mm} \end{bmatrix}$$

$$T = \begin{bmatrix} t_{11} & t_{12} & \cdots & t_{1n} \\ t_{21} & t_{22} & \cdots & t_{2n} \\ \vdots & \vdots & & \vdots \\ t_{m1} & t_{m2} & \cdots & t_{mn} \end{bmatrix}$$

它们分别称为空间函数矩阵和时间系数矩阵。根据正交性,$\boldsymbol{V}$ 和 $\boldsymbol{T}$ 应满足下列条件

$$\begin{cases} \sum_{i=1}^{m} v_{ik} v_{il} = 1 & k = l \\ \sum_{j=1}^{n} t_{kj} t_{lj} = 0 & k \neq l \end{cases} \tag{7.4}$$

若 $\boldsymbol{X}$ 为距平资料矩阵,则可以对式(7.3)右乘 $\boldsymbol{X}^{\mathrm{T}}$,即

$$\boldsymbol{X}\boldsymbol{X}^{\mathrm{T}} = \boldsymbol{V}\boldsymbol{T}\boldsymbol{X}^{\mathrm{T}} = \boldsymbol{V}\boldsymbol{T}\boldsymbol{T}^{\mathrm{T}}\boldsymbol{V}^{\mathrm{T}} \tag{7.5}$$

这里 $\boldsymbol{X}\boldsymbol{X}^{\mathrm{T}}$ 是实对称矩阵。上角标“T”表示矩阵转置。根据实对称分解定理,一定有

$$\boldsymbol{X}\boldsymbol{X}^{\mathrm{T}} = \boldsymbol{V}\boldsymbol{\Lambda}\boldsymbol{V}^{\mathrm{T}} \tag{7.6}$$

式中,$\boldsymbol{\Lambda}$ 为 $\boldsymbol{X}\boldsymbol{X}^{\mathrm{T}}$ 矩阵的特征值构成的对角阵。由式(7.5)和(7.6)可知,

$$\boldsymbol{T}\boldsymbol{T}^{\mathrm{T}} = \boldsymbol{\Lambda} \tag{7.7}$$

由特征向量的性质可知,$\boldsymbol{V}^{\mathrm{T}}\boldsymbol{V}$ 是单位矩阵,即满足式(7.4)的要求。可见,空间函数矩阵可以由 $\boldsymbol{X}\boldsymbol{X}^{\mathrm{T}}$ 中的特征向量求出。$\boldsymbol{V}$ 求出后,即可求出时间系数

$$\boldsymbol{T} = \boldsymbol{V}^{\mathrm{T}}\boldsymbol{X} \tag{7.8}$$

当气候变量场的空间点数 m 大于样本量 n 时,采用所谓时空转换方案,可以减少许多计算机内存单元和计算时间。为叙述方便,这里暂且记 $\boldsymbol{X}\boldsymbol{X}^{\mathrm{T}}$ 的特征向量为 $\boldsymbol{V}_N$,记 $\boldsymbol{X}^{\mathrm{T}}\boldsymbol{X}$ 的特征向量为 $\boldsymbol{V}_R$。根据特征向量的性质,有

$$\boldsymbol{X}^{\mathrm{T}}\boldsymbol{X}\boldsymbol{V}_R = \boldsymbol{\Lambda}\boldsymbol{V}_R \tag{7.9}$$

对式(7.9)左乘 $\boldsymbol{X}$ 有

$$\boldsymbol{X}\boldsymbol{X}^{\mathrm{T}}\boldsymbol{X}\boldsymbol{V}_R = \boldsymbol{\Lambda}\boldsymbol{X}\boldsymbol{V}_R \tag{7.10}$$

记为

$$\boldsymbol{V} = \boldsymbol{X}\boldsymbol{V}_R \tag{7.11}$$

则 $\boldsymbol{V}$ 为矩阵 $\boldsymbol{X}\boldsymbol{X}^{\mathrm{T}}$ 的特征向量,有

$$\boldsymbol{X}\boldsymbol{X}^{\mathrm{T}}\boldsymbol{V} = \boldsymbol{\Lambda}\boldsymbol{V} \tag{7.12}$$

说明 $\boldsymbol{X}^{\mathrm{T}}\boldsymbol{X}$ 与 $\boldsymbol{X}\boldsymbol{X}^{\mathrm{T}}$ 具有相同的非零特征值。但是,$\boldsymbol{V}$ 不是标准化的,它的模是:

$$\boldsymbol{V}^{\mathrm{T}}\boldsymbol{V} = \boldsymbol{V}_R\boldsymbol{X}^{\mathrm{T}}\boldsymbol{X}\boldsymbol{V}_R = \boldsymbol{V}_R^{\mathrm{T}}\boldsymbol{\Lambda}\boldsymbol{V}_R = \boldsymbol{\Lambda} \tag{7.13}$$

并不满足 $\boldsymbol{V}^{\mathrm{T}}\boldsymbol{V}=1$。因此,标准化的特征向量 $\boldsymbol{V}_N$ 为

$$\boldsymbol{V}_N = \frac{1}{\sqrt{\boldsymbol{\Lambda}}}\boldsymbol{V} \tag{7.14}$$

可以证明 $\boldsymbol{V}_N^{\mathrm{T}}\boldsymbol{V}_N=1$。

可见,时空转换就是先求出 $\boldsymbol{X}^{\mathrm{T}}\boldsymbol{X}$ 的特征值和特征向量,借此求出 $\boldsymbol{X}\boldsymbol{X}^{\mathrm{T}}$ 阵的特征向量。

7.1.2 计算步骤

EOF 分解的一般计算步骤如下:

(1)对原始资料矩阵 $\boldsymbol{X}$ 做距平或标准化处理。然后,计算其协方差矩阵 $\boldsymbol{S}=\boldsymbol{X}\boldsymbol{X}^{\mathrm{T}}$,$\boldsymbol{S}$ 是 $m\times m$ 的实对称矩阵。

(2)用求实对称矩阵的特征值及特征向量方法(最常用的是雅可比方法)求出 $\boldsymbol{S}$ 矩阵的特征值 $\boldsymbol{\Lambda}$ 和特征向量 $\boldsymbol{V}$。

(3)矩阵 $\boldsymbol{\Lambda}$ 为对角阵,对角元素即为 $\boldsymbol{X}\boldsymbol{X}^{\mathrm{T}}$ 的特征值 $\boldsymbol{\lambda}=(\lambda_1,\lambda_2,\cdots,\lambda_m)$。将特征值按大小排序为

$$\lambda_1 \geqslant \lambda_2 \geqslant \cdots \geqslant \lambda_m \geqslant 0$$

(4)利用式(7.8)求出时间系数矩阵 $\boldsymbol{T}$。

(5)计算每个特征向量的方差贡献：

$$R_k = \frac{\lambda_k}{\sum_{i=1}^{m}\lambda_i} \quad k = 1,2,\cdots,p \quad (p < m) \tag{7.15}$$

以及前 p 个特征向量的累积方差贡献：

$$G = \sum_{i=1}^{P}\lambda_i \Big/ \sum_{i=1}^{m}\lambda_i \quad p < m \tag{7.16}$$

如果空间点数大于样本量，则用 EOF 的时空转换过程计算：

(1)对原始资料矩阵 $\boldsymbol{X}$ 做预处理后，计算协方差矩阵 $\boldsymbol{S}=\boldsymbol{X}^{\mathrm{T}}\boldsymbol{X}$。

(2)求出 $\boldsymbol{S}$ 矩阵的特征值和特征向量 $\boldsymbol{V}_R$。

(3)利用式(7.11)和(7.14)求出特征向量 $\boldsymbol{V}_N$，即 $\boldsymbol{X}\boldsymbol{X}^{\mathrm{T}}$ 的特征向量。

(4)与一般 EOF 分解步骤(3)～(5)的计算相同。

7.1.3 显著性检验

分解出的经验正交函数究竟是有物理意义的信号还是毫无意义的噪声，应该进行显著性检验，特别是当变量场空间点数 m 大于样本量时，显著性检验尤其重要，这一点常常被忽视。目前，常用的检验方法有：

(1)特征值误差范围。用 North 等 (1982)提出的计算特征值误差范围来进行显著性检验。特征值 λ_j 的误差范围为

$$e_j = \lambda_j \left(\frac{2}{n}\right)^{\frac{1}{2}}$$

式中，n 为样本量。当相邻的特征值 λ_{j+1} 满足

$$\lambda_j - \lambda_{j+1} \geqslant e_j$$

时，就认为这两个特征值所对应的经验正交函数是有价值的信号。

(2)蒙特卡罗技术。Preisendorfer 等(1977)最早将蒙特卡罗技术用于经验正交函数的显著性检验。首先，按式(7.15)计算观测变量场特征值的方差贡献 $R_k(k=1,2,\cdots,p)$。利用随机数发生器产生高斯分布的随机序列资料矩阵，矩阵也由 m 个空间点、n 个样本量构成。对这一矩阵进行模拟经验正交函数计算，对模拟计算的特征值 δ_k 排序。这样的过程共重复 100 次，每次亦计算方差贡献：

$$U_k^r = \delta_k^r \Big/ \sum_{i=1}^{m} \delta_i^r \quad k = 1,2,\cdots,p; \quad r = 1,2,\cdots,100$$

将 U_k^r 排序

$$U_k^1 \leqslant U_k^2 \leqslant \cdots \leqslant U_k^{100} \quad k = 1,2,\cdots,p$$

如果

$$R_k > U_k^{95}$$

就认为第 k 个特征向量在 95% 置信水平下具有统计显著性，有分析价值。

7.1.4 变量场资料的预处理

EOF 分解实际上就是求矩阵 $\boldsymbol{XX}^{\mathrm{T}}$ 的特征值和特征向量过程。求 $\boldsymbol{XX}^{\mathrm{T}}$ 时，使用变量场 $\boldsymbol{X}$ 的数据形式不同，得到的结果就不同。

变量场无外乎 3 种形式——原始变量场、变量的距平场和变量的标准化场。当用原始场计算时，$\boldsymbol{XX}^{\mathrm{T}}$ 就是原数据交叉乘积，得到的第一特征向量代表了平均状况，其权重很大。对于不存在季节变化的变量场来说，它的分解结果物理意义直观。作者在制作全国汛期降水预报时，用全国 6—8 月降水总量做 EOF 分解，分离出的特征向量十分典型，物理意义十分清楚，在下面有关预报方法的章节中将做详细介绍。但是，对于以分析变量场特征为主要目的的研究，所用的变量场大多存在季节变化，平稳性很差，造成经验正交函数不稳定。当用距平场计算时，$\boldsymbol{XX}^{\mathrm{T}}$ 是协方差矩阵，从分析的意义来讲，分离出的特征向量的气象学意义比较直观,经验正交函数在一定时效内具有稳定性。当用标准化场计算时,$\boldsymbol{XX}^{\mathrm{T}}$ 是相关系数矩阵,分离出的特征向量代表的是变量场的相关分布状况,更适合做分类、分型分析。由此可见,在使用 EOF 分解时,可以根据需要,采用不同的资料形式,但对特征向量所代表的物理含义应该有明确的认识。

另外,对某一区域的变量场进行 EOF 展开时,选择观测站点要注意其均匀性,以免造成结果失真(丁裕国 等,1995)。

7.1.5 计算结果分析

凭借气候学知识对前几项有意义的特征向量及所对应的时间系数进行分析。

(1)通过显著性检验的前几项特征向量最大限度地表征了某一区域气候变量场的变率分布结构。它们所代表的空间分布型是该变量场典型的分布结构。如果特征向量的各分量均为同一符号的数,那么,这一特征向量所反映的是该区域变量变化趋势基本一致的特征,数值绝对值较大处则为中心。如果某一特征向量的分量呈正、负相间的分布型式,这一特征向量则代表了两种分布类型。图 7.1a 是用 1951—1996 年中国 160 个站夏季(6—8 月)降水量做 EOF 展开的第二特征向量。由图 7.1a 可看出,江淮流域大范围为正值,黄河流域及华南地区为负值。这一特征向量代表江淮流域降水趋势与黄河流域华南地区为相反的分布型式,即江淮流域降水多、黄河流域及华南降水少的分布型式或江淮流域降水少、黄河流域及华南降水多的分布型式。

(2)特征向量所对应的时间系数代表了这一区域由特征向量所表征的分布型式的时间变化特征。系数数值绝对值越大,表明这一时刻(月、年等)这类分布型式越典型。例如,图 7.1a 特征向量所对应的时间系数序列(图 7.1b)代表的是中国夏季降水年际趋势变化。某年的时间系数为正值,则代表该年呈江淮流域降水偏多、黄河流域和华南地区降水偏少的分布型式。若时间系数为负值,则表明该年呈相反的降水分布型式。系数绝对值越大,这类分布型式就越显著。

(3)从特征值的方差贡献和累积方差贡献了解所分析的特征向量的方差占方差的比例及前几项特征向量共占总方差的比例。

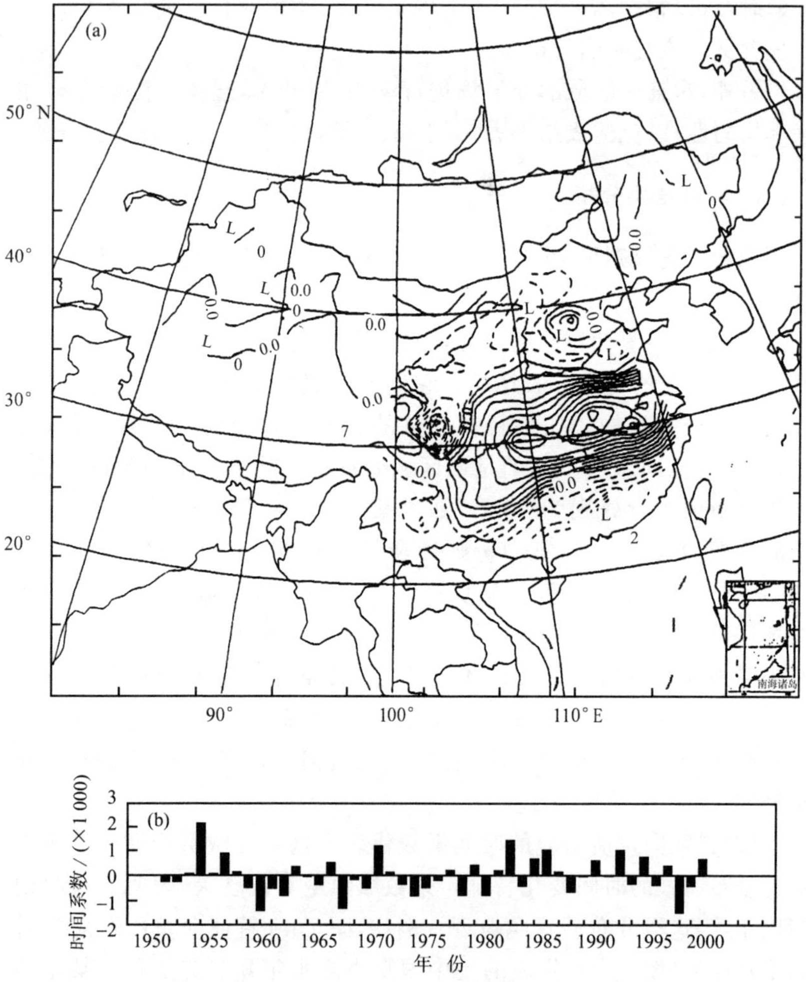

图 7.1 中国夏季降水量的第二特征向量(a)及时间系数(b)

7.2 矢量经验正交函数分解

7.2.1 计算步骤

7.1 节介绍的经验正交函数分解主要用于气象要素的标量场，如温度、降水量、位势高度等变量场的正交分解。对于风场、流场等向量场，它们是一个二维场，对于这样的矢量场如何进行经验正交函数展开呢？王盘兴(1981)证明了标量场的经验正交函数分解方法可以推广应用到矢量场的经验正交函数分解，并给出了矢量场经验正交函数分解(Vector Empirical Orthogonal Function，Vector EOF)具体分解步骤如下：

(1)将矢量场(风场、流场)的时间序列构成如下形式的矩阵：

$$\boldsymbol{Z} = (F,G)_{n\times 2m}$$

式中，F、G 分别代表矢量场的两个分量，n 为时间序列长度，m 为空间点数。

(2) 计算矩阵 $\boldsymbol{Z}$ 的协方差矩阵。$\boldsymbol{S} = \boldsymbol{ZZ}$，$\boldsymbol{S}$ 是 $m \times m$ 的实对称矩阵。

(3)求解 $\boldsymbol{S}$ 的特征值 λ_j 和特征向量 $\mathbf{V}$。这里 $\lambda_j, j = 1,2,\cdots,2m$；特征向量 $\boldsymbol{v}_{ij}, i = 1,2,\cdots,n, j = 1,2,\cdots,2m$。

(4)利用 $\boldsymbol{T}=\mathbf{V}'\boldsymbol{Z}$ 求出时间系数 $t_{ij}, i=1,2,\cdots,n, j=1,2,\cdots,2m$。

(5)将标量形式的两个特征向量合并为矢量形式的特征向量 $\boldsymbol{v}_{ij}^{*}, i = 1,2,\cdots,n, j = 1,2,\cdots,m$。

7.2.2 计算结果分析

与标量正交函数展开一样，分解出的矢量正交函数是否是具有统计意义的信号，需要进行显著性检验。可以参考 7.1.3 节介绍的检验方法进行检验，通过给定置信水平检验的特征向量才被认为是具有统计意义的。凭借天气、气候学知识对分解出的前几项具有统计意义的矢量特征向量及对应的时间系数进行分析。

余帆(2008)利用 Vector EOF 分析了 1958 年 1 月至 2004 年 12 月我国东海局地风应力的空间和时间变化特征。这里使用的是经距平化处理后的风应力资料。前两个特征向量的方差贡献分别为 44.2%和 28.0%,累计方差贡献达 72.2%,且通过了 95%置信水平的显著性检验,可以反映东海应力场的主要时空分布特征。由图 7.2 显示的风应力距平场的第 1 特征向量及其时间系数可以看出,当时间系数为正时,东海大部分海区受南风控制(图 7.2a),这意味着第 1 特征向量反映的是以经向风应力变化为主的空间分布特征。当时间系数为负时,风应

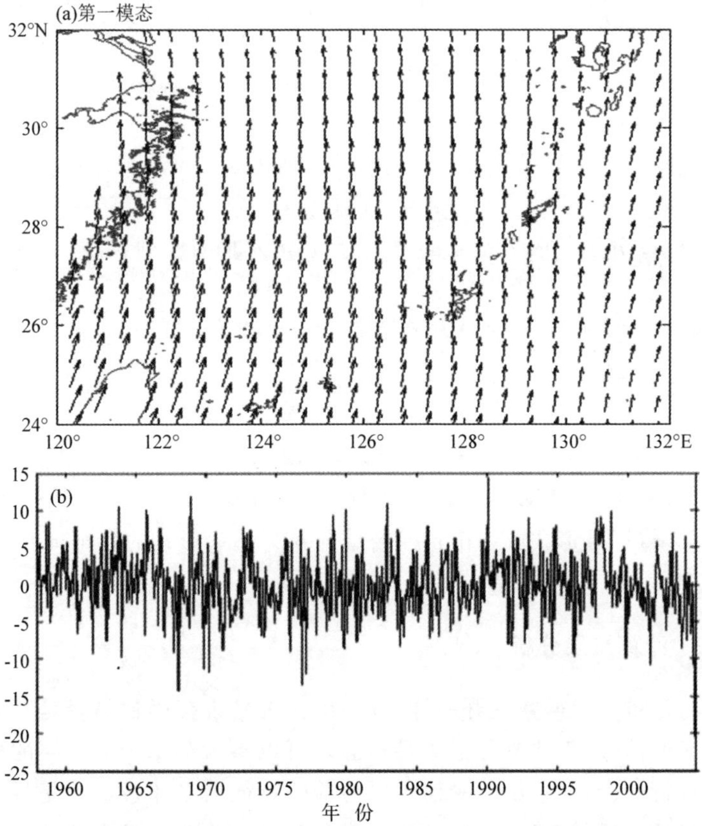

图 7.2 东海风应力第 1 特征向量(a)及其时间系数(b)(余帆,2008)

力场分布特征与之相反，东海大部分海区受北风控制。从图 7.2b 可以看出，第 1 特征向量反映的分布型式具有显著的周期变化特征，且 20 世纪 90 年代末以来，东海大部分海区南风控制的空间分布特征是减弱的。由图 7.3 显示的第 2 特征向量及其时间系数可以看出，第 2 特征向量与第 1 特征向量有较大的不同，当时间系数为正时，东海大部分海区以东风为主（图 7.3a），这说明第 2 特征向量反映的是以纬向风应力变化为主的空间分布特征。当时间系数为负时，风应力场

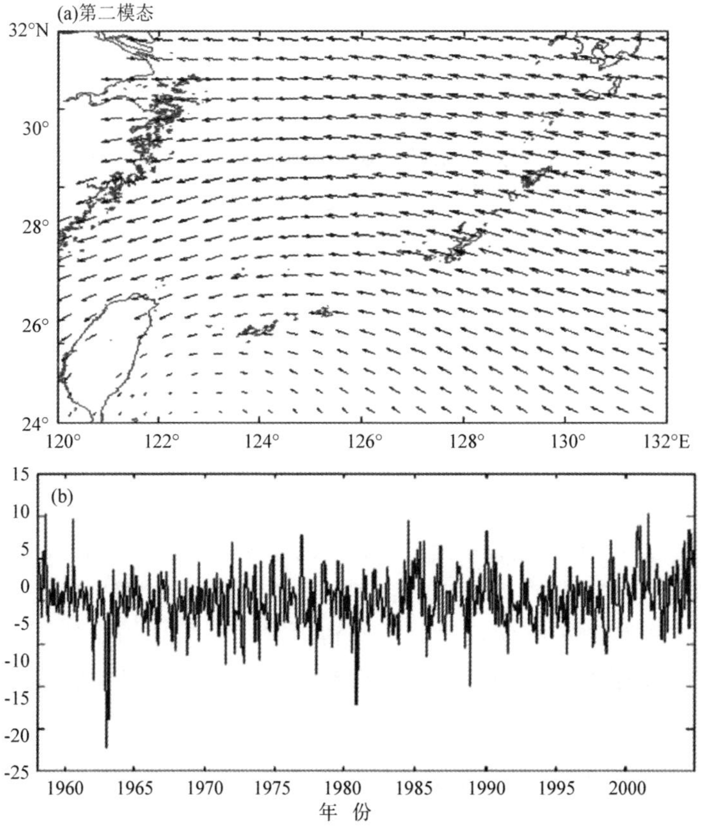

图 7.3　东海风应力第 2 特征向量（a）及其时间系数（b）（余帆，2008）

分布特征与之相反,东海大部分海区呈现以西风为主的分布特征。从图 7.3b 可以看出,第 2 特征向量反映的分布型式亦具有显著的周期变化特征。

7.3 改进的经验正交函数分解

根据随机函数理论,在使用 EOF 进行气候场正交函数分解时,要求气候资料在时间和空间域上满足均匀性。站点和格点网上的气候资料一般可以满足时间域上的均匀,但在空间域上很难满足均匀,这样分解出的特征向量不能反映气候场的真实分布特征。针对该问题,研究人员提出了两类订正方案,第一类是从站点或格点网中经验地挑选均匀分布的站点或格点组成新的资料场。这一订正方案的缺陷是有可能损失一些有价值的气候信息。第二类是直接对原有站点或格点资料进行权重订正,权重系数与站点或格点代表的面积大小有关。研究证实(Chung et al.,1999;王盘兴 等,2011;罗小莉 等,2011,2015),第二类订正方案更具有数学理论支撑,称之为改进的经验正交函数分解(Adjusted Empirical Orthogonal Function,AEOF)。

7.3.1 格点网的权重订正方案

Chung 等(1999)提出采用 $\sqrt{\cos\phi_s}$(ϕ_s 为格点 s 所在的纬度),作为订正格点网气候场的权重因子。利用该方案订正了 200 hPa 位势高度距平场。分析结果表明,订正后 EOF 分解出的特征向量和时间系数较订正前能够更好地反映北大西洋涛动(North Atlantic Oscillation,NAO)、太平洋北美型(Pacific North American,PNA)等异常变化结构。

7.3.2 站点网的权重订正方案

王盘兴等(2011)、罗小莉等(2011)提出针对站点网资料订正方案,即取权重系数 $\sqrt{d_s}$,d_s 是站点 s 站域的面积近似值,定义为下式:

$$d_s = \frac{D_s}{m_s}$$

式中，D_s是球冠区 Ωs 中中国陆地面积，m_s是以站点 s 为中心、面积为 S_0的球冠区 Ωs 内所包含的实际站点数。这里 S_0取单位面积，例如对于中国 160 站站网，王盘兴等(2011)的研究中 S_0取 50 万 km^2。

利用上述订正方案，罗小莉等(2011)订正了中国 160 站 60 年(1951—2010 年)夏季平均气温距平场，订正前后的 EOF 分解结果比较表明：(1)订正后 EOF 分解的前 6 个特征向量的累积方差贡献高于订正前 EOF 分解方法的方差贡献，说明实施订正后，分解过程收敛更快，一定程度上改善了夏季平均气温距平场的均一性；(2)订正后的前 3 个特征向量显示，气温高值区均匀分布在东北、华北、西北、青藏高原和长江中下游地区，与夏季气温均方差场高值区位置基本一致，和订正前相比，订正后分解的空间分布特征更为合理；(3)订正后前两个特征向量的时间系数的年代际分量贡献明显增大，突出显示出年代际尺度气温显著升高的特征，说明订正后分解得到的主要模态集中了有价值的气候异常变化信息。

7.4 显著经验正交函数分解

7.4.1 问题的提出

在气候诊断分析中，我们常常利用 EOF 得到的气候模态来了解气候变量场的分布特征及其代表的物理意义。那么，得到的气候模态是否是观测资料真实存在的具有物理意义的气候信号需要进行显著性检验。在 7.1.3 节中我们介绍了利用蒙特卡洛技术进行 EOF 检验的方法，及对随机发生器生成的矩阵进行模拟 EOF 计算观测资料分解出的特征向量的方差贡献，在给定置信水平(例如 95%)，要大于模拟方差贡献。Cahalan 等(1996)对观测的美国降水量和气温 EOF 结果与随机发生器生成资料场 EOF 结果进行了比较，结果表明，降水量和气温观测资料得到的特征值谱的变化趋势与模拟得到的特征值谱有很好的一致性，而观测资料得到的前4个特征向量的空间分布与模拟得到的空间分布也十分相似。比较结果意味着，对观测的降水量和气温进行分解的结果是否是真实存在的气候信号产生质疑。另外，有学者使用EOF分解的结果来揭示与气候变化相关的潜在物理机制，例如，分解热带大西洋海域的海表温度(Sea Surface Temperature，SST)，确定出“热带大西洋偶极子”模式，分解热带印度洋海域海表温度，确定出“热带印度洋偶极子”模式，或分解北半球冬季海平面气压分解出不同的分布模式。但Dommenget等(2002)的研究指出，从EOF分解中得出的模式有时可能会产生误导，并且可能很少与气候物理学有关，并强调在试图解释这些统计衍生出的模式及其重要性时应该谨慎。

Dommenget(2007)认为，之所以出现前面提及的问题，是由于EOF没有拟合零的假设。据此，Dommenget(2007)提出寻找与零假设差异最大的模态作为真实气候模态的最优估计的解决方案，并将其称为显著经验正交函数分解(Distinct Empirical Orthogonal Function，DEOF)。Dommenget(2007)利用DEOF寻找出热带太平洋海表温度、印度洋海表温度及热带海平面气压等气候变量场的空间模态。冯志刚等(2014)给出了DEOF更详细的计算步骤，并利用DEOF研究了淮河流域暴雨的气候统计特征。

7.4.2 方法概述

DEOF的基本思想是利用各向同性随机扩散模型模拟气候变量中不存在气候模态时的空间分布特征，以此作为气候变量场空间模态的零假设，然后寻找与零假设差异最大的空间模态来估计真实的气候模态。

7.4.2.1 气候变量空间结构随机零假设

Calahan等(1996)提出由气候变量场的两个空间点位置的相关定义随机模式

$$C(r)=\mathrm{e}^{-r/d_0} \tag{7.17}$$

式中，r是两个空间点距离，d_0是去相关长度。式(7.17)的随机模式是在空间域维数的一个自回归 AR(1)过程。据此,Dommenget(2007)将简单的物理模式延拓为包含两点位置相关的扩散项的模式:

$$\frac{\mathrm{d}}{\mathrm{d}t}\boldsymbol{X} = C_{\mathrm{damp}}\boldsymbol{X} + C_{\mathrm{diffuse}}\nabla^2 \cdot \boldsymbol{X} + f \qquad (7.18)$$

式中,t 为时间,C_{damp}为阻尼常数,C_{diffuse}为扩散系数,f 为时间和空间上的白噪音。对于各向同性扩散过程通过 f 驱动,式(7.18)表示的模式是 AR(1)空间域过程。这样可以得到变量场 X 的协方差矩阵:

$$\boldsymbol{S} = \sigma_i \sigma_j \mathrm{e}^{-d_{ij}/d_0} \qquad (7.19)$$

式中,σ_i、σ_j 分别是变量场第 i 个和第 j 个空间点的标准差,d_{ij} 是空间点 i 和 j 之间的空间距离,d_0是去相关长度。如果标准差或去相关长度存在空间变化,即当 $i \neq j$ 时,$\sigma_i \neq \sigma_j$,那么式(7.18)就不是一个空间域 AR(1)过程,式(7.19)就不代表变量场的协方差矩阵。如果标准差或去相关长度的空间变化很小,式(7.19)就是一个好的协方差矩阵的近似值。

式(7.18)和(7.19)中的各向同性扩散过程就是气候变量场空间结构的零假设。

7.4.2.2 去相关长度 d_0

在实际计算时,用研究区域平方根与有效空间自由度的比值作为去相关长度 d_0的估计初值,然后再利用迭代法求解 d_0的真值。

有效空间自由度是表征空间变率复杂程度的统计量,变量场的有效空间自由度由下式给出

$$M = \frac{1}{\sum \lambda_i^2}$$

式中,λ_i是变量场 EOF 分解得到的特征向量的方差贡献。

7.4.2.3 零假设过程的 EOF 分解

求解式(7.19)协方差矩阵的特征向量 E_j^{null} 和特征值,进而求出对应的方差贡献 $\lambda_j^{\mathrm{null}}$ 。将 E_j^{null} 投影到原资料场的特征向量 E_i^{obs} 上。那么零假设过程特征向量与原资料场的特征向量之间的相关系数为

$$C_{ij} = \frac{E_i^{\text{obs}} E_j^{\text{null}}}{|E_i^{\text{obs}}||E_j^{\text{null}}|}$$

由零假设过程特征向量的方差贡献 λ_j^{null} 和相关系数 C_{ij} 可以得到原气候变量场特征向量 E_i^{obs} 对零假设过程的解释方差

$$\lambda_i^{\text{obsnull}} = \sum_{j=1}^{M} C_{ij}^2 \lambda_j^{\text{null}}$$

以 $\lambda_i^{\text{obsnull}}$ 比较原气候变量场的空间模态与零假设空间模态的相似程度，相似程度越高，说明原气候变量场空间模态包含的真实物理信息越少。

7.4.2.4 确定 DEOF 空间模态

按照累计方差贡献或特征值误差范围等判定标准，选取原气候变量场的前几个特征向量进行正交旋转(具体正交旋转方法原理及计算步骤参见 7.5 节)。旋转后的特征向量 $\boldsymbol{D}^{\text{obs}}$ 的解释方差为 $\text{var}_{\text{obs}}(\boldsymbol{D}^{\text{obs}})$，旋转后的特征向量 $\boldsymbol{D}^{\text{obs}}$ 对零假设过程的解释方差为 $\text{var}_{\text{null}}(\boldsymbol{D}^{\text{obs}})$，要使两者解释方差之差达到最大

$$\Delta_{\text{var}} = \text{var}_{\text{obs}}(\boldsymbol{D}^{\text{obs}}) - \text{var}_{\text{null}}(\boldsymbol{D}^{\text{obs}})$$

那么正交旋转后的 $\boldsymbol{D}^{\text{obs}}$ 就是 DEOF 空间模态，得到的 DEOF 是与零假设空间模态差异最大的空间模态，可以认为是气候变量场真实存在的气候模态。

7.4.3 DEOF 应用实例

Dommenget(2007)对提取出的热带太平洋海表温度前 3 个观测资料的荷载 EOF_S 与零假设的荷载 EOF_S 的空间模态(图 7.4a～f)进行了比较，同时给出 DEOF 的第一空间模态(图 7.4g)。从观测资料前 3 个空间结构(图 7.4a～c)和各向同性扩散过程的前 3 个空间结构(图 7.4d～f)可以看出，两种资料得到的空间结构存在很大不同，且解释方差也有差异。根据确定 DEOF 空间模态方案，可以得到一个类似于 EOF-1 的空间模态，其解释方差为 32%。观测资料的 EOF-1 为 12%，零假设过程的 EOF-1 解释方差为 10%。说明实施 DEOF 得到的空间

模态与各向同性扩散过程的差异达最大，两者解释方差相差 22 个百分点。对照图 7.4a 与图 7.4g 还可以看出，DEOF-1 展现的变化中心位置比 EOF-1 的中心位置更靠近赤道中太平洋，而该地区正是在 ENSO 研究中被视为在季节和年际尺度上可预测性较高的地区。

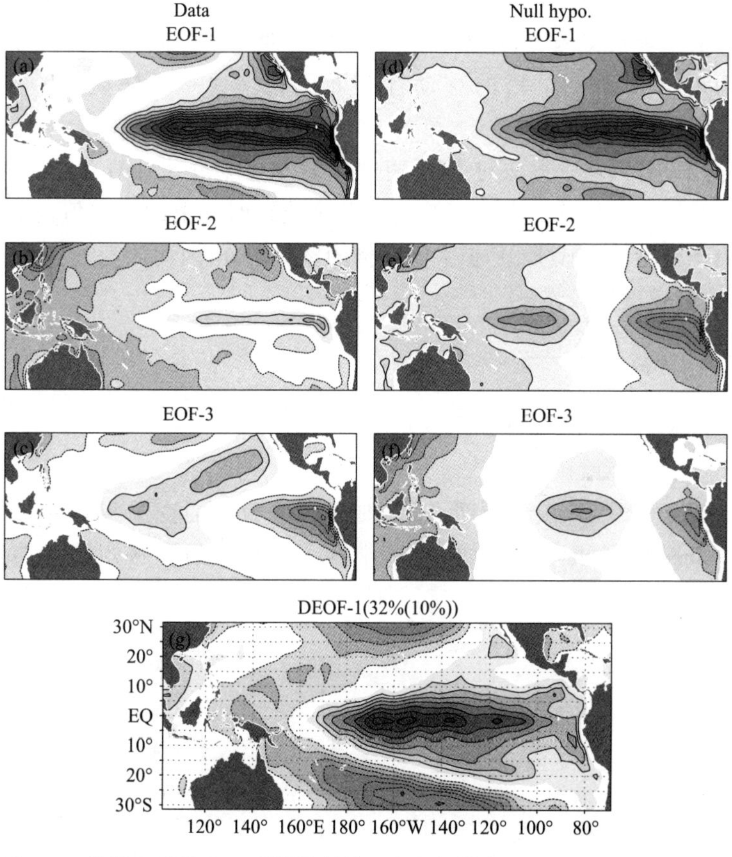

图 7.4 热带太平洋 SST 观测资料前 3 个空间模态(a、b、c)、零假设过程前 3 个空间模态(d、e、f)和 DEOF-1(g) (Dommenget,2007)

7.5 扩展经验正交函数分解

用经验正交函数分解可以得到气候变量场空间上的分布结构，是固定时间形式的空间分布结构，它不能得到扰动的时间上移动的空间分布结构。然而，气候变量场在时间上存在显著的自相关及交叉相关。扩展的经验正交函数（EEOF）充分利用了变量场时间上的这种联系，因而可以得到变量场的移动性分布结构。这一方法是 Weare 等(1982)提出的。

EEOF 的基本方法与 EOF 相似。这里主要介绍计算步骤。关键是计算协方差矩阵的资料矩阵是由几个连续时间上的观测值构成的，相当于构造一个比 EOF 扩大了几倍的资料矩阵，因而计算机容量要求大，收敛速度也较慢。

7.5.1 计算步骤

EEOF 的计算步骤如下。

（1）构造资料矩阵

对于一个有 m 个空间点数、时间取样为 n 的变量场，首先建立一个新的资料矩阵。例如，建立滞后 2 个时次的资料矩阵，它的形式为

$$\boldsymbol{X}_{3m\times(n-2j)}=\begin{bmatrix} x_{11} & x_{12} & \cdots & x_{1n-2j} \\ \vdots & \vdots & & \vdots \\ x_{m1} & x_{m2} & \cdots & x_{mn-2j} \\ x_{1j+1} & x_{1j+2} & \cdots & x_{1n-j} \\ \vdots & \vdots & & \vdots \\ x_{mj+1} & x_{mj+2} & \cdots & x_{mn-j} \\ x_{12j+1} & x_{12j+2} & \cdots & x_{1n} \\ \vdots & \vdots & & \vdots \\ x_{m2j+1} & x_{m2j+2} & \cdots & x_{mn} \end{bmatrix} \tag{7.20}$$

由式(7.20)可见，新的资料矩阵由原时刻资料矩阵、滞后 1 个时次和滞后 2 个时次的资料矩阵构成。式中 j 为滞后时间长度。j 的选取视研究的具体问题而定。例如，欲研究气候变量场准两年振荡，那么，j 取为 4 个月，这时资料矩阵由滞后 0、4 和 8 个月构成。

(2)计算协方差矩阵

计算资料阵(式(7.20))的协方差矩阵 $\boldsymbol{S}$，这时 $\boldsymbol{S}$ 是 $3m\times 3m$ 阶的实对称矩阵。

(3)求解特征值和特征向量

用雅可比方法求出 $\boldsymbol{S}$ 矩阵的特征值 $\boldsymbol{\lambda}$ 和特征向量 $\boldsymbol{V}$。这时有 $3m$ 个特征值和 $3m$ 个特征向量。尤其要注意的是，每个特征向量又均包括 $3m$ 个空间点。例如，得到的第一特征向量是

$$\boldsymbol{V}_1^{\mathrm{T}} = (V_1, V_2, \cdots, V_m, V_{m+1}, V_{m+2}, \cdots, V_{2m}, V_{2m+1}, \cdots, V_{3m}) \tag{7.21}$$

式中，$V_1, V_2, \cdots, V_m$ 是滞后 0 时次的特征向量；$V_{m+1}, V_{m+2}, \cdots, V_{2m}$ 是滞后 1 个时次的特征向量；$V_{2m+1}, V_{2m+2}, \cdots, V_{3m}$ 是滞后 2 个时次的特征向量。可见，一个特征向量包括 3 个时次的空间分布结构。另外，应该注意，这时的特征向量正交性是某一特征向量 3 个时次的特征向量之和与另一特征向量 3 个时次特征向量之和的正交。

(4)计算时间系数

与 EOF 分解一样，用式(7.8)计算时间系数矩阵 $\boldsymbol{T}$。得到的 $\boldsymbol{T}$ 矩阵是 $3m$ 行，$n-2j$ 列。应该注意，每个特征向量的时间系数所对应的时刻。从 1 到 m 个特征向量的时间系数对应的时刻是 $1, 2, \cdots, n-2j$；从 $m+1$ 到 $2m$ 个特征向量的时间系数对应的时刻是 $j+1, j+2, \cdots, n-j$；从 $2m+1$ 到 $3m$ 个特征向量的时间系数对应的时刻是 $2j+1, 2j+2, \cdots, n$。

(5)计算方差贡献和累积方差贡献

用式(7.15)和(7.16)计算特征向量的方差贡献和累积方差贡献。在计算分母部分时要注意，这里是计算 $3m$ 个特征值之和。

7.5.2 巴特沃斯(Batterworth)带通滤波

在气候诊断分析中,常用 EEOF 来做某气候变量场的准周期振荡演变特征分析。这时,需要预先将变量场的特定周期分量分离出来,然后用分离后的资料再做 EEOF 分解,可以用对每一测站或网格点的数据进行一阶巴特沃斯带通滤波来实现。

设某一测站或格点观测值序列为 $x_0, x_2, \cdots, x_{n-1}$,则带通滤波计算公式为

$$y_k = a(x_k - x_{k-2}) - b_1 y_{k-1} - b_2 y_{k-2} \tag{7.22}$$

由式(7.22)可见,在做 k 时刻滤波时用到过去前 2 个时刻的数据和 k 时刻以前 2 个时刻的滤波结果。问题归纳为确定系数 a、b_1 和 b_2。

首先,需要先给出 3 个频率:ω_0、ω_1 和 ω_2。其中 ω_0 是带通滤波器的中心频率,ω_1 和 ω_2 是 ω_0 两边的两个频率值。系数 a、b_1 和 b_2 由下式计算:

$$a = \frac{2\Delta Q}{4 + 2\Delta Q + Q_0^2}$$

$$b_1 = \frac{2(Q_0^2 - 4)}{4 + 2\Delta Q + Q_0^2}$$

$$b_2 = \frac{4 - 2\Delta Q + Q_0^2}{4 + 2\Delta Q + Q_0^2}$$

式中

$$\Delta Q = 2\left|\frac{\sin\omega_1 \Delta T}{1 + \cos\omega_1 \Delta T} - \frac{\sin\omega_2 \Delta T}{1 + \cos\omega_2 \Delta T}\right|$$

$$Q_0^2 = \frac{4\sin\omega_1 \Delta T \sin\omega_2 \Delta T}{(1 + \cos\omega_1 \Delta T)(1 + \cos\omega_2 \Delta T)}$$

ΔT 为取样时间间隔。

频率 ω_0、ω_1 和 ω_2 根据具体滤波的周期长度来确定。例如,要研究准 3.5 年的周期振荡,那么,就需要做 30～60 个月的带通滤波。这时

取 $\omega_1=\frac{2\pi}{30},\omega_2=\frac{2\pi}{60},\omega_0=\sqrt{\omega_1\times\omega_2}$或取 $\omega_0=\frac{2\pi}{40},\omega_1=\frac{2\pi}{30},\omega_2=\frac{\omega_0^2}{\omega_1}$。

7.5.3　计算结果分析

(1)如果计算的是滞后两个时次的 EEOF,那么,一个特征向量就得到 3 张空间分布结构图。根据这些图可以分析空间系统的移动方向、强度变化等特征。这些变化特征是一般 EOF 分解得不到的。但是,遇到本身时间的持续性较差的变量场时,得到的空间分布结构往往难以解释。

(2)根据特征向量对应的时间系数可以分析准周期的振幅变化及不同滞后长度之间振幅的相位差。

应用实例[7.1]　为了研究中国降水量的准 3.5 年周期各相位的演变特征(张先恭 等,1996),取中国东部 90 个站各月降水量距平先做各站 30～60 个月的带通滤波,然后建立滞后两个时次的资料矩阵。滞后时间长度 j 取为 5 个月,这样使一个完整的循环接近 3.5 年。降水量准 3.5 年周期振荡的 EEOF 展开收敛很快,前两个特征向量已解释总方差的 99.3%。前两个特征向量的时间系数变化振幅相近,只是第一特征向量时间系数的相位超前第二特征向量时间系数约 10 个月。第一特征向量滞后 10 个月的分布结构与第二特征向量滞后 0 个月的分布结构相似,第二特征向量滞后 10 个月的分布结构与第一特征向量滞后 0 个月的分布结构相似,说明第一特征向量和第二特征向量可以共同描述 3.5 年周期中不同相位降水量的异常分布。

7.6　旋转经验正交函数分解

从 7.1 节的介绍可知,EOF 展开得到的前几个特征向量,可以最大限度地表征气候变量场整个区域的变率结构。但是,EOF 分解也有其局限性,即分离出的空间分布结构不能清晰地表示不同地理区域的特征。另外,进行 EOF 展开时,所取区域范围不同,例如,取整个区域和分块区域,得到的特征向量空间分布图亦会不同,这就给进行物理解释带来困难。再者,计算 EOF 取样大小不同,对反映真实分布结构的相似度也会有不同,即存在一定的取样误差。EOF 分解上述的局限在使用旋转经验正交函数(REOF)时可以被克服掉。其实,REOF 分解并不是新的分析方法,它与因子分析中的旋转主因子分析并无本质区别,只是近年来将其用于变量场的分析越来越多。旋转后的典型空间分布结构清晰,不但可以较好地反映不同地域的变化,还可以反映不同地域的相关分布状况。REOF 比 EOF 在取样误差上也小得多。因此,REOF 愈来愈受到人们的重视,且成为分离变量场典型空间结构的一种新倾向。

7.6.1 方法概述

REOF 与因子分析中旋转主因子分析是一种方法的两种提法。这里暂且用因子分析替代 EOF,二者只略有差异。对于一标准化的(注意:这里一定是标准化的)含有 m 个变量、n 次观测样本的资料阵 $\boldsymbol{X}_{m\times n}$ 可以表示为公共因子矩阵 $\boldsymbol{T}^*_{p\times n}$($p<m$)和因子荷载阵 $\boldsymbol{V}_{m\times p}$ 的乘积及特殊因子 $\boldsymbol{U}_{m\times n}$ 之和的形式

$$\boldsymbol{X} = \boldsymbol{V}\boldsymbol{T}^* + \boldsymbol{U} \tag{7.23}$$

特殊因子仅与 $\boldsymbol{X}$ 有关,它与 EOF 的差别仅在于此。若忽略了 $\boldsymbol{U}$,则与 EOF 一致。

公共因子是标准化变量,各公共因子均是均值为 0,方差为 1 的独立变量。公共因子之间协方差阵为单位矩阵,即

$$\boldsymbol{T}^*\boldsymbol{T}^{*\mathrm{T}} = \boldsymbol{I} \tag{7.24}$$

在 EOF 中,时间系数矩阵 $\boldsymbol{T}$ 满足

$$\boldsymbol{T}\boldsymbol{T}^{\mathrm{T}} = \boldsymbol{\Lambda} \tag{7.25}$$

$\boldsymbol{\Lambda}$ 为相关矩阵 $\boldsymbol{X}\boldsymbol{X}^{\mathrm{T}}$ 的特征值。因而,得到

$$\boldsymbol{T}^* = \boldsymbol{\Lambda}^{-\frac{1}{2}}\boldsymbol{T} \tag{7.26}$$

由 EOF 可知,

$$\boldsymbol{T} = \boldsymbol{V}^{\mathrm{T}}\boldsymbol{X} \tag{7.27}$$

因此，

$$T^* = \Lambda^{-\frac{1}{2}} V^T X \tag{7.28}$$

从而，

$$X = V\Lambda^{\frac{1}{2}}\Lambda^{-\frac{1}{2}} T \tag{7.29}$$

如果把 p 个公共因子看成是由 p 个因子空间构成的坐标基，因子载荷就视为 m 个变量在这个坐标基上的投影。公共因子坐标轴的旋转过程就是做线性变换的过程。新的公共因子坐标基表示为

$$\overline{T} = GT^* \tag{7.30}$$

式中，G 为线性变换矩阵，原因子载荷阵 V 可通过线性变换矩阵 A 变为新的因子荷载阵 $\overline{V}$

$$\overline{V} = VA \tag{7.31}$$

如果 $\overline{V}$ 和 $\overline{T}$ 满足式(7.26)，则有

$$X = \overline{VT} \tag{7.32}$$

类似地，相关矩阵有

$$R = \overline{VTT}^T \overline{V}^T \tag{7.33}$$

将式(7.30)和(7.31)代入式(7.33)得

$$R = V(AG)(AG)^T V^T \tag{7.34}$$

若令

$$(AG)(AG)^T = I \tag{7.35}$$

则满足旋转前方程(7.29)变量相关矩阵的结构。

在因子轴转动过程中，要求矩阵(AG)必须是正交的。但不一定要求 A 和 G 矩阵正交。如果要求新因子轴也是正交，则要求

$$\overline{TT}^T = GT^* T^{*T} G^T = GG^T = I \tag{7.36}$$

即要求 G 是正交的，这样导致 A 矩阵也要是正交的，则

$$(\boldsymbol{AG})(\boldsymbol{AG})^{\mathrm{T}} = \boldsymbol{AGG}^{\mathrm{T}}\boldsymbol{A}^{\mathrm{T}} = \boldsymbol{AA}^{\mathrm{T}} = \boldsymbol{I} \tag{7.37}$$

这时可简单取 $\boldsymbol{G}=\boldsymbol{A}^{-1}$。如果不要求新因子轴是正交的，即

$$\overline{\boldsymbol{T}}\boldsymbol{T}^{\mathrm{T}} \neq \boldsymbol{I}$$

这种旋转称为仿射旋转或斜交旋转。

现在的问题是如何实现因子坐标轴的旋转。一般分为正交旋转与斜交旋转两种方式。极大方差旋转是正交旋转，是气候诊断分析中最常使用的旋转方法。这种方法的实质是将各因子轴旋转到某个位置，使每个变量在旋转后的因子轴上极大、极小两极分化，从而使高载荷只出现在少数变量上，即在旋转因子矩阵中，少数变量有高载荷，其余均接近于0。使因子载荷矩阵结构简化，满足了旋转因子轴“简单结构解”的要求。从变量场的角度解释，经过极大方差旋转，使分离出的典型空间模态上只有某一较小区域上有高载荷，其余区域均接近于0，使得空间结构简化、清晰。

新因子上的因子载荷矩阵 $\overline{\boldsymbol{V}}$，其元素为 $\overline{v}_{ij}$，欲使新因子上少数变量有高载荷，而同时其余接近于0，就要使新的因子载荷元素的方差

$$S^2 = \frac{m\sum_{j=1}^{p}\sum_{i=1}^{m}(\overline{v}_{ij}^2/h_i^2)^2 - \sum_{j=1}^{p}(\sum_{i=1}^{m}(\overline{v}_{ij}^2/h_i^2)^2}{m^2} \tag{7.38}$$

达到极大。其中，

$$h_i^2 = \sum_{j=1}^{p}\overline{v}_{ij}^2 \tag{7.39}$$

表示第 i 个变量由公共因子解释的方差。为了使式(7.38)达到极大，连续使用因子轴的转动角的三角函数变换矩阵使方差极大化。每次从要旋转的 p 个因子中选两个进行正交旋转，使它们的因子载荷满足式(7.38)的判据。再用其中一个新因子与另外一个原因子进行旋转，满足式(7.38)判据，这样共进行 $p(p-1)/2$ 次旋转，就完成了一次旋转循环，重新进行循环，直至所有要旋转的因子对均满足式(7.38)的判据为止。

对于第 k 个及第 q 个新因子的载荷，应满足

$$\begin{cases}\bar{v}_{ik} = v_{ik}\cos\theta + v_{iq}\sin\theta \\ \bar{v}_{iq} = -v_{ik}\sin\theta + v_{iq}\cos\theta\end{cases} \tag{7.40}$$

将式(7.40)代入式(7.38)，并令$\frac{\partial S}{\partial\theta}=0$，即

$$\tan 4\theta = \frac{2\sum_{i=1}^{m}u_i\omega_i - 2\sum_{i=1}^{m}u_i\sum_{i=1}^{m}\omega_i/m}{\sum_{i=1}^{m}(u_i^2-\omega_i^2) - \left[(\sum_{i=1}^{m}u_i)^2 - (\sum_{i=1}^{m}\omega_i)^2\right]/m} \tag{7.41}$$

其中，

$$\begin{cases}u_i = (v_{ik}^2 - v_{iq}^2)/h_i^2 \\ \omega_i = 2v_{ik}v_{iq}/h_i^2\end{cases} \tag{7.42}$$

由上述公式计算出θ角，进行一次旋转。

7.6.2 计算步骤

对于一个变量场的REOF具体计算步骤，可以简单地以流程图(图7.5)表示。

7.6.3 旋转经验正交函数个数的确定

旋转经验正交函数个数p的确定方法如下：

(1)由经验正交函数的累积方差贡献来确定。一般可取累积方差贡献率达85%为标准来确定旋转特征向量的个数p。方差贡献百分率根据具体问题可适当增减。

(2)通过特征值对数曲线变化来确定旋转特征向量的个数。如果某个特征值之后的直线的斜率明显变小，即以该点特征值的个数作为旋转特征向量的个数p。

(3)用North等(1982)特征值误差范围来确定旋转特征向量的个数p。这一方法已在7.1节经验正交函数的显著性检验中介绍过。

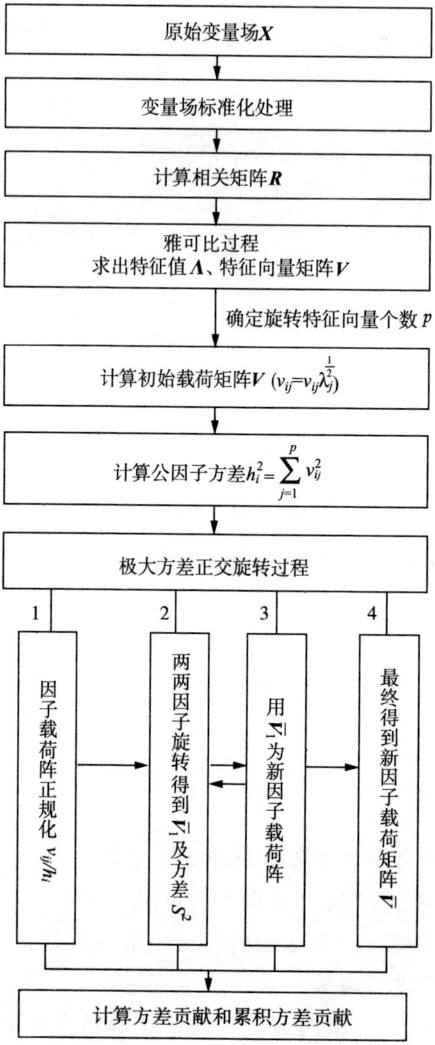

图 7.5 REOF 计算流程

7.6.4 计算结果分析

REOF 计算结果的物理含义与 EOF 有所不同，可以做以下几方面的分析。

(1)REOF 得到的空间模态是旋转因子载荷向量。因此，每个向量代表的是空间相关分布结构。经历了旋转过程，高载荷集中在某一较小区域上，其余大片区域的载荷接近于 0。如果某一向量的各分量符号均一致，则代表这一区域的气候变量变化一致，且以高载荷地域为中心分布。如果某一向量在某一区域的分量符号为正，而在另一区域的分量符号为负，高载荷集中在正区域或负区域，它代表这两区域变化趋势相反，且以高载荷所在区域为中心分布。通过空间分布结构，不仅可以分析气候变量场的地域结构，还可以通过各向量的高载荷区域对气候变量场进行区域和类型的划分等研究。

(2)通过旋转空间模态对应的时间系数，可以分析相关分布结构随时间的演变特征。时间系数的绝对值越大，表明这一时刻(年、月等)的这种分布结构越典型，极大值中心亦越明显。

(3)旋转后方差贡献要比 EOF 均匀分散。通过它们可以了解旋转的特征向量解释总方差的比例。

应用实例[7.2] 取青藏高原 30 个测站 1961—1995 年冬季(11—3 月)积雪日数作 REOF，分析这一区域冬季积雪的地域分布结构及时间变化特征。首先对资料矩阵做标准化处理。进行 EOF 分析后，根据对数特征值图确定旋转前 5 项特征向量，计算载荷向量矩阵，进一步做方差极大正交旋转。图 7.6a 为第一旋转空间模，它占总方差的 22.5%。这一空间模展现了青藏高原冬季积雪有一个明显的中心，位置在高原东北部巴颜喀拉山区。这是青藏高原冬季积雪的一个典型分布结构。从这一空间模对应的时间系数距平变化曲线(图 7.6b)看出，这种分布结构的冬季积雪具有明显的年际振荡和年代际变化特征。

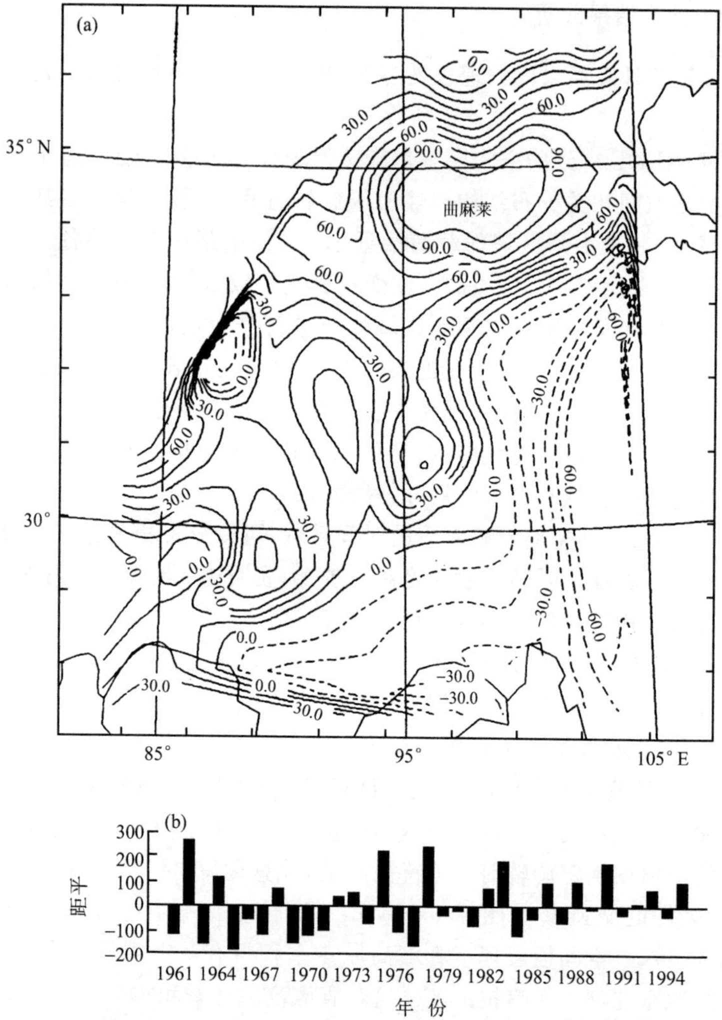

图 7.6 青藏高原积雪日数的第一旋转空间模(a)及其时间系数距平变化曲线(b)

7.7 复经验正交函数分解

Rasmusson 等 (1981)将复经验正交函数(CEOF)分解的经典思想引进气象研究中。之后,Barnett (1983)将其精炼并做了进一步发展。目前流行使用的计算格式大都是由Barnett (1983)针对气象变量场的分析特点给出的。CEOF 是一种能够分离出气候变量场空间尺度行波分布结构及相位变化的方法。传统的 EOF 分离出的仅是空间驻波振动分布结构。CEOF 的这一特殊功效为气候变量场的诊断研究提供了更有效的工具,揭示出一些用原有方法不曾得到的有价值的信息。CEOF 实质上是将一个标量场通过变换,构造一个同时含有实部和虚部的复数矩阵——埃尔米特矩阵进行分解。

7.7.1 埃尔米特矩阵及其构造方法

CEOF 是在构成的埃尔米特复数矩阵基础上进行的。这里有必要先对埃尔米特复数矩阵的有关基础知识及变换构成方法进行简单介绍,以便更清楚地了解 CEOF 方法。

7.7.1.1 复数

复数又称虚数,不是计数和测量时使用的初等意义的数。复数单位为 i,i 满足下列关系式:

$$\begin{cases} i^2 = (-i)^2 = -1 \\ i = \sqrt{-1} \\ -i = -\sqrt{-1} \end{cases}$$

每个复数可以表示为实数 a 与一个虚数 b 之和

$$C = a + ib$$

式中,实数 $a=\mathrm{Re}(C)$,$b=\mathrm{Im}(C)$,分别称为复数 C 的实部和虚部。

7.7.1.2 共轭复数

两个有相同实数部分和相反虚数部分的复数

$$\begin{cases} C = a + \mathrm{i}b \\ C^* = a - \mathrm{i}b \end{cases}$$

称为共轭复数。

7.7.1.3 埃尔米特矩阵

由复数元素构成的矩阵称为复数矩阵。若满足

$$(\boldsymbol{U}^*)^{\mathrm{T}} = \boldsymbol{U} \quad 或 \quad \overline{\boldsymbol{U}} = \boldsymbol{U}$$

则称 $\boldsymbol{U}$ 为埃尔米特矩阵。其中，"$*$"表示复数共轭，"T"表示转置，"—"表示转置共轭。

例如，

$$\boldsymbol{U} = \begin{bmatrix} 5 & 1-2\mathrm{i} \\ 1+2\mathrm{i} & 1 \end{bmatrix}$$

其共轭阵

$$\boldsymbol{U}^* = \begin{bmatrix} 5 & 1+2\mathrm{i} \\ 1-2\mathrm{i} & 1 \end{bmatrix}$$

$$(\boldsymbol{U}^*)^{\mathrm{T}} = \begin{bmatrix} 5 & 1-2\mathrm{i} \\ 1+2\mathrm{i} & 1 \end{bmatrix} = \boldsymbol{U}$$

7.7.1.4 酉矩阵

若 $\overline{\boldsymbol{U}}\boldsymbol{U} = \boldsymbol{I}$ 且 $\boldsymbol{U}\overline{\boldsymbol{U}} = \boldsymbol{I}$，则称 $\boldsymbol{U}$ 为一个酉矩阵或复正交阵。例如，

$$\boldsymbol{U} = \begin{bmatrix} 0 & \mathrm{i} \\ \mathrm{i} & 0 \end{bmatrix} \qquad \overline{\boldsymbol{U}} = \begin{bmatrix} 0 & -\mathrm{i} \\ -\mathrm{i} & 0 \end{bmatrix}$$

$$\overline{U}U=\begin{bmatrix}1 & 0\\ 0 & 1\end{bmatrix}=I$$

7.7.1.5 埃尔米特矩阵的特征值和特征向量

若 U 为 $m\times m$ 阶的埃尔米特矩阵时，其特征值 Λ 为实数，且存在一酉矩阵 B，使得

$$\overline{B}UB=\begin{bmatrix}\lambda_1 & 0 & \cdots & 0\\ 0 & \lambda_2 & \cdots & 0\\ \vdots & \vdots & & \vdots\\ 0 & 0 & \cdots & \lambda_m\end{bmatrix}$$

则 B 为埃尔米特矩阵的特征向量。

7.7.1.6 构造埃尔米特矩阵的方法

CEOF 过程是在一个复数矩阵上进行的。因此，预先要将一个标量（实数）序列 $u_j(t)$ 变换为一个同时含有实部 $u_j(t)$ 和虚部 $\hat{u}_j(t)$ 的复数序列。常用的构造复数序列虚部的方法有两种。

(1)滤波。生成一个与实数序列 $u_j(t)$ 相正交的序列：

$$\hat{u}_j(t)=\sum_{l=-L}^{L}u_j(t-l)h(l)$$

式中，L 为滤波器长度，一般 L 取 7～25，L 取得太大会损失过多信息，$h(l)$ 为权重系数

$$h(l)=\begin{cases}\dfrac{2}{l\pi}\sin^2(\dfrac{\pi l}{2}) & l\neq 0\\ 0 & l=0\end{cases}$$

可以证明，这一变换相当于 $\dfrac{\pi}{2}$ 相位差的滤波过程。

(2)傅里叶变换。原实数序列 $u_j(t)$ 可以分解为傅里叶形式：

$$u_j(t) = \sum_{\infty}[a_j(\omega)\cos\omega t + b_j(\omega)\sin\omega t]$$

这里

$$a_j(\omega) = \frac{1}{T}\int_0^T u_j(t)\cos\omega t\,dt$$

$$b_j(\omega) = \frac{1}{T}\int_0^T u_j(t)\sin\omega t\,dt$$

式中，$\omega=\frac{2\pi}{T}$为圆频率，T 为周期，$a_j(\omega)$、$b_j(\omega)$为傅里叶系数。可以生成一个与 $u_j(t)$相正交的序列：

$$\hat{u}_j(t) = \sum_{\infty}[a_j(\omega)\cos(\omega t + 90°) + b_j(\omega)\sin(\omega t + 90°)] = \sum_{\infty}[b_j(\omega)\cos\omega t - a_j(\omega)\sin\omega t]$$

变换出虚部后，就可以构造出埃尔米特复数矩阵。

7.7.2 方法概述

设有一实资料序列 $u_j(t)$，构造其复资料序列

$$U_j(t) = u_j(t) + i\hat{u}_j(t) \tag{7.43}$$

对于 m 个空间点，n 个观测样本的气候变量场的复资料阵为

$$\boldsymbol{U}_{m\times n} = \begin{bmatrix} u_{11} & u_{12} & \cdots & u_{1n} \\ u_{21} & u_{22} & \cdots & u_{2n} \\ \vdots & \vdots & & \vdots \\ u_{m1} & u_{m2} & \cdots & u_{mn} \end{bmatrix} \tag{7.44}$$

分解复资料阵

$$\boldsymbol{U} = \boldsymbol{BP} \tag{7.45}$$

式中，$\boldsymbol{B}$ 为 $m\times m$ 阶复空间函数矩阵，$\boldsymbol{P}$ 为 $m\times n$ 阶复时间函数矩阵。

根据埃尔米特矩阵特征值和特征向量的性质可知，复空间函数矩

阵由复协方差阵 $\boldsymbol{U}\bar{\boldsymbol{U}}$ 不同特征值 λ_i 的特征向量构成，$\bar{\boldsymbol{U}}$ 为 $\boldsymbol{U}$ 的转置共轭。复时间函数阵

$$\boldsymbol{P} = \bar{\boldsymbol{B}}\boldsymbol{U} \tag{7.46}$$

在复空间函数和时间函数基础上求出表征振荡和移动特征的空间振幅函数 $S_k(x)$、空间相位函数 $Q_k(x)$、时间振幅函数 $S_k(t)$ 和时间相位函数 $Q_k(t)$。

$$\boldsymbol{S}_k(x) = [\boldsymbol{B}_k(x)\boldsymbol{B}_k^*(x)]^{1/2} \tag{7.47}$$

$$\boldsymbol{Q}_k(x) = \arctan\left[\frac{\mathrm{Im}\boldsymbol{B}_k(x)}{\mathrm{Re}\boldsymbol{B}_k(x)}\right] \tag{7.48}$$

$$\boldsymbol{S}_k(t) = [\boldsymbol{P}_k(t)\boldsymbol{P}_k^*(t)]^{1/2} \tag{7.49}$$

$$\boldsymbol{Q}_k(t) = \arctan\left[\frac{\mathrm{Im}P_k(x)}{\mathrm{Re}P_k(t)}\right] \tag{7.50}$$

式中，x 表示空间点，t 为时间点，k 为特征向量序号，$\boldsymbol{B}_k(x)$ 表示第 k 个特征值对应的特征向量，$\boldsymbol{B}_k^*(x)$ 是 $\boldsymbol{B}_k(x)$ 的共轭向量，$\boldsymbol{P}_k^*(t)$ 表示 $\boldsymbol{P}_k(t)$ 的共轭。

7.7.3　计算步骤

CEOF 的计算步骤为：

(1)用滤波或傅里叶变换方法建立一实数矩阵的埃尔米特复矩阵。

(2)计算埃尔米特复矩阵的协方差矩阵 $\boldsymbol{S}=\boldsymbol{U}\bar{\boldsymbol{U}}$，$\boldsymbol{S}$ 也为埃尔米特复矩阵。

(3)根据埃尔米特矩阵的分解定理，计算出特征值 λ_i 及对应的特征向量 $\boldsymbol{B}$。特征值 λ_i 为实数，特征向量为复矩阵。

(4)用式(7.46)计算复时间系数矩阵 $\boldsymbol{P}$。

(5)用式(7.47)—(7.50)计算有关移动特性的 4 个量。

(6)用式(7.15)和(7.16)计算特征向量的方差贡献及累计方差贡献。

7.7.4 计算结果分析

对于 CEOF 的计算结果，主要分析在复空间函数和复时间函数基础上得到的表示移动特征的 4 个振幅和相位函数。对于某一气候变量场的移动特性要从振幅和相位两个方面考虑。因此，合理地解释 CEOF 的结果并非易事。

(1)通过空间振幅函数，分析气候变量场的空间分布结构，寻找变化强度的中心。根据空间相位函数分析波的传播方向。

(2)时间振幅函数反映变化强度随时间的变化，由时间相位函数分析波的传播速度。

应用实例[7.3] 选取 1850—1991 年我国东部 25 个站旱涝百分率资料做 CEOF 分析(魏凤英 等，1995c)。将 25 个站 142 年的旱涝百分率资料矩阵用滤波变换扩充到酉空间，建立复数矩阵进行分解。其中，滤波器长度 L 取为 7。利用式(7.47)—(7.50)计算出空间振幅函数$\boldsymbol{S}_k(x)$、空间相位函数 $\boldsymbol{Q}_k(x)$、时间振幅函数 $\boldsymbol{S}_k(t)$ 和时间相位函数 $\boldsymbol{Q}_k(t)$。前 3 个复特征向量描述了总方差变化的 68%。相同资料的普通 EOF，前 3 个特征向量仅占总方差的 36%。可见，我国东部近百年旱涝场的波动特征非常明显。图 7.7 所示的是第 2 个空间模的空间传

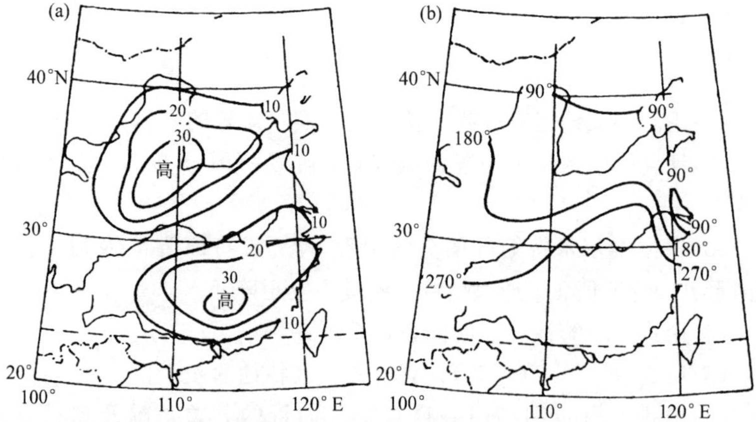

图 7.7 中国东部旱涝第 2 个空间模的振幅(a)和相位(b)

播特征。空间振幅有两个高值中心(图 7.7a),一个在黄河流域;另一个在江南。该模态的空间相位(图 7.7b)自北向南具有显著变化。黄河流域与长江以南相位差为 180°,表明这个模态反映的旱涝异常信息具有明显的传播特征。

7.8 主振荡型分析

主振荡型(POP)技术的基本思想是 Hasselmann (1988)提出来的。其基本概念是由主相互作用型(Principal Interaction Patterns, PIPs)推导出来的。与此同时,von Storch 等 (1988)和 Xu (1992)由一个线性系统的标准模态来定义 POP,对这一新技术进行了一系列卓有成效的完善,并在气候系统的低频变化、准两年振荡(QBO)及厄尔尼诺-南方涛动(ENSO)的诊断和预测研究中加以应用。后来,von Storch 等(1995b)专门对 POP 的概念、应用及拓展方法做了详尽的综述。应用实例证明,POP 是一种识别复杂气候系统时空变化特征的多变量分析新技术。

POP 分析的最本质的论点认为,气候系统的主要过程是由一阶马尔可夫(Markov)过程所描述的线性动力过程。其他次要过程被认为是一种随机噪声强迫。具体实施时,用 EOF 展开一个气候变量场进行截断,提取主要过程,用自回归滑动平均技术构造系统动力模型。因此,从这个角度上讲,POP 分析技术亦可以看做是常规 EOF 和自回归方法的联合及拓展。我们知道,EOF 在给定时间内可以生成变量场协方差结构的一个最优表达式,但却不能揭露系统的时间演变结构或其内部动力过程。7.5 节中讲到的用同一变量场不同滞后时刻构造协方差阵的EEOF,可以提供时间演变的空间结构,但它不能与谱结构相联合。对于上述功能,POP 兼而有之。7.7 节讲的 CEOF 在功能上与 POP 类似。二者最主要的差别在于,CEOF 是在解释方差最大和相互正交的约束条件下构造的,所分析的时空移动特征不是由 CEOF 直接给出的,而是由时间系数推导计算出来的。POP 与动力方程相联系,得到的时空演变特征是计算的直接输出。

7.8.1 方法概述

这里叙述的是 von Storch 等 (1988)由一个线性系统的标准模态推导出来的 POP 方法。

7.8.1.1 EOF 展开

设有 m 个测站的一个系统 $\boldsymbol{X}(r,t)$,r 是空间函数,$1\leqslant r\leqslant m$,t 是时间函数。那么,这个系统就有 m 个标准模态。对于一个大的系统,这些标准模态就代表大量的资料,而其重要特征很难提取出来。因此,将资料转换为 EOF 空间。EOF 定义为 $\boldsymbol{X}(r,t)$协方差阵的特征向量。如果用 $V_i(r)$代表 EOF,那么,资料矩阵 $\boldsymbol{X}(r,t)$可以展开为

$$\boldsymbol{X}(r,t)=\sum_{i=1}^{m}Z_i(t)V_i(r) \tag{7.51}$$

式中,$Z_i(t)$是时间系数。

我们将 EOF 空间截断为 k 维($k\leqslant m$)。这样做的目的是希望将我们感兴趣的那部分信号保留下来,舍掉噪声成分。经过压缩后有

$$\boldsymbol{X}(r,t)=\sum_{i=1}^{k}Z_i(t)V_i(r) \tag{7.52}$$

7.8.1.2 主振荡型(POP)

设 $\boldsymbol{X}(r,t)$在 t 时刻的列向量 $\boldsymbol{x}(t)$为一个线性离散化的实数系统,其标准模态

$$\boldsymbol{x}(t+1)=\boldsymbol{A}\boldsymbol{x}(t) \tag{7.53}$$

是变换矩阵 $\boldsymbol{A}$ 的特征向量 $\boldsymbol{V}$。通常情况下,$\boldsymbol{A}$ 是非对称的常数矩阵,其全部或某些特征值 λ 和特征向量 $\boldsymbol{V}$ 是复数,即有共轭复数特征值 $\boldsymbol{\lambda}^{\mathrm{r}}+\mathrm{i}\boldsymbol{\lambda}^{\mathrm{i}}$及特征向量 $\boldsymbol{V}^{\mathrm{r}}+\mathrm{i}\boldsymbol{V}^{\mathrm{i}}$。由于 $\boldsymbol{A}$ 是一实矩阵,共轭复数 $\boldsymbol{\lambda}^*$ 和 $\boldsymbol{V}^*$ 亦满足

$$\boldsymbol{A}\boldsymbol{V}^*=\boldsymbol{\lambda}^*\boldsymbol{V}^* \tag{7.54}$$

任何时刻 t 的状态 $\boldsymbol{X}$ 均可以用特征向量来表示：

$$\boldsymbol{X}=\sum_{j=1}^{k}Z_jV_j \tag{7.55}$$

共轭复数特征向量对的系数也是共轭复数。将式(7.55)代入式(7.53)中，耦合的系统（式(7.53)）变为不耦合的，产生出 k 个单一方程，其中 k 是过程 x 的维数

$$\mathbf{Z}(t+1)\mathbf{V}=\lambda\mathbf{Z}(t)\mathbf{V} \tag{7.56}$$

如果 $\mathbf{Z}(0)=1$，则有

$$\mathbf{Z}(t)\mathbf{V}=\boldsymbol{\lambda}^{\mathrm{T}}\mathbf{V} \tag{7.57}$$

复数共轭对 $\mathbf{V}$ 和 $\mathbf{V}^*$ 对过程 $\boldsymbol{X}(t)$ 的贡献为

$$\boldsymbol{P}(t)=\mathbf{Z}(t)\mathbf{V}+[\mathbf{Z}(t)\mathbf{V}]^* \tag{7.58}$$

记 $\mathbf{V}=\mathbf{V}^{\mathrm{r}}+\mathrm{i}\mathbf{V}^{\mathrm{i}}$，$2\mathbf{Z}(\mathrm{t})=\boldsymbol{Z}^{\mathrm{r}}(\mathrm{t})-\mathrm{i}\boldsymbol{Z}^{\mathrm{i}}(\mathrm{t})$，式(7.58)可以写为

$$\boldsymbol{P}(t)=\boldsymbol{Z}^{\mathrm{r}}(t)\mathbf{V}^{\mathrm{r}}+\boldsymbol{Z}^{\mathrm{i}}(t)\mathbf{V}^{\mathrm{i}}=\boldsymbol{\rho}^{\mathrm{t}}[\cos(\omega t)\mathbf{V}^{\mathrm{r}}-\sin(\omega t)\mathbf{V}^{\mathrm{i}}] \tag{7.59}$$

系统的振荡及传播模型是由式(7.59)来描述的。这时特征值 $\lambda=\rho\cdot\mathrm{e}^{-\mathrm{i}\omega}$，且取 $\mathbf{Z}(0)=1$。

振动模态表现为特征向量 $\mathbf{V}^{\mathrm{r}}$ 和 $\mathbf{V}^{\mathrm{i}}$ 之间，依下面顺序交替出现

$$\cdots\rightarrow\mathbf{V}^{\mathrm{r}}\rightarrow-\mathbf{V}^{\mathrm{i}}\rightarrow-\mathbf{V}^{\mathrm{r}}\rightarrow\mathbf{V}^{\mathrm{i}}\rightarrow\mathbf{V}^{\mathrm{r}}\rightarrow\cdots \tag{7.60}$$

称特征向量 $\mathbf{V}$ 为主振荡型(POP)。实的特征向量 $\mathbf{V}^{\mathrm{r}}$ 称为实 POP，它描述系统的驻波振荡。复的特征向量 $\mathbf{V}^{\mathrm{i}}$ 称为复 POP，它描述系统振荡的传播。系数 Z 称为 POP 系数，其时间演变由式(7.56)给出。

由上述过程可以得到两个重要参数：

(1)振荡周期

$$T=\frac{2\pi}{\omega} \tag{7.61}$$

它是完成式(7.60)一个完整循环所需的时间。其中

$$\omega=\arctan^{-1}|\lambda^{\mathrm{i}}/\lambda^{\mathrm{r}}|$$

(2)振幅 e 衰减时间

$$\tau = -\frac{1}{\ln\rho} \tag{7.62}$$

它是初始振幅由 $|\boldsymbol{Z}(0)|=1$ 降至 $|\boldsymbol{Z}(\tau)|=\frac{1}{e}$ 所需要的时间。

7.8.1.3 变换矩阵 A 的估计

矩阵 $\boldsymbol{A}$ 可以由式(7.63)得到:

$$\boldsymbol{A} = \boldsymbol{S}_1\boldsymbol{S}_0^{-1} \tag{7.63}$$

式中,$\boldsymbol{S}_0$ 和 $\boldsymbol{S}_1$ 分别是滞后时刻为 0 和 1 的协方差矩阵。

$$\begin{cases} \boldsymbol{S}_0 = \langle x(t)x'(t)\rangle \\ \boldsymbol{S}_1 = \langle x(t+1)x'(t)\rangle \end{cases} \tag{7.64}$$

这里〈 〉表示求平均。

在动力学理论中,式(7.53)为离散化线性差分方程。在 POP 分析中,关系式

$$\boldsymbol{x}(t+1) = \boldsymbol{A}\boldsymbol{x}(t) + \text{噪声} \tag{7.65}$$

是给定的。这时,变换矩阵 $\boldsymbol{A}$ 则可以用在式(7.65)右边乘以 $\boldsymbol{x}^{\mathrm{T}}(t)$,并取数学期望的方法得到,即

$$\boldsymbol{A} = \frac{\mathrm{E}[\boldsymbol{x}(t+1)\boldsymbol{x}^{\mathrm{T}}(t)]}{\mathrm{E}[\boldsymbol{x}(t)\boldsymbol{x}^{\mathrm{T}}(t)]} \tag{7.66}$$

在计算方法上,式(7.66)与(7.63)是一样的。

7.8.1.4 伴随相关型

在描述气候系统 $\boldsymbol{x}(t)$ 的主振荡过程时,在另一系统 $\boldsymbol{y}(t)$ 中存在与之相伴随的振荡过程,其表达式为

$$\boldsymbol{y}(t) = \boldsymbol{Z}(t)\boldsymbol{q}(t) + \boldsymbol{Z}^*(t)\boldsymbol{q}^*(t) + \boldsymbol{e}(t) \tag{7.67}$$

式中，$\boldsymbol{Z}(t)$是$\boldsymbol{x}(t)$主振荡型时间系数，$\boldsymbol{Z}^*(t)$是$\boldsymbol{Z}(t)$的复共轭，$\boldsymbol{Z}^*(t)=\boldsymbol{Z}^{\mathrm{r}}(t)-\mathrm{i}\boldsymbol{Z}^{\mathrm{i}}(t)$，$\boldsymbol{q}(t)$和$\boldsymbol{q}^*(t)$是复伴随相关型，$\boldsymbol{e}(t)$是由$\boldsymbol{q}(t)$和$\boldsymbol{q}^*(t)$描述$\boldsymbol{y}(t)$产生的误差。

如果在实际应用时，仅关心含有一个单独变量复共轭 POP 对时，复伴随相关型$\boldsymbol{q}$就可以简化为由式(7.65)求得：

$$\boldsymbol{q}=\frac{\langle|\boldsymbol{Z}(t)|^2\rangle\langle\boldsymbol{Z}^*(t)\boldsymbol{y}(t)\rangle-\langle\boldsymbol{Z}^{*2}(t)\rangle\langle\boldsymbol{Z}(t)\boldsymbol{y}(t)\rangle}{\langle\boldsymbol{Z}^*(t)\boldsymbol{Z}(t)\rangle^2-\langle\boldsymbol{Z}^2(t)\rangle\langle\boldsymbol{Z}^{*2}(t)\rangle} \tag{7.68}$$

7.8.2 计算步骤

POP 的计算存在一定的难度，且因研究目的的不同而有所不同。下面给出用 POP 做气候诊断的最基本步骤。

(1)一般情况下，对原始气候变量场预先进行 EOF 分解，截取占80%以上方差的前k个 EOF 的时间系数序列$\boldsymbol{x}(t)$进行 POP 分析。

(2)如果将资料中所要分析的信号预先确定在某一频域内，则应对$\boldsymbol{x}(t)$进行带通滤波。

(3)用式(7.63)和(7.64)计算系数矩阵$\boldsymbol{A}$。

(4)求实非对称矩阵$\boldsymbol{A}$的特征值$\boldsymbol{\lambda}$及其共轭$\boldsymbol{\lambda}^*$和对应的特征向量$\boldsymbol{V}$及其共轭向量$\boldsymbol{V}^*$。

(5)将特征值和特征向量代入式(7.56)，递推求出 POP 系数$\boldsymbol{Z}$。

(6)计算每对特征向量占总方差的百分比。

(7)用式(7.61)和(7.62)计算出式(7.59)描述的振荡模态的振荡周期和振幅衰减时间。

(8)如果需要考虑另一系统与本系统的关系，则利用式(7.68)计算伴随相关。

7.8.3 计算结果分析

对于 POP 计算结果的理解和解释并不是十分容易的事。有时根据需要对 POP 分析的结果可以再做些处理，以便使结果清晰、直观，便于分析和解释，如将 POP 模态由波动的振幅

$$\boldsymbol{A}^2(r) = [\boldsymbol{V}^{\mathrm{r}}(r)]^2 + [\boldsymbol{V}^{\mathrm{i}}(r)]^2 \tag{7.69}$$

和相对相位

$$\boldsymbol{\Psi}(r) = \tan^{-1}[\boldsymbol{V}^{\mathrm{i}}(r)/\boldsymbol{V}^{\mathrm{r}}(r)] \tag{7.70}$$

的空间分布图来表示。再如，计算 POP 系数 $\boldsymbol{Z}^{\mathrm{i}}$和 $\boldsymbol{Z}^{\mathrm{r}}$序列的交叉谱，分析其时间的振动特征。下面结合应用实例对计算结果的分析简略加以说明。

(1)从 T 值来分析振荡 POP 对的振荡周期大约是多少。例如，章基嘉等(1993)对热带太平洋地区(122.5°E～87.5°W，27.5°N～27.5°S)的月平均海面温度距平场做 POP 分析。第一对 POP 振荡周期 T 大约为 39 个月。

(2)根据特征值 λ 的大小，对 POP 描述的波动进行分类：

①当$|\lambda|<1$、$\tau>0$ 时，振幅随时间而减弱，称为衰减波动；

②当$|\lambda|=1$、$\tau=\infty$时，振幅不随时间而变，称为中性波动；

③当$|\lambda|>1$、$\tau<0$ 时，振幅随时间而增大，称为增长波动。

章基嘉等(1993)所举的例子，第一对 POP 描述的即为衰减波动。

(3)对特征向量 $\boldsymbol{V}^{\mathrm{r}}$ 和 $\boldsymbol{V}^{\mathrm{i}}$ 表征的变量场的空间传播特征进行分析。分析时注意振荡模态的交替出现。在 $t=0$ 时，海温距平场第一对 POP 的 $\boldsymbol{V}^{\mathrm{r}}$ 型在热带太平洋的东部和中部为正值，其余区域为弱的负值区，它代表厄尔尼诺现象的成熟相位。那么，$t=\frac{\tau}{4}$时，即大约 9 个月以后，由$-\boldsymbol{V}^{\mathrm{i}}$ 型替代，东太平洋变为小的正值，中太平洋则为较强的负值中心，代表厄尔尼诺衰减相位。依$\cdots\rightarrow\boldsymbol{V}^{\mathrm{r}}\rightarrow-\boldsymbol{V}^{\mathrm{i}}\rightarrow-\boldsymbol{V}^{\mathrm{r}}\rightarrow\boldsymbol{V}^{\mathrm{i}}\rightarrow\boldsymbol{V}^{\mathrm{r}}\rightarrow\cdots$顺序，$t=\frac{2\tau}{4}$时，即大约 18 个月以后为$-\boldsymbol{V}^{\mathrm{r}}$ 型，热带太平洋的东部和中部变为负值，厄尔尼诺完全消失或出现拉尼娜成熟相位。到 $t=\frac{3\tau}{4}$时，即 27 个月以后为 $\boldsymbol{V}^{\mathrm{i}}$ 型，中太平洋开始出现正值，即呈厄尔尼诺开始发展。在 $t=\tau$ 时，又重复出现 $\boldsymbol{V}^{\mathrm{r}}$ 型。可见，POP 型描述了厄尔尼诺的演变过程。

(4)由 POP 系数 $\boldsymbol{Z}^{\mathrm{r}}$和 $\boldsymbol{Z}^{\mathrm{i}}$分析振荡随时间的演变特征。章基嘉等

(1993)所举的例子 $\boldsymbol{Z}^r$ 极大值对应历次厄尔尼诺事件,历史上最强的厄尔尼诺对应于最大的正振幅。$\boldsymbol{Z}^r$ 极小值对应拉尼娜事件。$\boldsymbol{Z}^i$ 则基本上与 $\boldsymbol{Z}^r$ 相反,但数值没有 $\boldsymbol{Z}^r$ 那么大。

(5)利用伴随相关型来分析 POP 与另一变量场的关系。$\boldsymbol{q}^r$ 型对应 $\boldsymbol{V}^r$,$\boldsymbol{q}^i$ 对应 $\boldsymbol{V}^i$。例如,章基嘉等(1993)对上述海面温度距平场的 POP 系数与 850 hPa 上风场距平求伴随相关型。$\boldsymbol{q}^r$ 型,在中太平洋,沿赤道有一支强西风气流,恰与厄尔尼诺事件海面温度赤道东暖西冷的分布相配合。

(6)通过对传播型的 $\boldsymbol{V}^r$ 型时间系数 $\boldsymbol{Z}^r$ 和 $\boldsymbol{V}^i$ 型时间系数 $\boldsymbol{Z}^i$ 序列分别做功率谱分析或做两序列的交叉谱分析,用通过显著性检验的周期来验证 POP 分析得到的振荡周期是否可信。段安民等(1998)曾做了这方面的分析。

7.9 循环稳态主振荡型分析

上一节介绍的 POP 是假定气候变量在定常条件下进行的。定常的含义是一个变量的各种统计量不依赖于时间。然而,许多气候变量是循环稳态的,即气候过程及其变率是由若干个显著时间尺度表征的,如地面温度不仅呈现年际变化,而且还呈现更高频率的波动。这种波动依赖于时间,也就是存在显著的固有循环,如年际和日的循环。固有循环描述了许多气候过程及其变率特征,因此,一个循环稳态过程的各种统计量依赖于固有循环的一个特定相位。循环稳态变量的最初构思是 1985 年 K. Hasselmann 在一个未发表的手稿中提出来的。Blumenthal (1991)给出了如何实施循环稳态 POP 分析的具体方案。

7.9.1 方法概述

7.9.1.1 循环稳态过程的描述

给定一对整数 t,T。其中 t 是气候时间序列含有的循环次数(如对于 40 年的序列,年循环次数 $t=40$),T 是季节日期次数,一个循环内含有的时步 $T=1,2,\cdots,n$,例如,一个年循环内,月的时步为 $T=1,2,$

…,12。

不失一般性,序列的循环稳态可表示为

$$(t,T+n)=(t+1,T) \tag{7.71}$$

那么,气候变量的循环稳态过程可以写为

$$\boldsymbol{x}(t,T+1)=\boldsymbol{A}(T)\boldsymbol{x}(t,T)+\text{噪声} \tag{7.72}$$

且

$$\begin{cases}\boldsymbol{x}(t,T+n)=\boldsymbol{x}(t+1,T)\\ \boldsymbol{A}(T+n)=\boldsymbol{A}(T)\end{cases} \tag{7.73}$$

连续使用 n 次式(7.72),并利用

$$\boldsymbol{B}(T)=\boldsymbol{A}(T+n-1)\boldsymbol{A}(T+n-2)\cdots\boldsymbol{A}(T+1)\boldsymbol{A}(T) \tag{7.74}$$

可以得到

$$\boldsymbol{x}(t+1,T)=\boldsymbol{B}(T)\boldsymbol{x}(t,T)+\text{噪声} \tag{7.75}$$

由于存在周期性,就有 n 个形如式(7.75)的模型。这样,对于每个模型可以使用常规的 POP 分析。

7.9.1.2 特征值和特征向量的确定

对于式(7.75)中的常数矩阵 $\boldsymbol{B}(T)$ 的特征值 $\boldsymbol{\lambda}(T)$ 和特征向量 $\boldsymbol{V}(T)$

$$\boldsymbol{B}(T)\boldsymbol{V}(T)=\boldsymbol{\lambda}(T)\boldsymbol{V}(T) \tag{7.76}$$

且有 $\overline{\boldsymbol{V}}(T)\ \boldsymbol{V}(T)=1$。对于 n 个不同 $\boldsymbol{B}(T)$ 模型 $\boldsymbol{\lambda}(T)$ 均相同。$\overline{\boldsymbol{V}}(T)$ 表示 $\boldsymbol{V}(T)$ 的转置共轭。

循环稳态系统存在以下关系:

(1)$\boldsymbol{B}(T+1)$ 与 $\boldsymbol{B}(T)$ 具有相同的特征值 $\boldsymbol{\lambda}(T)$。

(2)若 $\boldsymbol{V}(T)$ 是 $\boldsymbol{B}(T)$ 的特征向量,则 $\boldsymbol{A}(T)\boldsymbol{V}(T)$ 就是 $\boldsymbol{B}(T+1)$ 的特征向量。

特征向量可以由下式递推出来:

$$\mathbf{V}(T+1) = C\mathbf{A}(T)\mathbf{V}(T) \tag{7.77}$$

其中 C 为任一复数，

$$C = r_T^{-1}\mathrm{e}^{\mathrm{i}\varphi_T} \tag{7.78}$$

式中，r_T 为衰减率。如果选择模 $|C| = r_T^{-1}$，则有

$$\overline{\mathbf{V}}(T)\ \mathbf{V}(T) = 1 \tag{7.79}$$

对某一时间步长 T 而言，若满足归一化条件(式(7.79))，且如果

$$r_T = \|\mathbf{A}(T)\mathbf{V}(T)\| \tag{7.80}$$

则

$$\overline{\mathbf{V}}(T+1)\mathbf{V}(T+1) = 1 \tag{7.81}$$

由于满足周期性条件 $\mathbf{V}(T+n)=\mathbf{V}(T)$，对于所有的 T 均可以确定出角度

$$\varphi_T = \omega/n \tag{7.82}$$

这里 $\lambda = \rho\mathrm{e}^{-\mathrm{i}\omega}$，$\rho = \prod_{k=0}^{n-1} r_{T+k}$。

在一个循环内，POP 随因子 ρ 而衰减，随角度 $-\omega$ 而旋转。因此，为了保证 $\mathbf{V}(T+n)=\mathbf{V}(T)$，在每一时间步上振荡型由 r_T 来控制，由 ω/n 来向后旋转。

7.9.1.3 POP 系数的确定

由下列递推公式导出 POP 系数：

$$\mathbf{Z}(t, T+1) = \boldsymbol{r}_T\mathrm{e}^{-\mathrm{i}\omega/n}\mathbf{Z}(t, T) + 噪声 \tag{7.83}$$

重复使用式(7.83)，就可以得到常规 POP 模型：

$$\mathbf{Z}(t+1, T) = \left(\prod_{k=0}^{n-1} r_{T+k}\right)\mathrm{e}^{-\mathrm{i}\omega}\mathbf{Z}(t, T) + 噪声 = \lambda\mathbf{Z}(t, T) + 噪声 \tag{7.84}$$

7.9.1.4 常数矩阵 $\boldsymbol{A}(T)$的估计

对每一循环内的 $T=1,2,\cdots,n$，可以使用常规的 POP 估计 $\boldsymbol{A}(T)$ 的办法计算，即

$$\boldsymbol{A}(T) = \boldsymbol{S}_{1,T}\boldsymbol{S}_{0,T}^{-1} \tag{7.85}$$

式中，$\boldsymbol{S}_{0,T}$和$\boldsymbol{S}_{1,T}$是滞后时刻分别为 0 和 1 的协方差矩阵。

7.9.2 计算结果分析

对于存在明显季节循环的气候变量场可以考虑做循环稳态 POP 分析。同时，可以做常规的 POP 分析，将两种结果进行比较。除了分析与常规 POP 相同的内容外，对循环稳态 POP 还可以分析如下内容：

(1)分析衰减率 $\boldsymbol{r}_T$ 随季节的变化。从中可以了解气候过程中哪几个月在加强，其中最强发生在哪个月；哪几个月在衰减，最弱的出现在哪个月。另外，分析最强与最弱滞后的时间。

(2)由循环稳态 POP 的特征向量和 POP 系数可以分析气候变量场随季节而变化的空间分布特征及时间演变特征。当然，也可以分析年平均的时空分布特征。

7.10 复主振荡型分析

复主振荡型(Complex Principal Oscillation Patterns，CPOP)需要先通过希尔伯特(Hilbert)变换构造一个复数时间序列，在此基础上做 POP 分析。有关 CPOP 的计算，von Storch 等(1995a)曾做了简单介绍。

如果原实数序列 $\boldsymbol{x}(t)$可以分解为傅里叶形式，那么，就可以利用 7.7 节 CEOF 中叙述的傅里叶变换办法构造复数矩阵的虚数部分 $\hat{x}(t)$。复数向量表示为

$$\boldsymbol{w}(t) = \boldsymbol{x}(t) + \mathrm{i}\hat{\boldsymbol{x}}(t) \tag{7.86}$$

复数 POP 可以通过一阶线性模型得到，即

$$\boldsymbol{w}(t+1) = \boldsymbol{A}\boldsymbol{w}(t) + \text{噪声} \tag{7.87}$$

系数矩阵 $\boldsymbol{A}$ 的估计为

$$\boldsymbol{A} = \boldsymbol{S}_1\boldsymbol{S}_0^{-1} \tag{7.88}$$

其中，

$$\begin{cases} \boldsymbol{S}_0 = \langle \boldsymbol{w}(t)\overline{\boldsymbol{w}}(t)\rangle \\ \boldsymbol{S}_1 = \langle \boldsymbol{w}(t+1)\overline{\boldsymbol{w}}(t)\rangle \end{cases} \tag{7.89}$$

这里 $\overline{\boldsymbol{w}}(t)$表示 $\boldsymbol{w}(t)$的转置共轭。$\boldsymbol{A}$ 的特征向量就是 CPOP。由于 $\boldsymbol{A}$ 是复数，特征向量与实数或标准的 POP 不同，它们不是以共轭复数对的形式出现，CPOP 的个数等于式(7.87)过程的维数。

复数状态 $\boldsymbol{w}(t)$的展开式：

$$\boldsymbol{w}(t) = \sum_j Z_j(t)\boldsymbol{V}_j \tag{7.90}$$

对任何给定时刻 t，特征向量 $\boldsymbol{V}$ 对 $\boldsymbol{w}(t)$的贡献由

$$\boldsymbol{P}(t) = \boldsymbol{Z}(t)\boldsymbol{V} \tag{7.91}$$

给出或用

$$\begin{cases} \boldsymbol{P} = \boldsymbol{P}^{r} + \mathrm{i}\boldsymbol{P}^{i} \\ \boldsymbol{V} = \boldsymbol{V}^{r} + \mathrm{i}\boldsymbol{V}^{i} \\ \boldsymbol{Z} = \boldsymbol{Z}^{r} - \mathrm{i}\boldsymbol{Z}^{i} \end{cases} \tag{7.92}$$

表示，即

$$\boldsymbol{P}^{r}(t) = \boldsymbol{Z}^{r}(t)\boldsymbol{V}^{r} + \boldsymbol{Z}^{i}(t)\boldsymbol{V}^{i} \tag{7.93}$$

$$\boldsymbol{P}^{i}(t) = \boldsymbol{Z}^{r}(t)\boldsymbol{V}^{i} - \boldsymbol{Z}^{i}(t)\boldsymbol{V}^{r} \tag{7.94}$$

实部 $\boldsymbol{P}^{r}(t)$描述的是 $\boldsymbol{x}(t)$空间的信号，虚部 $\boldsymbol{P}^{i}(t)$描述的是动量 $\hat{\boldsymbol{x}}(t)$空间的信号。无噪声的 CPOP 系数的时间演变由

$$\boldsymbol{Z}(t+1) = \lambda\boldsymbol{Z}(t) \tag{7.95}$$

给出。这里 $\lambda=\rho e^{-i\omega}$。那么，式(7.93)和(7.94)可以表示为

$$\boldsymbol{P}^{\mathrm{r}}(t)=\rho^{t}[\cos(\omega t)\boldsymbol{V}^{\mathrm{r}}-\sin(\omega t)\boldsymbol{V}^{\mathrm{i}}] \tag{7.96}$$

$$\boldsymbol{P}^{\mathrm{i}}(t)=\rho^{t}[\cos(\omega t)\boldsymbol{V}^{\mathrm{i}}+\sin(\omega t)\boldsymbol{V}^{\mathrm{r}}] \tag{7.97}$$

对于实部空间的振动模态仍按常规 POP(式(7.60))的顺序交替出现。而虚部空间的振动模态按下列顺序交替出现：

$$\cdots\rightarrow\boldsymbol{V}^{\mathrm{i}}\rightarrow\boldsymbol{V}^{\mathrm{r}}\rightarrow-\boldsymbol{V}^{\mathrm{i}}\rightarrow-\boldsymbol{V}^{\mathrm{r}}\rightarrow\boldsymbol{V}^{\mathrm{i}}\rightarrow\cdots \tag{7.98}$$

8 两气候变量场相关模态的分离

在气候变化研究中，存在着大量两个变量场之间的相关问题，即研究两个场之间相关系数的空间结构和它们各自对相关场的贡献。对于这类研究，计算普通皮尔逊相关系数难以奏效，因为皮尔逊相关系数是一种点相关，无法得到两个场相关的整体概念，也不能分离出两个变量场的空间相关模态。目前，已有多种分离两场相关模态的方法，常用的有：①联合 EOF 分析。将两变量场的资料合并为一个矩阵，然后执行 EOF 分解过程，提取两场耦合关系的模态。②相关场 EOF 分析。假设一变量场为 $\boldsymbol{X}_{p\times n}$；另一变量场为 $\boldsymbol{Y}_{q\times n}$，计算它们的两两相关系数，构造出相关场 $\boldsymbol{R}_{p\times q}$，然后再做 EOF 分析。由于 $\boldsymbol{R}$ 一般不是对称方阵，求解 $\boldsymbol{R}$ 的特征值和特征向量时不能再使用雅可比方法，而需要用求解实非对称矩阵的奇异值分解式。③典型相关分析。这一方法是将两变量场转化为几个典型变量，通过研究典型变量之间的相关系数来分析两变量场的相关，这一方法可以有效地分离两场的最大线性相关模态。④BP 典型相关分析。它是典型相关的一种新形式，它的基本思路是讨论两场主分量的关系。⑤奇异值分解。它的出发点与典型相关相同，但是计算要简便得多。从统计学角度来讲，典型相关条件强，推理严谨，而奇异值分解需要一定的使用条件。这里列出的第一种方法，在合并两个变量场资料之后，计算上与普通 EOF 分解无差别。所不同的是，要根据联合特征向量的各分量权重提取两场耦合相关的信息，这里不做叙述。第二种方法在计算上与普通 EOF 分解的区别在于，相关矩阵需要使用矩阵理论中的奇异值分解定理求解特征值和特征向量，这里也不做单独介绍。本章将重点讨论后 3 种方法。有关奇异值求解形式及其计算在介绍的 3 种方法中均要涉及，因此在第一节中先做一个简单介绍。

8.1 奇异值分解式定理及其计算

求解矩阵的特征值和特征向量在多元分析中是十分重要的，而且是非常基本的计算。在 EOF 分解中，变量场的协方差矩阵是实对称矩阵，可以采用雅可比方法求解矩阵的特征值和特征向量。本章所涉及的两变量场的交叉协方差矩阵常常是实非对称矩阵。对于这类矩阵需要利用奇异值分解式求解其特征值和特征向量(程兴新 等，1989)。

8.1.1 奇异值分解式定理

设两变量场的交叉协方差矩阵 $\boldsymbol{V}_{p\times q}$ 为任意非零矩阵，则有

$$\boldsymbol{V}_{p\times q} = \boldsymbol{L}_{p\times p}\boldsymbol{\Lambda}_{p\times q}\boldsymbol{R}'_{q\times q} \tag{8.1}$$

为 $\boldsymbol{V}$ 的奇异值分解式。可以证明，任意非零矩阵必存在式(8.1)的奇异值分解式。式中 $\boldsymbol{L}$ 和 $\boldsymbol{R}$ 分别为 p 阶和 q 阶正交方矩阵，$q>p$，$\boldsymbol{\Lambda}$ 为 $p\times q$ 阶对角矩阵，$\boldsymbol{\Lambda}$ 的对角线元素为

$$\boldsymbol{\Lambda} = \mathrm{diag}(\lambda_1,\lambda_2,\cdots,\lambda_p) \tag{8.2}$$

$\boldsymbol{\Lambda}$ 称为 $\boldsymbol{V}$ 的奇异值。

由于

$$\boldsymbol{V}^{\mathrm{T}}\boldsymbol{V} = \boldsymbol{R}\boldsymbol{\Lambda}^{\mathrm{T}}\boldsymbol{L}^{\mathrm{T}}\boldsymbol{L}\boldsymbol{\Lambda}\boldsymbol{R}^{\mathrm{T}} = \boldsymbol{R}\mathrm{diag}(\lambda_1^2,\lambda_2^2,\cdots,\lambda_p^2)\boldsymbol{R}^{\mathrm{T}} \tag{8.3}$$

因此，$\lambda_1^2,\lambda_2^2,\cdots,\lambda_p^2$ 是 $\boldsymbol{V}^{\mathrm{T}}\boldsymbol{V}$ 的特征值，且 $\lambda_1^2\geqslant\lambda_2^2\geqslant\cdots\geqslant\lambda_p^2$，$\boldsymbol{R}$ 是 $\boldsymbol{V}^{\mathrm{T}}\boldsymbol{V}$ 对应于 λ_i 的特征向量。

同理，由 $\boldsymbol{V}\boldsymbol{V}^{\mathrm{T}}$ 可知，$\lambda_1^2,\lambda_2^2,\cdots,\lambda_p^2$ 亦是 $\boldsymbol{V}\boldsymbol{V}^{\mathrm{T}}$ 的特征值，$\boldsymbol{L}$ 则是 $\boldsymbol{V}\boldsymbol{V}^{\mathrm{T}}$ 对应于 λ_i 的特征向量。可见 $\boldsymbol{V}\boldsymbol{V}^{\mathrm{T}}$ 和 $\boldsymbol{V}^{\mathrm{T}}\boldsymbol{V}$ 有相同的非负特征值。

8.1.2 奇异值分解的计算

设 $\boldsymbol{V}$ 的秩(这里用 rk 表示)为 m $[m\leqslant\min(p,q)]$，

$$rk(\boldsymbol{V}) = rk(\boldsymbol{V}^{\mathrm{T}}\boldsymbol{V}) = m$$

因此有

$$\lambda_1^2 \geqslant \lambda_2^2 \geqslant \cdots \geqslant \lambda_m^2 > 0, \qquad \lambda_{m+1}^2 = \cdots \lambda_p^2 = 0$$

这里记 $\boldsymbol{R}_1=(r_1,r_2,\cdots,r_m)$，$\boldsymbol{R}=(\boldsymbol{R}_1\boldsymbol{R}_2)$，$\boldsymbol{\Lambda}_1=\mathrm{diag}(\lambda_1^2,\lambda_2^2,\cdots,\lambda_m^2)$则

$$\boldsymbol{V}^{\mathrm{T}}\boldsymbol{V} = (\boldsymbol{R}_1\boldsymbol{R}_2)\begin{bmatrix}\boldsymbol{\Lambda}_1 & 0\\ 0 & 0\end{bmatrix}\begin{pmatrix}\boldsymbol{R}_1^{\mathrm{T}}\\ \boldsymbol{R}_2^{\mathrm{T}}\end{pmatrix} = \boldsymbol{R}_1\boldsymbol{\Lambda}_1\boldsymbol{R}_1^{\mathrm{T}} = \boldsymbol{R}_1\boldsymbol{\Lambda}_1^{1/2}\boldsymbol{\Lambda}_1^{1/2}\boldsymbol{R}_1^{\mathrm{T}} \quad (8.4)$$

式中

$$\boldsymbol{\Lambda}_1^{1/2} = \mathrm{diag}(\lambda_1,\lambda_2,\cdots,\lambda_m)$$

显然有

$$(\boldsymbol{V}\boldsymbol{R}_1\boldsymbol{\Lambda}_1^{1/2})^{\mathrm{T}}(\boldsymbol{V}\boldsymbol{R}_1\boldsymbol{\Lambda}_1^{1/2}) = \boldsymbol{I} \quad (8.5)$$

如果设

$$\boldsymbol{L}_1 = \boldsymbol{V}\boldsymbol{R}_1\boldsymbol{\Lambda}_1^{-1/2} \quad (8.6)$$

那么，

$$\boldsymbol{L}_1^{\mathrm{T}}\boldsymbol{L}_1 = \boldsymbol{I} \quad (8.7)$$

说明 $\boldsymbol{L}_1$ 是 $p\times m$ 列正交矩阵。

由于 $\boldsymbol{R}_2=(\boldsymbol{R}_{m+1},\boldsymbol{R}_{m+2},\cdots,\boldsymbol{R}_q)$

$$\boldsymbol{R}^{\mathrm{T}}\boldsymbol{R} = \boldsymbol{I} \quad (8.8)$$

因此

$$\boldsymbol{R}_1\boldsymbol{R}_1^{\mathrm{T}} + \boldsymbol{R}_2\boldsymbol{R}_2{}^{\mathrm{T}} = \boldsymbol{I} \quad (8.9)$$

$$\boldsymbol{V}\boldsymbol{R}_2 = 0 \quad (8.10)$$

因而有

$$\boldsymbol{L}_1\boldsymbol{\Lambda}_1^{1/2}\boldsymbol{R}_1^{\mathrm{T}} = \boldsymbol{V}\boldsymbol{R}_1\boldsymbol{R}_1^{\mathrm{T}} = \boldsymbol{V}(\boldsymbol{I}-\boldsymbol{R}_2\boldsymbol{R}_2^{\mathrm{T}}) = \boldsymbol{V} - 0 = \boldsymbol{V} \quad (8.11)$$

若将 $\boldsymbol{L}_1$ 扩充为正交方阵 $\boldsymbol{L}=(\boldsymbol{L}_1\boldsymbol{L}_2)$，则有

$$\boldsymbol{V} = \boldsymbol{L}\begin{bmatrix}\boldsymbol{\Lambda}_1^{1/2} & 0\\ 0 & 0\end{bmatrix}\boldsymbol{R}' \quad (8.12)$$

简单归纳起来，矩阵 $\boldsymbol{V}$ 的奇异值分解的计算步骤为：

(1)计算

$$\boldsymbol{V}^{\mathrm{T}}\boldsymbol{V} = \boldsymbol{R}\begin{bmatrix} \lambda_1^2 & & & & \\ & \ddots & & & \\ & & \lambda_m^2 & & \\ & & & 0 & \\ & & & & 0 \end{bmatrix}\boldsymbol{R}^{\mathrm{T}}$$

这里 $\boldsymbol{V}=(\boldsymbol{V}_1\boldsymbol{V}_2)$，$\boldsymbol{V}_1$ 为 $p\times m$ 阶矩阵。

(2)计算

$$\boldsymbol{L}_1 = \boldsymbol{V}\boldsymbol{R}_1\boldsymbol{\Lambda}_1^{-1/2}$$

$$\boldsymbol{\Lambda}_1^{1/2} = \mathrm{diag}(\lambda_1,\lambda_2,\cdots,\lambda_m)$$

(3)利用式(8.11)形成 $\boldsymbol{V}$ 的奇异值分解

$$\boldsymbol{V} = \boldsymbol{L}_1\boldsymbol{\Lambda}_1^{1/2}\boldsymbol{R}_1{}'$$

8.2 典型相关分析

Hotelling (1936)在研究两组变量间的相关关系时，引进了典型相关和典型变量的概念。将原来较多的变量转化为少数几个典型变量，通过研究典型变量之间的相关系数，分析两组变量间的相关关系。到了 20 世纪 60 年代，典型相关分析(Canonical Correlation Analysis, CCA)作为一种分析手段在社会科学研究领域得到广泛应用。Glahn (1968)首次将 CCA 在统计天气预报中使用。从此，CCA 开始在两气象变量组成两变量场的相关研究中应用(Barnett，1983，Nicholls，1987)。应用实践表明，CCA 是一种具有坚实数学基础、推理严谨、能够有效地提取两组变量或两变量场相关信号的有用工具。分离两变量场的相关结构，就是将两变量场的每个测站或网格点资料视为变量，这样研究对象仍归结为两组变量。

8.2.1 方法概述

假设我们研究的两组变量或两个变量场，一组变量或一个场 $\boldsymbol{X}$ 有 p 个变量或空间点，样本量为 n；另一组变量或另一个场 $\boldsymbol{Y}$ 有 q 个变量或空间点，样本量亦为 n。这里要求 $n>p$、q，变量场 $\boldsymbol{X}$ 资料矩阵为

$$\boldsymbol{X}=\begin{bmatrix} x_1 \\ x_2 \\ \vdots \\ x_p \end{bmatrix}=\begin{bmatrix} x_{11} & x_{12} & \cdots & x_{1n} \\ x_{21} & x_{22} & \cdots & x_{2n} \\ \vdots & \vdots & & \vdots \\ x_{p1} & x_{p2} & \cdots & x_{pn} \end{bmatrix} \tag{8.13}$$

变量场 $\boldsymbol{Y}$ 资料矩阵为

$$\boldsymbol{Y}=\begin{bmatrix} y_1 \\ y_2 \\ \vdots \\ y_q \end{bmatrix}=\begin{bmatrix} y_{11} & y_{12} & \cdots & y_{1n} \\ y_{21} & y_{22} & \cdots & y_{2n} \\ \vdots & \vdots & & \vdots \\ y_{q1} & y_{q2} & \cdots & y_{qn} \end{bmatrix} \tag{8.14}$$

其中 $\boldsymbol{x}_k(k=1,2,\cdots,p)$ 和 $\boldsymbol{y}_k(k=1,2,\cdots,q)$ 均为含有 n 次观测的向量：

$$\begin{cases} \boldsymbol{x}_k=(x_{k1} \quad x_{k2} \quad \cdots \quad x_{kn}) \\ \boldsymbol{y}_k=(y_{k1} \quad y_{k2} \quad \cdots \quad y_{kn}) \end{cases} \tag{8.15}$$

8.2.1.1 协方差矩阵

变量场 $\boldsymbol{X}$ 的协方差矩阵为

$$\boldsymbol{S}_{xx}=\frac{1}{n}\boldsymbol{X}\boldsymbol{X}^{\mathrm{T}}=\frac{1}{n}\begin{bmatrix} x_1 \\ x_2 \\ \vdots \\ x_p \end{bmatrix}[x_1{}',x_2{}',\cdots,x_p{}'] \tag{8.16}$$

变量场 $\boldsymbol{Y}$ 的协方差矩阵为

$$\boldsymbol{S}_{yy} = \frac{1}{n}\boldsymbol{YY}^{\mathrm{T}} = \frac{1}{n}\begin{bmatrix} y_1 \\ y_2 \\ \vdots \\ y_q \end{bmatrix}[y_1{}', y_2{}', \cdots, y_q{}'] \tag{8.17}$$

两场之间协方差矩阵为

$$\boldsymbol{S}_{xy} = \frac{1}{n}\boldsymbol{XY}^{\mathrm{T}} = \frac{1}{n}\begin{bmatrix} x_1 y_1{}' & x_1 y_2{}' & \cdots & x_1 y_q{}' \\ x_2 y_1{}' & x_2 y_2{}' & \cdots & x_2 y_q{}' \\ \vdots & \vdots & & \vdots \\ x_p y_1{}' & x_p y_2{}' & \cdots & x_p y_q{}' \end{bmatrix} \tag{8.18}$$

$$\boldsymbol{S}_{yx} = \frac{1}{n}\boldsymbol{YX}^{\mathrm{T}} = \frac{1}{n}\begin{bmatrix} y_1 x_1{}' & y_1 x_2{}' & \cdots & y_1 x_p{}' \\ y_2 x_1{}' & y_2 x_2{}' & \cdots & y_2 x_p{}' \\ \vdots & \vdots & & \vdots \\ y_q x_1{}' & y_q x_2{}' & \cdots & y_q x_p{}' \end{bmatrix} \tag{8.19}$$

显然

$$\boldsymbol{S}_{xy} = \boldsymbol{S}_{yx}^{\mathrm{T}}$$

将两个场组合为一个 $p+q$ 个变量的向量，$p+q$ 个变量的协方差矩阵为

$$\boldsymbol{S} = \begin{bmatrix} \boldsymbol{S}_{xx} & \boldsymbol{S}_{xy} \\ \boldsymbol{S}_{yx} & \boldsymbol{S}_{yy} \end{bmatrix} \tag{8.20}$$

8.2.1.2 典型变量与典型相关系数

典型相关的基本思想是，对两组变量分别做线性组合构成新的一对变量(u_1, v_1)，使得它们之间有最大相关系数。再分别做与(u_1, v_1)正交的线性组合(u_2, v_2)，使它们之间有次大相关系数。如此进行下去，直至认为合适为止，(u_i, v_i)，$i=1,2\cdots$就称为典型变量。

变量场 $\boldsymbol{X}$ 的原 p 个变量线性组合为一新变量：

$$\boldsymbol{u}_1 = c_{11}x_1 + c_{21}x_2 + \cdots + c_{p1}x_p = \boldsymbol{c}_1^{\mathrm{T}}\boldsymbol{X} \tag{8.21}$$

式中

$$\boldsymbol{c}_1^{\mathrm{T}} = (c_{11}\ c_{21}\ \cdots\ c_{p1}) \tag{8.22}$$

变量场 $\boldsymbol{Y}$ 的原 q 个变量线性组合为一新变量：

$$\boldsymbol{v}_1 = d_{11}y_1 + d_{21}y_2 + \cdots + d_{q1}y_q = \boldsymbol{d}_1^{\mathrm{T}}Y \tag{8.23}$$

式中

$$\boldsymbol{d}_1^{\mathrm{T}} = (d_{11}\ d_{21}\ \cdots\ d_{q1}) \tag{8.24}$$

称(u_1, v_1)为典型变量，$(c_{11}, c_{21}, \cdots, c_{p1})$和$(d_{11}, d_{21}, \cdots, d_{q1})$为典型载荷特征向量。

为使线性组合后的新变量数学期望等于 0，方差等于 1，即对 $\boldsymbol{u}_1$ 变量有

$$\frac{1}{n}\boldsymbol{u}_1\boldsymbol{u}_1^{\mathrm{T}} = \boldsymbol{c}_1^{\mathrm{T}}\boldsymbol{S}_{xx}\boldsymbol{c}_1 = 1 \tag{8.25}$$

同理，对 $\boldsymbol{v}_1$ 变量有

$$\frac{1}{n}\boldsymbol{v}_1\boldsymbol{v}_1^{\mathrm{T}} = \boldsymbol{d}_1^{\mathrm{T}}\boldsymbol{S}_{yy}\boldsymbol{d}_1 = 1 \tag{8.26}$$

上述一对典型变量之间的相关系数在两个变量场所有线性组合而成的典型变量中最大，即要求相关系数

$$\boldsymbol{r}_1 = \frac{1}{n}\boldsymbol{u}_1\boldsymbol{v}_1^{\mathrm{T}} = \boldsymbol{c}_1^{\mathrm{T}}\boldsymbol{S}_{xy}\boldsymbol{d}_1 \tag{8.27}$$

最大。称 $\boldsymbol{r}_1$ 为典型相关系数。

再做线性组合$(\boldsymbol{u}_2, \boldsymbol{v}_2)$，在与$(\boldsymbol{u}_1, \boldsymbol{v}_1)$线性无关情况下，满足在剩余方差中，它们之间的相关系数

$$\boldsymbol{r}_2 = \frac{1}{\boldsymbol{n}}\boldsymbol{u}_2\boldsymbol{V}_2^{\mathrm{T}} = \boldsymbol{c}_2^{\mathrm{T}}S_{xy}d_2 \tag{8.28}$$

达到极大，且$(\boldsymbol{u}_2, \boldsymbol{v}_2)$方差为 1。

如此继续下去，依次有第三对典型变量($\boldsymbol{u}_3,\boldsymbol{v}_3$)，…可以证明，典型变量的对数等于两个变量场协方差阵 $\boldsymbol{S}_{xy}$ 的秩数，对气候场即为空间点数 p、q 中最小的数。这里假定可以找到 q 对典型变量。

8.2.1.3 典型载荷特征向量

在约束条件式(8.25)和(8.26)下，满足式(8.27)协方差极大原则。由拉格朗日乘法求函数

$$\boldsymbol{Q}=\boldsymbol{c}_1^{\mathrm{T}}S_{xy}\boldsymbol{d}_1-\frac{\nu_1}{2}(\boldsymbol{c}_1^{\mathrm{T}}S_{xx}\boldsymbol{c}_1-1)-\frac{\nu_2}{2}(\boldsymbol{d}_1^{\mathrm{T}}\boldsymbol{S}_{yy}\boldsymbol{d}_1-1) \tag{8.29}$$

的极大值。其中 ν_1、ν_2 为拉格朗日乘数。函数 $\boldsymbol{Q}$ 的极值问题归结为

$$\frac{\partial \boldsymbol{Q}}{\partial \boldsymbol{c}_1}=0 \tag{8.30}$$

$$\frac{\partial \boldsymbol{Q}}{\partial \boldsymbol{d}_1}=0 \tag{8.31}$$

将式(8.29)代入式(8.30)和(8.31)有：

$$\begin{cases}\boldsymbol{S}_{xy}\boldsymbol{d}_1-\nu_1\boldsymbol{S}_{xx}\boldsymbol{c}_1=0\\ \boldsymbol{S}_{yx}\boldsymbol{c}_1-\nu_2\boldsymbol{S}_{yy}\boldsymbol{d}_1=0\end{cases} \tag{8.32}$$

分别左乘 $\boldsymbol{c}_1^{\mathrm{T}}$ 和 $\boldsymbol{d}_1^{\mathrm{T}}$ 有

$$\begin{cases}\boldsymbol{c}_1^{\mathrm{T}}\boldsymbol{S}_{xy}\boldsymbol{d}_1-\nu_1\boldsymbol{c}_1^{\mathrm{T}}\boldsymbol{S}_{xx}\boldsymbol{c}_1=0\\ \boldsymbol{d}_1^{\mathrm{T}}\boldsymbol{S}_{yx}\boldsymbol{c}_1-\nu_2\boldsymbol{d}_1^{\mathrm{T}}\boldsymbol{S}_{yy}\boldsymbol{d}_1=0\end{cases} \tag{8.33}$$

将约束条件式(8.25)和(8.26)分别代入式(8.23)中的两个式子，得：

$$\begin{cases}\boldsymbol{c}_1^{\mathrm{T}}\boldsymbol{S}_{xy}\boldsymbol{d}_1=\nu_1\\ \boldsymbol{d}_1^{\mathrm{T}}\boldsymbol{S}_{yx}\boldsymbol{c}_1=\nu_2\end{cases} \tag{8.34}$$

由于 $\boldsymbol{c}_1^{\mathrm{T}}\boldsymbol{S}_{xy}\boldsymbol{d}_1$ 的矩阵乘积是一个数，且 $\boldsymbol{S}_{xy}^{\mathrm{T}}=\boldsymbol{S}_{yx}$，

$$\boldsymbol{c}_1^{\mathrm{T}}\boldsymbol{S}_{xy}\boldsymbol{d}_1=\boldsymbol{d}_1^{\mathrm{T}}\boldsymbol{S}_{yx}\boldsymbol{c}_1 \tag{8.35}$$

因此，

$$\boldsymbol{c}_1^{\mathrm{T}}\boldsymbol{S}_{xy}\boldsymbol{d}_1 = \nu_1 = \nu_2 \tag{8.36}$$

又由于

$$r_1 = \boldsymbol{c}_1^{\mathrm{T}}\boldsymbol{S}_{xy}\boldsymbol{d}_1$$

即

$$r_1 = \nu_1 = \nu_2$$

对式(8.32)中的上式，左乘 $\boldsymbol{S}_{yx}\boldsymbol{S}_{xx}^{-1}$，则有

$$\boldsymbol{S}_{yx}\boldsymbol{S}_{xx}^{-1}\boldsymbol{S}_{xy}\boldsymbol{d}_1 - \nu_1\boldsymbol{S}_{yx}\boldsymbol{S}_{xx}^{-1}\boldsymbol{S}_{xx}\boldsymbol{c}_1 = 0 \tag{8.37}$$

即

$$\boldsymbol{S}_{yx}\boldsymbol{c}_1 = \frac{1}{\nu_1}\boldsymbol{S}_{yx}\boldsymbol{S}_{xx}^{-1}\boldsymbol{S}_{xy}\boldsymbol{d}_1$$

将式(8.37)代入式(8.32)中的下式，得

$$\frac{1}{\nu_1}\boldsymbol{S}_{yx}\boldsymbol{S}_{xx}^{-1}\boldsymbol{S}_{xy}\boldsymbol{d}_1 - \nu_1\boldsymbol{S}_{yy}\boldsymbol{d}_1 = 0 \tag{8.38}$$

即

$$(\boldsymbol{S}_{yx}\boldsymbol{S}_{xx}^{-1}\boldsymbol{S}_{xy} - \nu_1^2\boldsymbol{S}_{yy})\boldsymbol{d}_1 = 0$$

令 $\lambda_1=\nu_1^2$，则有

$$(\boldsymbol{S}_{yx}\boldsymbol{S}_{xx}^{-1}\boldsymbol{S}_{xy} - \lambda_1\boldsymbol{S}_{yy})\boldsymbol{d}_1 = 0 \tag{8.39}$$

左乘 $\boldsymbol{S}_{yy}^{-1}$，得

$$(\boldsymbol{S}_{yy}^{-1}\boldsymbol{S}_{yx}\boldsymbol{S}_{xx}^{-1}\boldsymbol{S}_{xy} - \lambda_1\boldsymbol{I})\boldsymbol{d}_1 = 0 \tag{8.40}$$

由式(8.40)可知，问题归结为求 λ_1 和 $\boldsymbol{d}_1$。也就是求矩阵 $\boldsymbol{S}_{yy}^{-1}\boldsymbol{S}_{yx}\boldsymbol{S}_{xx}^{-1}\boldsymbol{S}_{xy}$ 的特征值 λ_1 及其对应的特征向量。对于实非对称矩阵的特征值和特征向量，用 8.1 节中介绍的奇异值分解形式求解。

求出 λ_1 和典型载荷特征向量 $\boldsymbol{d}_1$ 后，可以很容易地求出系数 $\boldsymbol{c}_1$，利

用式(8.32)中的上式,得到

$$\begin{cases} \boldsymbol{S}_{xy}\boldsymbol{d}_1 = \nu_1 \boldsymbol{S}_{xx}\boldsymbol{c}_1 \\ \boldsymbol{c}_1 = \boldsymbol{S}_{xx}^{-1}\boldsymbol{S}_{xy}\boldsymbol{d}_1/\nu_1 \end{cases} \tag{8.41}$$

利用 λ_1 和 ν_1 的关系,可得

$$\boldsymbol{c}_1 = \frac{\boldsymbol{S}_{xx}^{-1}\boldsymbol{S}_{xy}\boldsymbol{d}_1}{\sqrt{\lambda_1}} \tag{8.42}$$

求出载荷特征向量 $\boldsymbol{c}_1$ 和 $\boldsymbol{d}_1$,就可以得到第一对典型变量 $\boldsymbol{u}_1$ 和 $\boldsymbol{v}_1$。

第一对典型变量的典型相关系数为

$$r_1 = \nu_1 = \sqrt{\lambda_1} \tag{8.43}$$

类似地,可以求出 $\boldsymbol{X}$ 和 $\boldsymbol{Y}$ 的第二对典型变量($\boldsymbol{u}_2$,$\boldsymbol{v}_2$),其方差为 1,且与($\boldsymbol{u}_1$,$\boldsymbol{v}_1$)不相关,它们具有次大相关系数。依次进行下去,求出 q 个特征根 $\lambda_i(i=1,2,\cdots,q)$ 及相应的载荷特征向量,并由 $\boldsymbol{c}_i$、$\boldsymbol{d}_i$($i=1,2,\cdots,q$)得到 q 对典型变量及其相关系数。

8.2.1.4 典型相关系数的显著性检验

对于 q 对典型相关变量,其相关是否显著需要进行检验。将问题化为典型相关系数为 0 的假设检验。采用大样本的 χ^2 检验。将特征根按由大到小排列 $\lambda_1^2 \geqslant \lambda_2^2 \geqslant \cdots \geqslant \lambda_q^2$。令

$$L_1 = (1-\lambda_1^2)(1-\lambda_2^2)\cdots(1-\lambda_q^2) \tag{8.44}$$

对于较大的样本量 n,在两组变量总体不相关的假设下,统计量

$$\chi_1^2 = -\left[(n-1) - \frac{1}{2}(p+q+1)\right]\ln L_1 \tag{8.45}$$

近似地遵从自由度为 $p \times q$ 的 χ^2 分布。选定显著性水平 α,查 χ^2 分布表(附表 4),若 $\chi_1^2 > \chi_\alpha^2$ 则认为第一个典型相关系数是显著的。表明第一对典型变量显著相关。

减去第一个典型相关系数 λ_1^2,这时令

$$L_2 = (1-\lambda_2^2)(1-\lambda_3^2)\cdots(1-\lambda_q^2) \tag{8.46}$$

统计量

$$\chi_2^2 = -\left[(n-2)-\frac{1}{2}(p+q+1)\right]\ln L_2 \tag{8.47}$$

近似地遵从自由度为$(p-1)(q-1)$的 χ^2 分布。若 $\chi_2^2>\chi_\alpha^2$，则第二个典型相关系数是显著的，也就是说第二对典型变量显著相关。依次进行下去，这样可以找到反映两组变量相互联系的 k 对典型变量。

8.2.1.5 典型回归

通过显著性检验的典型变量代表了两变量场之间的线性协方差关系的主要信息，且又相互独立。利用这种典型相关，可以建立两变量场的典型回归方程。

假设找到 k 对典型变量，那么，变量场 $\boldsymbol{Y}$ 的典型变量矩阵 $\boldsymbol{V}_{k\times n}$ 与变量场 $\boldsymbol{X}$ 的典型变量矩阵 $\boldsymbol{U}_{k\times n}$ 满足

$$\boldsymbol{V} = \boldsymbol{\Lambda}^{\frac{1}{2}}\boldsymbol{U} \tag{8.48}$$

式中

$$\begin{cases}\boldsymbol{\Lambda}^{\frac{1}{2}} = \begin{bmatrix}\sqrt{\lambda_1} & 0 & \cdots & 0 \\ 0 & \sqrt{\lambda_2} & \cdots & 0 \\ \vdots & \vdots & & \vdots \\ 0 & 0 & \cdots & \sqrt{\lambda_k}\end{bmatrix} \\ \boldsymbol{U} = \boldsymbol{C}^{\mathrm{T}}\boldsymbol{X}\end{cases} \tag{8.49}$$

这里

$$\begin{cases}\boldsymbol{C}^{\mathrm{T}} = (c_1, c_2, \cdots, c_k) \\ \boldsymbol{V} = \boldsymbol{D}^{\mathrm{T}}\boldsymbol{Y}\end{cases} \tag{8.50}$$

其中

$$\boldsymbol{D}^{\mathrm{T}} = (d_1, d_2, \cdots, d_k)$$

将式(8.49)和(8.50)代入式(8.48),得

$$\boldsymbol{D}^{\mathrm{T}}\boldsymbol{Y}=\boldsymbol{\Lambda}^{\frac{1}{2}}\boldsymbol{C}^{\mathrm{T}}\boldsymbol{X} \tag{8.51}$$

对式(8.51)两边左乘 $\boldsymbol{D}$ 再求解:

$$\boldsymbol{Y}=(\boldsymbol{D}\boldsymbol{D}^{\mathrm{T}})^{-1}\boldsymbol{D}\boldsymbol{\Lambda}^{\frac{1}{2}}\boldsymbol{C}^{\mathrm{T}}\boldsymbol{X} \tag{8.52}$$

由于

$$\boldsymbol{D}^{\mathrm{T}}\boldsymbol{S}_{\mathrm{yy}}\boldsymbol{D}=\boldsymbol{I} \tag{8.53}$$

对式(8.53)左乘 $\boldsymbol{D}$,右乘 $\boldsymbol{D}^{\mathrm{T}}$,得

$$\begin{cases}\boldsymbol{D}\boldsymbol{D}^{\mathrm{T}}\boldsymbol{S}_{yy}\boldsymbol{D}\boldsymbol{D}^{\mathrm{T}}=\boldsymbol{D}\boldsymbol{D}^{\mathrm{T}}\\ \boldsymbol{S}_{yy}=(\boldsymbol{D}\boldsymbol{D}^{\mathrm{T}})^{-1}\end{cases} \tag{8.54}$$

将式(8.54)代入式(8.52),得

$$\boldsymbol{Y}=\boldsymbol{S}_{yy}\boldsymbol{D}\boldsymbol{\Lambda}^{\frac{1}{2}}\boldsymbol{C}^{\mathrm{T}}\boldsymbol{X} \tag{8.55}$$

8.2.2 计算步骤

典型相关分析的计算步骤如下。

(1)对变量场 $\boldsymbol{X}$ 和 $\boldsymbol{Y}$ 进行标准化预处理。

(2)计算标准化后的变量场 $\boldsymbol{X}$ 的协方差矩阵 $\boldsymbol{S}_{xx}$、变量场 $\boldsymbol{Y}$ 的协方差矩阵 $\boldsymbol{S}_{yy}$ 和两变量场交叉协方差矩阵 $\boldsymbol{S}_{xy}$。

(3)解方程

$$(\boldsymbol{S}_{yy}^{-1}\boldsymbol{S}_{yx}\boldsymbol{S}_{xx}^{-1}\boldsymbol{S}_{xy}-\lambda\boldsymbol{S}_{yy})\boldsymbol{d}=0$$

用奇异值分解计算方法求出 $\boldsymbol{S}_{yy}^{-1}\boldsymbol{S}_{yx}\boldsymbol{S}_{xx}^{-1}\boldsymbol{S}_{xy}$ 矩阵的特征值 $\lambda_1\geqslant\lambda_2\geqslant\cdots\geqslant\lambda_q$ 及对应的载荷特征向量 $\boldsymbol{d}_1,\boldsymbol{d}_2,\cdots,\boldsymbol{d}_q$。

(4)利用特征值 λ_i 和荷载特征向量 $\boldsymbol{d}_i$ 求 $\boldsymbol{c}_i$。

$$\boldsymbol{c}_i=\frac{\boldsymbol{S}_{xx}^{-1}\boldsymbol{S}_{xy}\boldsymbol{d}_i}{\sqrt{\lambda_i}}\qquad i=1,2,\cdots,q$$

(5)计算典型变量

$$\begin{cases} \boldsymbol{U}_i = \boldsymbol{c}_i^{\mathrm{T}} \boldsymbol{X} \\ \boldsymbol{V}_i = \boldsymbol{d}_i^{\mathrm{T}} \boldsymbol{Y} \end{cases} \qquad i=1,2,\cdots,q$$

(6)求典型相关系数

$$r_i = \sqrt{\lambda_i} \qquad i = 1,2,\cdots,q$$

(7)对典型相关系数进行显著性检验。

(8)如果需要,利用式(8.55)建立典型回归方程。

8.2.3 计算结果分析

对于典型相关计算结果,大致可以进行以下几方面的分析。

(1)典型相关系数。典型相关系数反映了两典型变量场之间的相关程度。通过显著性检验的典型相关系数越大,表明两典型变量场之间的相关越密切。

(2)典型载荷特征向量。变量场经过标准化处理,典型载荷特征向量的元素 $c_{11}, c_{21}, \cdots, c_{p1}, \cdots, d_{11}, d_{21}, \cdots, d_{q1} \cdots$ 就是相应变量的权重系数。由一对典型变量的特征向量构成两变量场的一对典型场。通过载荷特征向量各分量的数值和符号分析两典型场之间同时或滞后的相关关系。权重绝对值大的空间区域有可能提供有价值的信号。

(3)典型变量序列。将两变量场 n 次观测标准化资料逐一代入式(8.21)和(8.23),可以得到典型变量的时间序列。通过该序列分析典型变量随时间的演变特征和规律。

(4)分别计算显著典型变量与对应的原变量场的相关系数,得到两变量场的空间相关分布模态。相关分布型在一定程度上反映了两变量场的遥相关特征。以研究两变量场相关结构为主要目的,就是以这种相关模态为分析对象,从相关模态中检测出显著典型变量反映两变量场相互作用的敏感区域。

应用实例[8.1] 作为计算实例,这里给出简单两组变量的典型相关计算结果。第一组变量 $\boldsymbol{Y}$ 取长江流域 1951—1996 年 6、7、8 月降水量,记为 y_1、y_2、y_3。第二组变量 $\boldsymbol{X}$ 取 1951—1996 年 5 月西太平洋副热带高压(简称副高)面积指数、副高脊线和副高西伸脊点,记为 x_1、

x_2、x_3。这里 $q=3, p=3, n=46$。

变量标准化处理后，实施上述计算步骤，得到载荷典型变量特征向量：

$$\begin{cases} \boldsymbol{U}=\begin{bmatrix} -0.3852 & -1.1230 & 0.8323 \\ -0.5153 & 0.4398 & 0.7946 \\ 0.5024 & -0.6354 & 1.2229 \end{bmatrix}=[u_1\ u_2\ u_3] \\ \boldsymbol{V}=\begin{bmatrix} -0.8099 & 0.6228 & 0.3898 \\ 0.1000 & -0.9999 & 0.5212 \\ -0.6457 & -0.1571 & -0.8006 \end{bmatrix}=[v_1\ v_2\ v_3] \end{cases}$$

典型相关系数：$r_1=0.5251, r_2=0.2693, r_3=0.0126$，经显著性检验第一典型相关系数 r_1 是显著的。那么，第一对典型变量为

$$\begin{cases} u_1=-0.3852x_1-0.5153x_2+0.5024x_3 \\ v_1=-0.8099y_1+0.1000y_2-0.6457y_3 \end{cases}$$

由上式可以得到第一典型变量逐年（1951—1996 年）值的序列，列于表 8.1。

计算第一典型变量与原两组变量的相关系数：

$$UR_1=-0.71,\quad UR_2=-0.58,\quad UR_3=0.86,$$

$$VR_1=-0.78,\quad VR_2=-0.39,\quad VR_3=-0.63。$$

从相关系数可以看出，在前期西太平洋副高与长江流域夏季降水的关系中，西伸脊点与夏季降水量有较大的正相关，说明它在二者的关系中起主要作用。另外，副高面积指数与夏季降水量有较明显的负相关。副高与长江流域夏季降水量的关系主要反映在 6 月和 8 月，即与这两个月的降水量关系密切。

表 8.1 1951—1996 年第一典型变量逐年值

				u_1				
1951—1958	0.336	0.338	0.405	−1.343	−1.194	−0.972	2.354	−0.608
1959—1966	−0.418	−0.277	−0.853	−0.879	0.210	−0.730	−0.172	0.877
1967—1974	2.306	2.401	−0.734	−0.248	0.257	0.521	−0.547	2.401
1975—1982	0.569	2.259	−0.358	−0.112	−0.232	−0.537	−0.260	−0.680
1983—1990	−0.849	−0.077	0.545	1.151	−0.381	−0.260	0.097	0.202
1991—1996	−0.924	−0.049	−0.902	−1.282	−0.808	−0.545		
				v_1				
1951—1958	0.881	0.420	−0.082	−2.446	−1.641	−0.667	0.226	1.074
1959—1966	0.523	0.682	0.550	−0.786	0.966	0.046	0.020	1.442
1967—1974	0.973	1.651	−1.029	0.327	−0.008	0.797	−0.266	0.729
1975—1982	−1.140	0.499	−1.196	1.662	0.220	−2.561	1.348	−0.313
1983—1990	−0.677	−0.477	1.620	0.417	0.172	−0.870	−0.350	0.091
1991—1996	0.511	0.429	−0.903	−1.043	−1.298	−0.523		

8.3 BP 典型相关分析

在使用典型相关分析时，要求样本量 n 大于两组变量的个数或两个变量场空间点数 p、q，以保证典型变量的稳定性。采取限制变量个数或空间点数的方式，有可能损失有价值的信息。Barnett 等 (1987) 提出了一种典型相关分析的新计算格式，既解决了上述问题，又使计算得到了简化，人们将此方法称为 BP 典型相关分析(BPCCA)。

利用典型相关分析两变量场相关关系时，首先构造各组变量的组合变量，然后再讨论两场组合变量之间的关系。而 BPCCA 直接用两变量场的主分量来讨论它们之间的关系。

8.3.1 方法概述

假设有标准化处理后的两组变量或两个变量场，一组变量或一个场 $\boldsymbol{X}$ 有 p 个变量或空间点，n 个样本量；另一组变量或另一个场 $\boldsymbol{Y}$ 有 q 个变量或空间点，n 个样本量。两场 EOF 分解的线性表达式分别为

$$\boldsymbol{x}_i(t) = \sum_{j=1}^{p_1} \lambda_j^{1/2} \boldsymbol{a}_j(t) \boldsymbol{v}_j(i) \qquad i = 1,2,\cdots,p; \quad t = 1,2,\cdots,n \tag{8.56}$$

$$\boldsymbol{y}_i(t) = \sum_{k=1}^{q_1} \mu_k^{1/2} \boldsymbol{b}_k(t) \boldsymbol{e}_k(i) \qquad i = 1,2,\cdots,q; \quad t = 1,2,\cdots,n \tag{8.57}$$

式中，λ_j、$\boldsymbol{v}_j(i)$分别是 $\boldsymbol{X}$ 场协方差阵 $\boldsymbol{S}_{xx}$ 的前 p_1 个特征值及其对应的特征向量；μ_k、$\boldsymbol{e}_k(i)$则分别是 $\boldsymbol{Y}$ 场协方差阵 $\boldsymbol{S}_{yy}$ 的前 q 个特征值及其对应的特征向量。$\boldsymbol{a}_j(t)$和 $\boldsymbol{b}_k(t)$分别为 $\boldsymbol{X}$ 和 $\boldsymbol{Y}$ 的主分量。

$\boldsymbol{X}$ 场主分量 $\boldsymbol{a}_j(t)$是由特征值 λ_j 对应的时间系数 $\boldsymbol{t}_j(t)$得到的，

$$\boldsymbol{a}_j(t) = \frac{1}{\sqrt{\lambda_j}} \boldsymbol{t}_j(t) \tag{8.58}$$

类似地，$\boldsymbol{Y}$ 场主分量 $\boldsymbol{b}_k(t)$是由特征值 μ_k 对应的时间系数 $f_k(t)$得到的，

$$\boldsymbol{b}_k(t) = \frac{1}{\sqrt{\mu_k}} \boldsymbol{f}_k(t) \tag{8.59}$$

截取前 p_1 和前 q_1 个主分量构成变量场的两组新变量进行典型相关分析。这样，既能满足 $n > p_1$、q_1 的条件，且达到样本量 n 与变量数 p_1、q_1 之比大于 2 的标准。

这时，变量场 $\boldsymbol{X}$ 的主分量资料矩阵为

$$\boldsymbol{A} = \begin{bmatrix} a_1 \\ a_2 \\ \vdots \\ a_{p_1} \end{bmatrix} = \begin{bmatrix} a_{11} & a_{12} & \cdots & a_{1n} \\ a_{21} & a_{22} & \cdots & a_{2n} \\ \vdots & \vdots & & \vdots \\ a_{p_1 1} & a_{p_1 2} & \cdots & a_{p_1 n} \end{bmatrix} \tag{8.60}$$

变量 $\boldsymbol{Y}$ 的主分量资料矩阵为

$$\boldsymbol{B} = \begin{bmatrix} b_1 \\ b_2 \\ \vdots \\ b_{q_1} \end{bmatrix} = \begin{bmatrix} b_{11} & b_{12} & \cdots & b_{1n} \\ b_{21} & b_{22} & \cdots & b_{2n} \\ \vdots & \vdots & & \vdots \\ b_{q_1 1} & b_{q_1 2} & \cdots & b_{q_1 n} \end{bmatrix} \tag{8.61}$$

与典型相关一样，$\boldsymbol{X}$ 场主分量矩阵 $\boldsymbol{A}$（式(8.60)）的协方差矩阵为 $\boldsymbol{S}_{aa}$，$\boldsymbol{Y}$ 场主分量矩阵 $\boldsymbol{B}$（式(8.61)）的协方差矩阵为 $\boldsymbol{S}_{bb}$，两场主分量的交叉协方差矩阵为 $\boldsymbol{S}_{ab}$。

变量场 $\boldsymbol{X}$ 的 p_1 个主分量的 BP 线性组合为：

$$\boldsymbol{u}_1 = c_{11}a_1 + c_{21}a_2 + \cdots + c_{p_1 1}a_{p1} \tag{8.62}$$

式中的 $c_{11}, c_{21}, \cdots, c_{p_1 1}$ 可以表示为

$$\boldsymbol{C}_1 = (c_{11} \quad c_{21} \quad \cdots \quad c_{p_1 1})$$

变量场 $\boldsymbol{Y}$ 的 q_1 个主分量的 BP 线性组合为

$$\boldsymbol{v}_1 = d_{11}b_1 + d_{21}b_2 + \cdots + d_{q_1 1}b_{q_1} \tag{8.63}$$

式中，$d_{11}, d_{21}, \cdots, d_{q_1 1}$ 可以表示为

$$\boldsymbol{D}_1 = (d_{11} \quad d_{21} \quad \cdots \quad d_{q_1 1})$$

与典型相关的基本思想一致，由线性组合构成的新的一对变量 $(\boldsymbol{u}_1, \boldsymbol{v}_1)$，它们之间有最大相关系数。$(\boldsymbol{u}_1, \boldsymbol{v}_1)$ 被称为第一对 BP 典型变量，$c_{11}, c_{21}, \cdots, c_{P_1 1}$ 和 $d_{11}, d_{21}, \cdots, d_{q_1 1}$ 为相应的 BP 典型变量的载荷特征向量。

BP 典型相关系数为

$$\boldsymbol{r}_1 = \frac{1}{n}\boldsymbol{u}_1 \quad \boldsymbol{v}_1^{\mathrm{T}} = \boldsymbol{c}_1^{\mathrm{T}}\boldsymbol{S}_{ab}\boldsymbol{d}_1 \tag{8.64}$$

与典型相关分析相同，选取最优化特征的主分量的典型变量是求解极值问题。按照 8.2 节中介绍的典型相关分析的一系列步骤，依次得到 $(\boldsymbol{u}_1, \boldsymbol{v}_1), (\boldsymbol{u}_2, \boldsymbol{v}_2), \cdots$ 对相互独立的典型变量。

8.3.2 计算步骤

归纳起来 BP 典型相关分析步骤如下。

(1)对变量场 $\boldsymbol{X}$ 和 $\boldsymbol{Y}$ 做标准化预处理。

(2)对标准化后的两个变量场分别进行 EOF 分析。将变量场 $\boldsymbol{X}$ 投影到前 p_1 个 EOF 上，将变量场 $\boldsymbol{Y}$ 投影到前 q_1 个 EOF 上。这样分

别截取到 p_1 和 q_1 个特征值及相应的特征向量及时间系数。

(3)利用式(8.58)和(8.59)分别计算出两变量场的主分量,构造出主分量矩阵 $\boldsymbol{A}$ 和 $\boldsymbol{B}$。

(4)分别计算主分量矩阵 $\boldsymbol{A}$ 的协方差矩阵 $\boldsymbol{S}_{aa}$、主分量矩阵 $\boldsymbol{B}$ 的协方差矩阵 $\boldsymbol{S}_{bb}$、两主分量矩阵的交叉协方差矩阵 $\boldsymbol{S}_{ab}$。

(5)执行典型相关计算步骤(8.2.2 节)中的步骤(3)~(7)。

8.3.3 计算结果分析

BPCCA 主要用于研究大尺度的气候变量场的耦合特征,尤其适用于样本量小于空间点数的变量场。它计算简便、物理含义清楚,且可以得到稳定的典型变量。因此,BPCCA 在气候诊断研究中更具实用性。但是应注意,其计算结果可能会与普通 CCA 略有不同。CCA 以考查两个变量场的整个交叉协方差结构为出发点,BPCCA 则是从两变量场主要特征的协方差结构中提取其典型相关。因此,结果会有差别。当然,如果取两变量场所有的主分量时,即取的特征值个数与空间点数相等时,$\boldsymbol{A}$ 和 $\boldsymbol{B}$ 是方阵,可以证明,BPCCA 与 CCA 的计算结果完全一致。

计算典型变量与对应变量场之间的相关系数矩阵,以此分析两变量场的遥相关特征。当然,也可以由物理因子序列构成因子变量组;另一个是某一区域变量场,用 BPCCA 研究变量场与因子变量组之间的相互关系,检测各个因子对变量场变化的影响程度及敏感区域(江志红 等,1997),这也是 BPCCA 在气候变化成因分析中常用的一种方式。

8.4 奇异值分解

Prohaska (1976)提出将 EOF 分析技术直接用于两气象场的交叉相关系数场的分解计算方案,旨在最大限度地分离出两场的高相关区,以此了解成对变量场之间相关系数场的空间结构及各自对相关场的贡献。其基本做法如下:对标准化的空间大小及样本量形如式(8.13)和

(8.14)的变量场 **X** 和 **Y**,计算交叉相关系数：

$$S_{ij}=\frac{1}{n}\sum_{t=1}^{n}x_i(t)y_j(t)\quad i=1,2,\cdots,p;\quad j=1,2,\cdots,q \tag{8.65}$$

由式(8.65)得到 p 个站点的标准化时间序列与 q 个站点标准化时间序列之间的相关系数。假定 $q>p$,计算平均乘积：

$$h_{lm}=\frac{1}{q}\sum_{k=1}^{q}s_{lk}s_{mk}\qquad l,m=1,2,\cdots,p \tag{8.66}$$

由元素 h_{lm} 构成的矩阵 **H** 为对称阵,其特征向量形成正交系。这时,有矩阵方程：

$$(\boldsymbol{H}-\lambda_k\boldsymbol{I})\boldsymbol{U}=0 \tag{8.67}$$

式中,**I** 为单位矩阵,λ 和 **U** 分别为特征值和特征向量。求解式(8.67)得到特征值 λ_k 和特征向量 **U**。由特征向量和原相关系数矩阵定义

$$v_{kj}=\sum_{i=1}^{p}s_{ij}u_{ik} \tag{8.68}$$

因此,原相关系数矩阵被分离为两部分的线性组合

$$s_{ij}=\sum_{k=1}^{p}v_{kj}u_{ik} \tag{8.69}$$

空间分布型 **U** 表示 **X** 场对相关系数场的贡献,另一空间分布型 **V** 表示 **Y** 场对相关系数场的贡献。

Prohaska (1976)将这一方案用于诊断美国月平均地面气温与北太平洋海平面气压之间的关系。徐瑞珍等 (1982) 参考 Prohaska (1976)的做法,分析了 500 hPa 6—8 月平均高度与同期中国东部地面温度场的相关,之后相继见到将这一做法使用到两变量场关系分析的工作中(Lanzante,1984)。Bretherton 等 (1992)和 Wallace 等(1992)从矩阵理论中的奇异值分解定理出发,较系统地描述了这一方法的原理和计算,将这种分析方法冠以“奇异值分解”(Singular Value Decomposition,SVD)的名称,并对两变量耦合场分解的几种方法做了比较。此后,SVD 在气候诊断方面的应用显著增多。同时,有关这一方法的使用条件,其结果的真实性及它与 EOF 和 CCA 关联的讨论也异常活跃(Shen et al. ,1995;Newman et al. ,1995;施能,1996,1997)。这里给出以奇异值分解定理为依据的计算格式。

8.4.1 方法概述

设有两个变量场,这里不妨称一个场为左场,由 p 个空间点构成,样本量为 n,记为矩阵 $\boldsymbol{X}$。另一个场称为右场,由 q 个空间点构成,样本量亦为 n,记为 $\boldsymbol{Y}$。$\boldsymbol{X}$、$\boldsymbol{Y}$ 中的元素均已做过标准化处理。

8.4.1.1 奇异值分解

假设两场之间交叉协方差矩阵为 $\boldsymbol{S}_{p\times q}$。对任何一个 $p\times q$ 阶实非对称矩阵 $\boldsymbol{S}$ 的奇异值分解,都可以得到

$$\boldsymbol{S} = \boldsymbol{L}\begin{bmatrix}\boldsymbol{\Lambda}_m & 0 \\ 0 & 0\end{bmatrix}\boldsymbol{R}^{\mathrm{T}} \tag{8.70}$$

式(8.70)的分量形式:

$$\boldsymbol{S} = \sum_{k=1}^{m}\lambda_k \boldsymbol{l}_k \boldsymbol{r}_k^{\mathrm{T}} \qquad m \leqslant \min(p,q) \tag{8.71}$$

这里向量 $\boldsymbol{l}_k$ 有 m 个,相互正交,称为左奇异向量,向量 $\boldsymbol{r}_k$ 有 m 个,亦相互正交,称为右奇异向量。

SVD 的目的就是要寻找两变量场的线性组合,即由左、右两场分别构造两个矩阵:

$$\boldsymbol{U} = \boldsymbol{L}^{\mathrm{T}}\boldsymbol{X} \tag{8.72a}$$

$$\boldsymbol{V} = \boldsymbol{R}^{\mathrm{T}}\boldsymbol{Y} \tag{8.72b}$$

为了唯一地分解式(8.70),令 $\boldsymbol{L}$ 和 $\boldsymbol{R}$ 符合正交化向量的条件,即

$$\boldsymbol{L}\boldsymbol{L}^{\mathrm{T}} = \boldsymbol{I} \tag{8.73a}$$

$$\boldsymbol{R}\boldsymbol{R}^{\mathrm{T}} = \boldsymbol{I} \tag{8.73b}$$

同时使矩阵 $\boldsymbol{U}$、$\boldsymbol{V}$ 之间有极大化协方差

$$\mathrm{COV}(\boldsymbol{U},\boldsymbol{V}) = \boldsymbol{L}^{\mathrm{T}}\boldsymbol{S}\boldsymbol{R} = \text{最大} \tag{8.74}$$

根据条件极值求解，可以推导出

$$\begin{cases} \boldsymbol{S}^{\mathrm{T}}\boldsymbol{L} = \lambda_k \boldsymbol{R} \\ \boldsymbol{S}\boldsymbol{R} = \lambda_k \boldsymbol{L} \end{cases} \quad k = 1,2,\cdots,m \tag{8.75}$$

式(8.75)写成矩阵形式，即为式(8.70)。非负值 λ_k 为特征值，在奇异值分解中称为奇异值，$\lambda_1 \geqslant \lambda_2 \geqslant \cdots \geqslant \lambda_m > 0$。实对称矩阵 $\boldsymbol{S}^{\mathrm{T}}\boldsymbol{S}$ 的特征值和特征向量为 λ_k 和 $\boldsymbol{R}$，$\boldsymbol{S}\boldsymbol{S}^{\mathrm{T}}$ 的特征值和特征向量为 λ_k 和 $\boldsymbol{L}$。两个矩阵的特征值 λ_k 是相同的，即

$$\begin{cases} (\boldsymbol{S}\boldsymbol{S}^{\mathrm{T}} - \lambda_k \boldsymbol{I})\boldsymbol{L} = 0 \\ (\boldsymbol{S}^{\mathrm{T}}\boldsymbol{S} - \lambda_k \boldsymbol{I})\boldsymbol{R} = 0 \end{cases} \tag{8.76}$$

用 $\boldsymbol{L}$ 左乘式(8.72)，并运用式(8.73)导出左变量场展开式

$$\boldsymbol{X} = \boldsymbol{L}\boldsymbol{U} \tag{8.77}$$

式中，$\boldsymbol{U}$ 为左场的时间系数矩阵，记为向量形式：

$$\boldsymbol{U}(t) = \begin{bmatrix} u_1(t) \\ u_2(t) \\ \vdots \\ u_m(t) \end{bmatrix} \tag{8.78}$$

同理，右变量场展开式

$$\boldsymbol{Y} = \boldsymbol{R}\boldsymbol{V} \tag{8.79}$$

式中，$\boldsymbol{V}$ 为右场的时间系数矩阵，记为向量形式：

$$\boldsymbol{V}(t) = \begin{bmatrix} v_1(t) \\ v_2(t) \\ \vdots \\ v_m(t) \end{bmatrix} \tag{8.80}$$

由式(8.77)和(8.79)可见，SVD 相当于将左、右变量场分解为左、右奇异向量的线性组合。每一对奇异向量和相应的时间系数确定了一对 SVD 模态。

8.4.1.2 方差贡献

每对奇异向量方差贡献为

$$\mathrm{SCF}_k = \lambda_k^2 \Big/ \sum_{i=1}^{m} \lambda_i^2 \tag{8.81}$$

前 k 对奇异向量累积方差贡献为

$$\mathrm{CSCF}_k = \sum_{i=1}^{k} \lambda_i^2 \Big/ \sum_{i=1}^{m} \lambda_i^2 \tag{8.82}$$

8.4.1.3 相关系数

一旦由 SVD 得到时间系数矩阵 $\boldsymbol{U}$、$\boldsymbol{V}$，就可以定义每对奇异向量的时间系数 $\boldsymbol{U}$ 和 $\boldsymbol{V}$ 之间的相关系数：

$$r_k(\boldsymbol{U},\boldsymbol{V}) = \frac{\mathrm{E}[u_k(t)v_k(t)]}{\mathrm{E}[u_k(t)]^{1/2}\mathrm{E}[v_k(t)]^{1/2}} \tag{8.83}$$

式中，$r_k(\boldsymbol{U},\boldsymbol{V})$表示每对奇异向量之间线性组合相关关系的密切程度，与 CCA 中的典型相关系数类似，反映的是典型变量场总体相关状况。

左变量场 $\boldsymbol{X}$ 与右奇异向量的时间系数 $\boldsymbol{V}$ 之间的相关系数为

$$r_k(\boldsymbol{X},\boldsymbol{V}) = \frac{\mathrm{E}[x_i(t)v_k(t)]}{\mathrm{E}[x_i^2(t)]^{1/2}\mathrm{E}[v_k^2(t)]^{1/2}} = \frac{\lambda_k r_k}{\mathrm{E}[v_k^2(t)]^{1/2}} \tag{8.84}$$

右变量场 $\boldsymbol{Y}$ 与左奇异向量的时间系数 $\boldsymbol{U}$ 之间的相关系数为

$$r_k(\boldsymbol{Y},\boldsymbol{U}) = \frac{\mathrm{E}[y_i(t)u_k(t)]}{\mathrm{E}[y_i^2(t)]^{1/2}\mathrm{E}[u_k^2(t)]^{1/2}} = \frac{\lambda_k l_k}{\mathrm{E}[u_k^2(t)]^{1/2}} \tag{8.85}$$

式(8.84)和(8.85)的相关系数分布型代表两变量场相互关系的分布结构，显著相关区则是两变量场相互作用的关键区域。通常将 $r_k(\boldsymbol{X},\boldsymbol{V})$

和 $r_k(\boldsymbol{Y},\boldsymbol{U})$称为异性相关系数。

同样,可以定义同性相关系数

$$r_k(\boldsymbol{X},\boldsymbol{U}) = \frac{\mathrm{E}[x_i(t)u_k(t)]}{\mathrm{E}[x_i^2(t)]^{1/2}\mathrm{E}[u_k^2(t)]^{1/2}} = \frac{\lambda_k l_k}{\mathrm{E}[u_k^2(t)]^{1/2}} \tag{8.86}$$

$$r_k(\boldsymbol{Y},\boldsymbol{V}) = \frac{\mathrm{E}[y_i(t)v_k(t)]}{\mathrm{E}[y_i^2(t)]^{1/2}\mathrm{E}[v_k^2(t)]^{1/2}} = \frac{\lambda_k r_k}{\mathrm{E}[v_k^2(t)]^{1/2}} \tag{8.87}$$

由于数据是经标准化处理的,因此,每对奇异向量的时间系数与该场之间的相关分布就是该对向量的空间分布型,它们在一定程度上代表了两变量场的遥相关型。

8.4.1.4 显著性检验

从统计意义上讲,SVD 像 CCA 一样,要求样本量 n 大于两变量场的空间点数 p 和 q,以得到有统计意义的 SVD 模态。但是,在气候研究问题中,往往变量场的空间点数比样本量大得多,计算结果究竟是信号还是噪声需要进行显著性检验。通常采用蒙特卡罗技术检验 SVD 模态的显著性。

假设实测资料计算出的奇异值 λ_k 均是按大小排序的,即 $\lambda_1 \geqslant \lambda_2 \geqslant \cdots \geqslant \lambda_m$,计算它们的方差贡献:

$$C_k = \frac{\lambda_k}{\sum_{i=1}^{m} \lambda_i}$$

根据左变量场空间点数 p、右变量场空间点数 q 及其样本量 n,利用随机数发生器生成高斯分布随机序列的两个资料矩阵,进行 100 次模拟 SVD 计算。每次模拟后均用奇异值 δ_k 计算方差贡献:

$$U_k^r = \delta_k^r / \sum_{i=1}^{m} \delta_i^r \qquad k = 1,2,\cdots,m; \quad r = 1,2,\cdots,100$$

将 U_k^r 排序

$$U_k^1 \leqslant U_k^2 \leqslant \cdots \leqslant U_k^{100} \qquad k = 1,2,\cdots,m$$

如果

$$C_k > U_k^{95}$$

则认为第 k 对 SVD 模态在 95%显著性水平上是显著的。

8.4.2 计算步骤

SVD 的计算过程如图 8.1 所示。

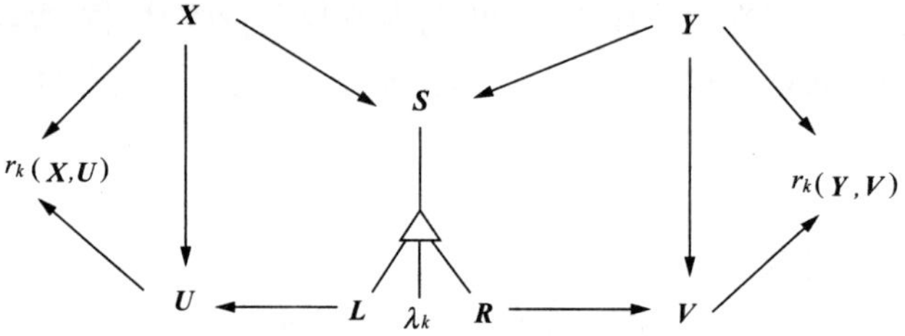

图 8.1 SVD 计算流程

SVD 的具体计算步骤为：

(1)由左变量场 $\boldsymbol{X}$ 和右变量场 $\boldsymbol{Y}$ 计算交叉协方差矩阵 $\boldsymbol{S}$。

(2)对实非对称矩阵做奇异值分解，得到奇异值 $\boldsymbol{\lambda}_k$ 及左奇异向量 $\boldsymbol{L}$ 和右奇异向量 $\boldsymbol{R}$。

(3)根据左变量场 $\boldsymbol{X}$ 及左奇异向量 $\boldsymbol{L}$ 算出时间系数矩阵 $\boldsymbol{U}$。由右变量场 $\boldsymbol{Y}$ 及右奇异向量 $\boldsymbol{R}$ 算出时间系数矩阵 $\boldsymbol{V}$。

(4)利用式(8.83)计算奇异向量的时间系数 $\boldsymbol{U}$ 和 $\boldsymbol{V}$ 之间的相关系数。利用式(8.84)—(8.87)分别计算同性相关系数和异性相关系数。

(5)计算每对奇异向量的方差贡献及累积方差贡献。

(6)用蒙特卡罗技术对奇异向量做显著性检验。

8.4.3 计算结果分析

对 SVD 的计算结果主要进行如下分析。

(1)从奇异向量的方差贡献及累积方差贡献了解某一对显著 SVD 模态及前几对显著 SVD 模态所占的方差比例。

(2)由奇异向量时间系数之间的相关系数 $r_k(\boldsymbol{U},\boldsymbol{V})$ 了解两变量场的显著空间分布型总体的相关程度。

(3)分析异性相关系数场，寻找一个场对另一个场相互影响的关键区。

(4)由于成对奇异向量是由两变量场的交叉协方差阵求出的，其中一个场的奇异向量对应的时间系数包容了另一个场的信息。因此，成对奇异向量的时间系数与该场的同性相关分布代表了两场耦合相关的空间结构。若两场线性相关的地域分布达到一定显著性水平，就表示两个变量在这一区域有遥相关特征。当然，由SVD方法得到的仅仅是一些统计事实，表征出的遥相关所包含的更深刻的学术意义及物理机制还需另做研究。

应用实例[8.2] SVD是研究两个气象变量场相关结构的诊断技术，由于计算简便，近来已广泛应用于气候诊断研究中(江志红 等 1995;魏凤英 等 1996,1997,1998)，得到一些有益的研究结果。魏凤英等(1997)取英国哈得来气候中心1951—1990年夏季(6—8月)季平均北美(2.5°～82.5°N,47.5°～157.5°W)5°×5°陆地和海面温度格点资料为左场，中国夏季(6—8月)降水量为右场，其中$p=391$,$q=160$,$n=40$。两变量场标准化处理后进行SVD计算。第一对空间分布型在统计意义上是显著的，其解释总方差的14.75%。这对空间分布型时间系数之间的相关系数$r_k(\boldsymbol{U},\boldsymbol{V})$为0.78，表明这对空间分布型存在密切关系。图8.2为中国夏季降水量与夏季北美陆地温度的第一对空间分布型。

在中国夏季降水量空间分布型(图8.2a)中，内蒙古、西北大部和华南为负相关区，但相关系数不大。东北、华北及黄河至江南的大范围地区为正相关区，高相关中心位于长江中下游地区，相关系数在0.50以上，达到0.001显著性水平。北美陆地温度空间分布型(图8.2b)以正相关为主，高相关区位于60°N以北的高纬度地区，相关系数均在0.40以上。70°N以北相关系数超过0.80。这对空间分布型表明这样的遥相关特征，即当北美高纬度地区的夏季陆地气温升高时，我国长江中下游地区夏季降水量偏多，反之亦然。

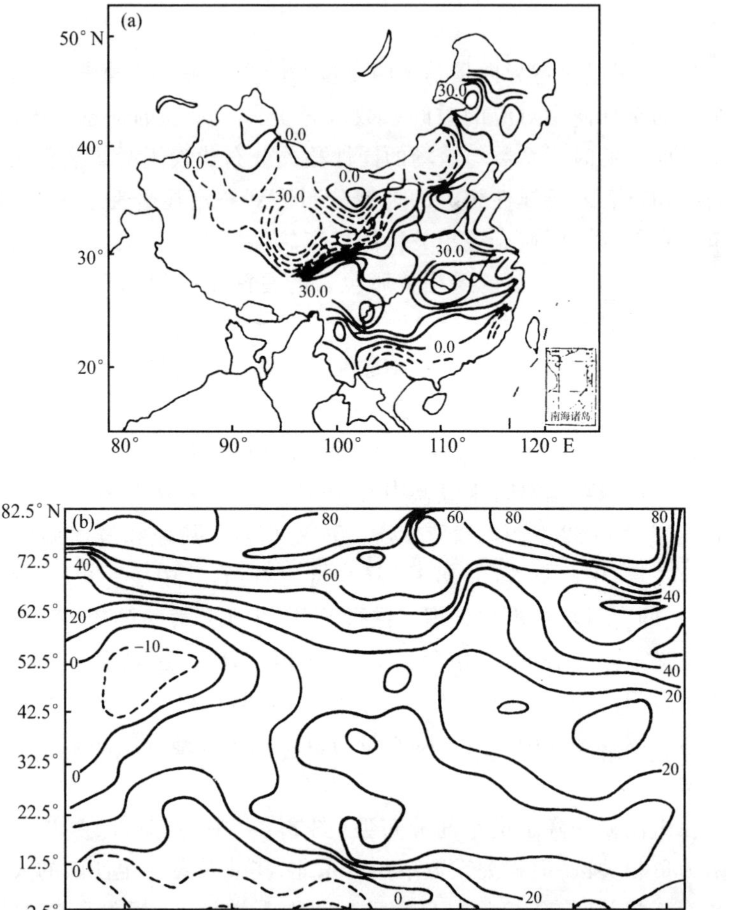

图 8.2 中国夏季降水(a)与北美夏季陆地温度(b)第一空间分布型

8.5 SVD 与 CCA 及有关问题的讨论

8.5.1 SVD 与 CCA

SVD 在大气科学领域是相对比较新的分析方法，而在社会科学领域这一方法早已为人所熟知，并曾引起过讨论。SVD 的目的与 CCA 一样，是要寻找两组变量的线性组合。选取最优化特征的线性组合的准则是

$$\mathrm{COV}(\boldsymbol{U},\boldsymbol{V}) = 最大$$

即在 $\boldsymbol{U}$ 和 $\boldsymbol{V}$ 数学期望为 0，方差为 1 的条件下，使它们之间具有最大可能的协方差。SVD 的计算十分简便，直接对交叉协方差矩阵实施奇异值分解，即可得到非零的、按大小排序的奇异值及对应的左、右奇异向量。最大奇异值对应的奇异向量及时间系数被确定为最佳线性组合模态，视为分析两变量主要相关特征的依据。次大奇异值对应的奇异向量及时间系数被定为第二线性组合模态。因此，有人将 SVD 称为"典型协方差分析"(Cherry，1996)。

CCA 选取最优线性组合的准则，是在 $\boldsymbol{U}$、$\boldsymbol{V}$ 数学期望为 0，方差为 1 的条件下，使典型变量在所有线性组合而成的典型变量中具有最大的相关系数，即

$$r(\boldsymbol{U},\boldsymbol{V}) = 最大$$

在剩余方差中，再寻找与第一对典型变量独立的第二对典型变量，要求具有次大相关系数。依次进行下去……当变量个数较多时，计算过程比较繁杂。

可见，从统计学角度讲，CCA 的求解准则比 SVD 更合理。严格的求解条件确保了前几对典型变量真实地反映两变量场的主要耦合特征。但 SVD 却没有这种保证，有时甚至可以产生虚假的相关。研究表明，特别是在空间点数大于样本量的情况下，产生虚假相关的可能性很大。可以采用两种途径解决这个问题：①避免使用小样本，且对 SVD

模态进行显著性检验;②使用 CCA 的另一种形式——BPCCA 进行分析。BPCCA具有与 CCA 一样严格的求解条件,计算比 CCA 简便,且更适合分析空间点数大于样本量的变量场的相关结构。

8.5.2 有关 SVD 的讨论

SVD 作为寻找两组变量线性组合的方法,在社会科学研究领域早就开始使用,并且早在 20 世纪 70 年代初就有人对该方法的有关问题展开了讨论。Van de Geer (1971)在"模态匹配"范围内讨论了 SVD。1982 年 Müller 在一篇未发表的手稿中进一步简述了有关问题,并将 SVD 称为"典型协方差分析"。Newman 等 (1995)就 SVD 的限制进行了详细的论证,并提出关于 SVD 方法的警告。Cheng 等 (1995)由 SVD 导出了正交旋转的 SVD 形式。Cherry (1996)使用设计的 7 个模拟计算例子对 SVD 模态的真实性提出了疑问。有关详细推导、论证可参阅上述文献。归纳起来,主要有以下几方面内容。

(1)只有在两变量场 $\boldsymbol{X}$ 和 $\boldsymbol{Y}$ 满足以下两个条件时,才能得到真实的 SVD 模态,即①$\boldsymbol{X}$ 和 $\boldsymbol{Y}$ 两个场必须互为正交变换;②两场之一的协方差阵为单位矩阵。否则只能得到近似的 SVD 耦合相关模态。

(2)SVD 希望得到的结果具有一定的物理意义。然而,如何分析 SVD 模态蕴含的物理含义是十分困难的。有工作证明,SVD 分解的基础——两场交叉协方差矩阵不一定是所研究过程的唯一特征,至少在理论上存在无穷个具有相同交叉协方差结构、不同场内协方差结构的过程。所有过程具有相同组奇异值和奇异向量。所设计的 SVD 计算流程中,定义了异性相关系数和同性相关系数,想象由此来帮助解释 SVD 的计算结果。但事实上,它们只是对感兴趣的过程提供了一个连接,解释上仍存在问题,因为它们对奇异向量的时间系数求相关矩阵,不能保证使相关系数达到最大。因而,无法保证分离的耦合相关结构是两变量场具有的真实特征。

(3)按 SVD 的求解条件及做法,它可以被看作是从协方差阵中寻找主成分权重的正交变换方法或可以看作是用前 k 对空间分布型解释最大累积方差的一种方法。

(4)有推导证明,旋转的 SVD 方法可以在很大程度上改善两个场之间的线性相关,或者采用将 **X** 和 **Y** 场分别先投影到 EOF 空间,再进行 SVD,然后再转变到原空间上,以此办法来改善两个场之间的线性相关。

(5)由于 SVD 在理论上存在争议,因此,在使用 SVD 进行气候诊断分析时,除了避免使用小样本和对 SVD 模态进行显著性检验外,在分析其结果时要格外小心,特别是在做两变量场耦合相关的结论时,更要十分谨慎,以免得出虚假的结论。

9 气候信号检测方法

为了更合理地估计外强迫对气候系统的影响，我们需要从历史资料中将大尺度振荡、年际振荡和更长期的气候信号从背景气候变率中分离出来。从气候学的角度而言，气候信号是大气-海洋-冰冻圈系统内部物理过程相互作用的结果，它影响的空间范围和时间尺度非常宽泛，空间尺度大到几千千米，小至几米；时间尺度可从几小时至百万年。气候系统成员的相互作用往往包括不同尺度的正、负反馈作用。

研究、探索气候资料分析方法的主要目的是将气候“信号”从气候背景“噪声”中分离出来。在气候研究中，气候信号的检测主要有 4 个用途：①从假定的人为因素或外部作用中将自然变率的类型识别出来；②利用检测出的气候信号所推断出的物理概念模型，建立气候数值模式；③利用识别出的气候信号，比较模式模拟与观测资料的基本特征，以此验证气候模式的效能；④利用气候信号本身的变化规律预测系统未来的演变趋势。

正是由于气候信号检测具有上述诸多功能，气候信号的检测引起越来越多气候学者的兴趣。与此同时，更多新的、具有更强功效的气候信号检测方法应运而生。本章欲从气候信号与噪声的定义出发，对检测气候信号的方法做一概述，然后就近几年发展的几种新的信号检测方法做详细的介绍。

9.1 气候信号与噪声

气候信号和噪声的定义是什么？很难给出一个明确的答案。但是，可以注意到这样一个事实，即气候资料是高维的观测资料，正是这一基本特征有利于将所有的相位空间分离成“信号”与“噪声”两部分。

其实,气候信号和噪声的定义很大程度上取决于气候研究人员的兴趣,具体什么是信号或噪声是不重要的。在气候研究中,研究人员往往将感兴趣的部分称为信号,而与信号没有关联的部分视为噪声。通常情况下,信号可以是由系统动力学定义的空间或时间上的某个模态,例如,北太平洋海域出现的厄尔尼诺分布模态就是典型的气候信号。气候噪声可能是物理因素或仪器观测造成的,也可能是二者共同引起的。一般情况下,信号的空间和时间尺度要比噪声大,而信号的自由度比噪声小。

对于检测气候信号与噪声的过程,von Storch 等 (1998)曾给出了一个直观而形象的描述。其大意是,气候研究中所使用的大量资料是信号与噪声的一个复杂混合体,统计分析的目的就是解开这个混合体,这一过程相当于在"大海"(噪声)中捞"针"(信号)。这个比喻表明,"大海捞针"过程是困难的,同时也表明,"针"一旦找到,描述"针"的特征是容易的。为了寻找气候信号,就需要发展一些行之有效的方法。而一旦信号找到,就可以利用诸如合成、相关等简单分析方法对其进行描述。

9.2 气候信号检测方法概述

根据研究的目的和需求,人们使用某些手段设法将那些反映规律性和特征的气候信号检测出来,其中统计检测是气候信号检测的主要方法。就气候信号检测的需要而言,信号检测方法大致可以分为两大类:一类是时间序列分析;另一类是气象变量场的分析。

9.2.1 时间序列信号检测

检测气候时间序列信号的方法十分丰富,从离散的周期图、方差分析,过渡到连续的谱分析。特别是近些年时频分析方法迅速发展,其中包括曾在第 6 章介绍的功率谱、交叉谱、最大熵谱、奇异谱分析和小波变换。由 Huang 等 (1998)提出的经验模态分解引起了人们的关注,这个分解方法是自适应性的,同时也是高效率的。目前,大多数信号检测方法均需首先对不规则振动行为提出假设，使其有时难以找出真实的气候信号。近年发展的多锥度方法，采用多重正交数据锥度来描述通过调节频率和振幅得到的时间序列的结构，在谱解析度和方差之间选择一个最佳的平衡的基础上，提供了谱估计，这个多重的谱估计可以描述任意频率的不规则振动信号的中心。

在本章的以下内容中，将对近几年一些气候学者和作者本人在小波变换原理的基础上提出的延拓思路及应用成果做一叙述。同时，对新发展的经验模态分解-希尔伯特(Hilbert)-黄氏变换和多锥度方法的原理及应用进行较详细的介绍。

9.2.2 气象变量场信号检测

气候信号的出现和演变是与大尺度气象变量场的变化规律密切相关的。从气象变量场中检测信号是气候变化研究的重要内容。气象变量场含有与空间尺度相匹配的“信号”及小尺度的随机“噪声”。近些年，检测气象变量场信号的方法也有了很大的进步，包括在第 7 和第 8 章中介绍的以经验正交函数分解(EOF)为基础的变量场分解方法，如揭示气象变量场移动特征的扩展经验正交函数(EEOF)、着重表现空间的相关性分布结构的旋转经验正交函数(REOF)、可以揭示空间行波结构的复经验正交函数(CEOF)和描述动力系统非线性变化特征的主振荡型(POPs)、用于分析两个气象场耦合特征的典型相关分析(CCA)和奇异值分解(SVD)等。

Mann 等(1994，1995，1996a，1999)提出了针对分析两个变量场耦合关系的新方法——多锥度方法-奇异值分解(MTM-SVD)。这一方法将谱分析的多锥度方法和分析两个变量场的奇异值分解巧妙地结合在一起，可以得到比 SVD 更丰富的结果。MTM-SVD 方法在国内的气候变化和预测的研究中还没有被广泛应用，因此本章将重点对其原理和特点进行介绍，并给出我们计算的实例。另外，在这一章中还将介绍小波分析的进一步应用、经验模态分解及地统计学在气象中的应用，这些内容也是目前气候统计书籍中较少涉及的。

9.3 小波变换原理的延拓及应用

在第 6 章中已对小波分析的来源、发展和最基本的原理进行了介绍，随着这一方法在气候信号检测中的广泛应用，一些学者在原基础上做了进一步的延拓，使之可以更好地用于气候信号的检测研究。

9.3.1 墨西哥帽小波变换突变点的确定

气候时间序列含有多种不同时间尺度的变化，也就是说，它含有多个层次。虽然气候时间序列是杂乱无章的，但可以利用小波变换调节、放大的功能了解序列在各层次的变化趋势。

从 6.6 节的介绍可知，小波变换是将一个时间序列分解为具有局部特征的小波，

$$w(a,b)=\frac{1}{a}\int_{-\infty}^{\infty}f(t)\Psi\left(\frac{t-b}{a}\right)\mathrm{d}t \tag{9.1}$$

式中，小波$\frac{1}{a}\Psi\left(\frac{t-b}{a}\right)$是将小波函数 $\Psi(t)$通过放大和平移时间参数 b 而构成的，参数 a 是频率因子，表示波函数的宽度。

由于小波$\frac{1}{a}\Psi\left(\frac{t-b}{a}\right)$具有在位置 b 处为最大的特性，就可以通过调节放大倍数，检测 $f(t)$中不同尺度层次的演变特征及突变点。

刘太中等(1995)推导证明出墨西哥帽小波函数 $\Psi(t)$进行的小波变换 w 穿过零的点即是序列 $f(t)$的突变点。由式(9.1)，将小波变换 w 看作 $f(t)$和 $\Psi(t)$的褶积

$$w=f^{*}\Psi(t)\qquad \Psi_{a}(t)=\frac{1}{a}\Psi\left(\frac{t}{a}\right) \tag{9.2}$$

由于墨西哥帽小波函数

$$\Psi(t)=(1-t^2)\mathrm{e}^{-\frac{t^2}{2}} \tag{9.3}$$

是高斯函数

$$g(t)=-\mathrm{e}^{-\frac{t^2}{2}} \tag{9.4}$$

的二阶导数，据褶积性质，式(9.2)可以写成

$$w=f^*\Psi_a(t)=f^*\frac{\mathrm{d}^2 g}{\mathrm{d}t^2}=\frac{\mathrm{d}^2}{\mathrm{d}t^2}(f^*g) \tag{9.5}$$

式(9.5)说明小波变换 w 是高斯函数与平滑后的函数 f^*g 的二阶导数，因此式(9.5)穿过零的点即为 $f(t)$的突变点。

9.3.2 莫利特(Morlet)小波变换突变点的检测

莫利特小波变换的形式为

$$\Psi(t')=a^{-1/2}\mathrm{e}^{\mathrm{i}ct'}\mathrm{e}^{-t'^2/2} \tag{9.6}$$

式中，$t'=(t-b)/a$，其中 $a>0$ 为尺度参数；b 为时间位置参数；c 为常数。$\Psi(t')$反映的是波长约为 $2a$ 的波动信号。对于任意要研究的一维信号 $f(t)$的小波变换可以表示为

$$\Psi(a,b)=C^{-1}\int a^{-1/2}f(t)\widetilde{\Psi}(t')\mathrm{d}t \tag{9.7}$$

式中，$\widetilde{\Psi}(t')$是 $\Psi(t')$的复共轭，C^{-1}为比例常数，由实际序列与恢复序列的方差确定。

莫利特小波虽然在形式上比墨西哥帽小波复杂，但是用同样的方法可以检测 $f(t)$各时刻的奇异性，得到多尺度层次的突变点。魏凤英等(2005)仿照刘太中等(1995)的做法，导出的莫利特小波(式(9.6))函数

$$\Psi(t)=\mathrm{e}^{\mathrm{i}ct}\sqrt{\frac{\pi}{2}}\left[\mathrm{e}^{-\frac{t^2}{2}}\sqrt{\frac{2}{\pi}}+tErf\left(\frac{t}{\sqrt{2}}\right)\right] \tag{9.8}$$

的二阶导数，其中 $Erf(z)$是高斯分布的积分，由

$$Erf(z)=\frac{2}{\sqrt{\pi}}\int_{0}^{z}\mathrm{e}^{-t^{2}}\,\mathrm{d}t \tag{9.9}$$

确定。同样可以证明,小波系数通过零的点即为 $f(t)$的突变点。据此可以检测气候序列多尺度层次的气候突变点。检测出突变点后,利用 t 检验对突变点前后两时段序列的变化是否达到统计显著性标准进行检验。由此可见,可以利用小波变换与统计检验相结合的方法来确定多尺度气候突变点。

应用实例［9.1］ 对 1885—2000 年长江中下游梅雨强度序列进行莫利特(Morlet)小波分析。图 9.1 为尺度 a 取 60 年的小波变换。

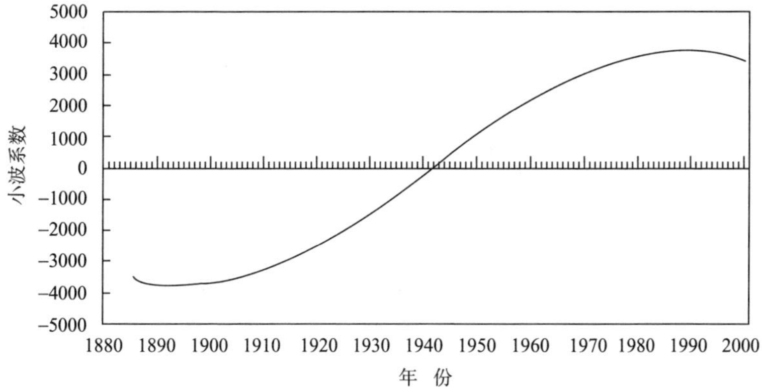

图 9.1 梅雨强度尺度 a 为 60 年的小波变换

由图 9.1 可以清楚地看出,在 1941 年处的小波系数通过零点,由上述的推导可知,梅雨强度在 1941 年发生了突变。经统计,发生突变的前一时段(1885—1941 年)的距平平均值为 22.31,后一时段(1942—2000 年)的距平平均值为－21.55。突变前后两种状态分别对应非线性系统的梅雨强和弱的吸引子。从 1941 年起梅雨由强突变到弱,而且这种突变超过了显著性水平 $\alpha=0.05$ 的统计检验,也就是说,就大尺度而言,近百年长江中下游梅雨强度以 1941 年为界分为强与弱两种状态。时间尺度 a 取为 40 年时,小波系数通过零点的突变点有 4 个,梅雨强度的大尺度强和弱时段中均含有较小尺度强与弱的吸引子。时间

尺度 a 取为 20 年时，小波系数通过零点的突变点增加到 7 个，若时间尺度 a 取为 10 年，则出现间隔更小尺度的数十个突变点，这样就构成了多尺度层次的谱系结构。表 9.1 列出了以时间尺度 60、40 和 20 年的突变点划分出的时段、对应的距平平均值和突变点前后两时段的 t 统计量值(括号内值为显著性水平 $\alpha=0.05$ 的 t_α 值)。由表 9.1 可见，就 40 年的尺度而言，1885—1941 年的梅雨变化中含有两个相对弱和一个相对强的吸引子，即 1885—1903 年和 1928—1941 年处于梅雨较弱时期，1904—1927 年的 24 年梅雨处于比较强的时期；在 1942—2000 年的梅雨变化中含有一个相对弱和一个相对强的吸引子，即 1942—1990 年梅雨较弱，1991—2000 年处在近百年最强的时期。总之，以较大尺度来划分，近百年梅雨强度变化可分为以上 5 个阶段。从 20 年的尺度来看，1885—1941 年的梅雨变化中在原基础上又增加了一个较强的吸引子，即 1904—1912 年的梅雨较强；1941—2000 年又增加了一个相对强和一个弱的吸引子，即 1942—1967 年梅雨较弱，而在 1968—1985 年梅雨转变为较强，1986—1990 年又猛然回落，1991—2000 年为近百年梅雨最强的时期。

表 9.1 多尺度层次的突变点及其检验

60 年	时段	1885—1941 年	1941—2000 年			
	平均值	22.31	−21.55			
	$\|t\|$	2.99(2.00)				
40 年	时段	1885—1903 年	1904—1927 年	1928—1941 年	1942—1990 年	1991—2000 年
	平均值	−95.21	178.80	−86.45	−72.76	229.36
	$\|t\|$	7.69(2.02)	5.48(2.02)	3.53(2.00)		
20 年	时段	1885—1903 年	1904—1912 年	1913—1927 年	1928—1941 年	1942—1967 年
		1968—1985 年	1986—1990 年	1991—2000 年		
	平均值	−95.21	295.82	108.59	−86.45	−92.12
		7.32	−260.34	229.36		
	$\|t\|$	4.69(2.06)	2.96(2.08)	3.96(2.06)		
		2.33(2.02)	3.55(2.08)	5.55(2.16)		

9.3.3　多尺度振荡能量密度的计算

利用式(9.7)的莫利特小波变换可以计算 $f(t)$在尺度 a 全域上的能量密度

$$E(a)=\frac{1}{C_{\Psi}}\int|\Psi(a,b)|^{2}\frac{\mathrm{d}b}{a^{2}} \tag{9.10}$$

式中

$$C_{\Psi}=2\pi\int|\widetilde{\Psi}(\omega)|^{2}\frac{\mathrm{d}\omega}{\omega}$$

依据 $E(a)$可以考察 $f(t)$的小波能量密度随频率的变化。信号 $f(t)$在时间位置 b 的能量密度为

$$E(b)=\frac{1}{C_{\Psi}}\int|\Psi(a,b)|^{2}\frac{\mathrm{d}a}{a^{2}} \tag{9.11}$$

依据 $E(b)$可以分析 $f(t)$的小波能量密度随时间的变化。同样,可以计算 $f(t)$在某一尺度($a_1\sim a_2$)上的能量密度:

$$E(a_1,a_2,b)=\frac{1}{C_{\Psi}}\int_{a_1}^{a_2}|\Psi(a,b)^{2}|\frac{\mathrm{d}a}{a^{2}} \tag{9.12}$$

依据 $E(a_1,a_2,b)$可以研究各频率的能量密度随时间的变化。

应用实例［9.2］　利用式(9.10)计算 1885—2000 年长江中下游梅雨强度在尺度 a 全域上的能量密度(魏凤英 等,2005)。图 9.2 为能量密度图像。由图 9.2 可以看出,在 10 年以上的年代际尺度上, 20 世纪初至 20 世纪 20 年代初、20 世纪 50 年代初至 60 年代末以及 90 年代这 3 个时段在 10～20 年时间尺度的能量密度较强,即振荡较强。对应 20～30 年时间尺度,在 20 世纪 40 年代中期、70 年代初和 80 年代初至 90 年代末梅雨的振荡较强。若从 30 年以上的尺度上观察,梅雨的振荡在 20 世纪 50 年代以后比 50 年代以前明显增强。在 10 年以下的时间尺度上,梅雨强度最强的年际尺度振荡出现在 20 世纪 50 年代,20

年代和 80 年代也曾出现了较强的年际振荡。

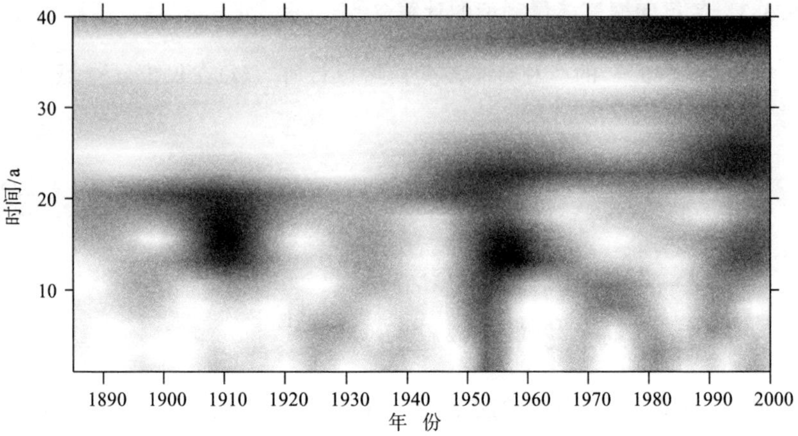

图 9.2 长江中下游梅雨强度的能量密度

（图中较深颜色的部分表示相应频率的能量密度较强，

颜色较浅部分表示对应的频率的能量密度较弱）

利用式(9.12)可以得到感兴趣的 2～3、6～7、23～24 和36～37 年 4 个尺度频率上的能量密度随时间的演变。图 9.3a 是梅雨强度2～3 年振荡的能量密度随时间的演变。由图 9.3 可以看到，梅雨强度2～3 年尺度最强的振荡时段出现在 20 世纪 50 年代的前期，其次是 20 世纪 80 年代初也有较强的振荡。由图 9.3b 可以看出，长江中下游近 100 年来梅雨强度 6～7 年尺度的振荡在 20 世纪 50 年代初最强。如果从年代际的 23～24 年的尺度上来看(图 9.3c)，振荡的强、弱基本是以 20 世纪 40 年代末 50 年代初为界划分的，在此之前 23～24 年尺度的振荡很弱，其后时段振荡明显增强，其中 20 世纪 90 年代 23～24 年的振荡最强。若再从更长的 36～37 年尺度上分析(图 9.3d)，梅雨强度变化呈现出随时间变化上升的趋势，即 36～37 年尺度的振荡在 20 世纪初以来呈现逐渐增强的趋势。

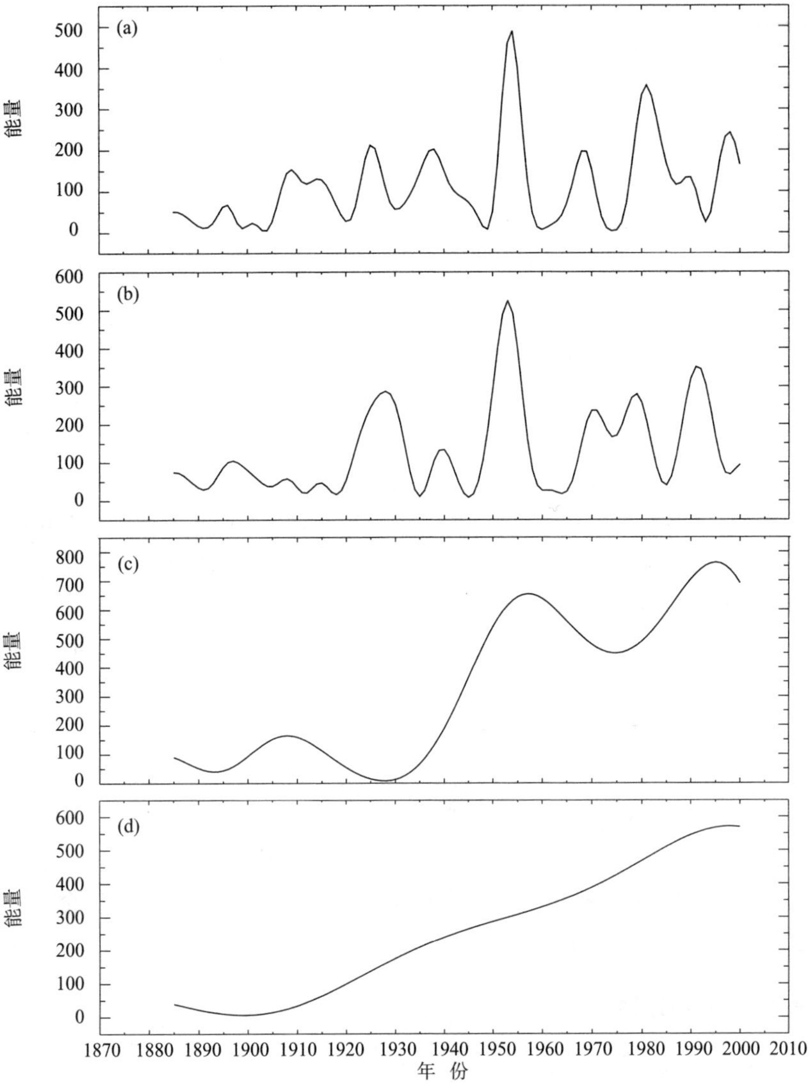

图 9.3 长江中下游梅雨强度振荡能量的演变

(a)2～3 年;(b)6～7 年;(c)23～24 年;(d)36～37 年

9.4 经验模态分解-希尔伯特(Hilbert)-黄氏(Huang)变换

1998年美国国家宇航局戈达德(Goddard)空间飞行中心的Huang等(1998)提出了一种新的时间序列分析方法。这一方法包括两部分内容:一部分是经验模态分解(Empirical Mode Decomposition, EMD),它将一个复杂的信号进行平稳化处理,其结果是将不同尺度或层次的波动或趋势分量从原序列中提取出来,得到若干具有不同尺度的本征模态函数(Intrinsic Mode Function, IMF)分量,这部分是这一新方法的核心部分;另一部分内容是希尔伯特-黄氏变换(Hilbert-Huang Transform, HHT),它将EMD分解得到的IMF分量进行希尔伯特(Hilbert)变换,得到IMF随时间变化的瞬时频率和振幅,最终可以得到振幅-频率-时间的三维谱分布。EMD-HHT这一新方法与傅里叶谱分析相比,它得到的振幅和频率是随时间而变化的,消除了为反映非线性、非平稳过程而引入的无物理意义的简谐波。与小波分析相比,这一方法具有小波分析的优点,同时又克服了小波分析在分辨率上的不清晰的缺点。由于EMD是自适应的,同时基于信号的局部变化特性,因而非常适合客观处理非线性、非平稳过程。

EMD-HHT方法受到人们的广泛关注,已经在海洋、地震、气象、生物医学等领域得到应用(赵犁丰 等,2003;林振山 等,2004),取得了一些可喜的研究成果。同时,有些学者在此基础上提出了一些改进方案,并进一步将其延拓应用到预测问题(黄大吉 等,2003;万仕全 等,2005;龚志强 等,2005)。

9.4.1 方法概述

9.4.1.1 经验模态分解

经验模态分解(EMD)方法的思路是通过多次移动过程逐个分解本征模态函数(IMF),在每次过程中,根据信号的波动上、下包络计算信号的局部,这里的上、下包络由信号的局部极大值和极小值通过样条函数插值算出。EMD通过多次移动过程,不仅消除了信号的骑行波

(riding waves),还对序列进行了平滑处理。得到的每一个 IMF 满足如下两个条件:①极大值、极小值点和过零点的数目必须相等或至多只相差一点;②在任意时刻,由极大值点定义的上包络和由极小值定义的下包络的平均值为零。满足上述两个条件的 IMF 就是一个单分量信号,这两个条件也是 EMD 分解过程结束的收敛原则。

设一时间序列为 $x(t)$,提取 IMF 分量步骤如下。

(1) 找出原序列 $x(t)$各个局部的极大值,这里局部极大值定义为时间序列的某个时刻的值,其前后一个时刻的值均不能比它大。利用三次样条函数插值的方法得到序列 $x(t)$的上包络线 $u(t)$。同样,找出 $x(t)$各个局部的极小值,可以得到序列 $x(t)$的下包络线 $v(t)$。那么,上、下包络的平均曲线为 $m(t)$:

$$m(t) = [u(t) + v(t)]/2 \tag{9.13}$$

(2) 用原序列 $x(t)$减去 $m(t)$后的剩余部分为 $h_1(t)$,

$$h_1(t) = x(t) - m(t) \tag{9.14}$$

检验 $h_1(t)$是否满足 IMF 上述的两个条件,如果满足则认为 $h_1(t)$是 IMF,如果不满足,用 $h_1(t)$代替 $x(t)$,找出 $h_1(t)$相应的上、下包络线 $u_1(t)$和 $v_1(t)$,重复上述过程,

$$m_1(t) = [u_1(t) + v_1(t)]/2 \tag{9.15}$$

$$h_2(t) = h_1(t) - m_1(t) \tag{9.16}$$

$$\vdots$$

$$m_{k-1}(t) = [u_{k-1}(t) + v_{k-1}]/2 \tag{9.17}$$

$$h_k(t) = h_{k-1}(t) - m_{k-1}(t) \tag{9.18}$$

直到所得到的 $h_k(t)$满足上述 IMF 的两个条件。这样,就分解得到第一个 IMF,即

$$c_1(t) = h_k(t) \tag{9.19}$$

信号的剩余部分为

$$r_1(t) = x(t) - c_1(t) \tag{9.20}$$

(3) 对剩余部分 $r_1(t)$ 继续重复过程(1)～(2),直至所剩余部分为一单调序列,即趋于序列平均值时,则结束分解。通常情况下,用前后 2 个 $h(t)$ 的标准差 SD 作为分解 IMF 过程停止的判据,即

$$\mathrm{SD} = \sum_{t=0}^{T} \frac{[h_{k-1}(t) - h_k(t)]^2}{h_{k-1}^2(t)} \tag{9.21}$$

达到一个较小值时,停止分解。一般而言,SD 越小,得到的 IMF 的稳定性越好,分解出的 IMF 的个数越多。实践表明,SD 取 0.2～0.3 时,IMF 的稳定性好,并能够使 IMF 具有较清晰的物理意义。原始序列 $x(t)$ 可以表示为所有 IMF 及剩余部分之和,即

$$x(t) = \sum_{i=1}^{n} c_i(t) + r_n(t) \tag{9.22}$$

这里 n 为所提取的 IMF 的个数。由于 EMD 过程是利用信号局部特性进行分解的,因此具有自适应性,收敛迅速,分解得到的 IMF 数目也是有限的。

9.4.1.2 希尔伯特(Hilbert)谱

对所有的 IMF 进行希尔伯特变换,求出瞬时频率,就可以得到 Hilbert 谱。$c_i(t)$ 的希尔伯特变换为

$$y(t) = \frac{1}{\pi} P \int_{-\infty}^{\infty} \frac{c_i(t)}{t - t'} \mathrm{d}t' \tag{9.23}$$

式中,积分 $(t-t')$ 处为奇点,根据希尔伯特变换的定义,$c_i(t)$ 和 $\tilde{c}_i(t)$ 是复共轭对,由它们过程的解析函数为

$$z_i(t) = c_i(t) + \mathrm{i}y(t) = a_i(t)\mathrm{e}^{\mathrm{i}\theta_i(t)} \tag{9.24}$$

相应的瞬时振幅为

$$a_i(t) = |c_i(t) + \mathrm{i}y(t)| \tag{9.25}$$

相应的瞬时频率为

$$\omega_i(t) = \frac{\mathrm{d}\theta_i(t)}{\mathrm{d}t} \tag{9.26}$$

式中，

$$\theta_i(t) = \arctan\left[\frac{y(t)}{c_i(t)}\right]$$

由式(9.25)和(9.26)可以看出，这里的振幅和频率都是时间的函数，将振幅的等值线绘在频率-时间的平面上，就可以得到振幅-频率-时间的三维希尔伯特谱。而经典的傅里叶变换得到的振幅和频率是固定不变量。

9.4.1.3 边界延拓的方法

如上所述可知，EMD是通过多次移动过程来分解IMF的。根据信号的上、下包络，确定序列局部平均值，而上、下包络是由序列的局部极大值和极小值通过三次样条函数插值得到的。但是，序列边界两端不可能同时出现极大值和极小值，那么，在对包络插值时需要对序列的边界进行延拓。

Huang等 (1998)指出，采取在序列两端增加两组特征波的方式对边界进行延拓，应用结果表明，效果不错。但是，这种方法存在缺乏物理依据、影响结果的精度等问题。因此，有些学者提出了一些改进方案。黄大吉等(2003)提出“镜像”延拓方法，在数据两端设置对称性延拓，使序列成为闭合的环形，该方法只需在分解前进行一次延拓，消除了多次延拓引起的误差。其实，还可以根据序列本身的特点，设计出更多行之有效的延拓方法。

9.4.2 计算结果分析

在气候诊断研究中，按照对EMD和HHT方法的理解和体会，利用它们的计算结果主要可以做如下两方面的分析。

(1)从分解得到的具有不同尺度的所有IMF分量中，挑选出与原气候序列相关显著的分量，分析其对应的时间长度的周期及其振幅变化特征。利用分解出的 IMF 分量进行重建，可以提取出原气候序列所包含的主要物理信号。

(2)利用得到的振幅-频率-时间的三维希尔伯特谱平面图，可以分析气候序列不同频率的振幅随时间的演变特征，即分析不同频率对应的不同尺度周期的扰动(能量)特性。

应用实例 [**9.3**]　利用 EMD 对北京 1724—2005 年的年降水量序列进行分析，在得到 9 个 IMF 分量后停止分解。计算 9 个 IMF 分量与原降水量序列的相关系数(表 9.2)，由于统计使用了 282 个样本量，因此相关系数大于 0.12 就超过了 0.05 的显著性水平。由表 9.2 可以看出，前 6 个 IMF 分量与原序列的相关是显著的。图 9.4 是分解得到的前 6 个 IMF 分量。IMF1 分量与原序列的相关最高，说明它反映了原序列的大部分信息，它表示降水量序列 2 年和 3～4 年的振荡周期变化；IMF2 分量与原序列的相关也比较高，它主要反映了序列 7 年左右的振荡；IMF3 和 IMF4 分量主要呈现出序列 10 年左右的周期振荡；而 IMF5 则呈现的是 35 年左右的周期振荡；IMF6 代表了更长时间尺度的振荡。这几个 IMF 分量所反映出的周期振荡均具有比较明确的物理意义。而相关系数很小的 IMF7、IMF8 和 IMF9 很可能就是虚假的信号，其中 IMF9 为一趋于平均值的单调序列。当然，在对 IMF 分量做分析时还需要与其他方法的结果做比较，并结合序列本身的特点做出更客观、更细致的分析。

表 9.2　IMF 分量与降水量序列相关系数

	IMF1	IMF2	IMF3	IMF4	IMF5	IMF6	IMF7	IMF8	IMF9
相关系数	0.669	0.412	0.242	0.217	0.197	0.270	−0.004	−0.001	0.095

利用分解出的北京年降水量的 IMF 分量进行希尔伯特变换，就可以得到振幅-频率-时间的三维希尔伯特谱，振幅数值的平方值就代表能量，图 9.5 给出的是三维平面图。由图 9.5 可以看出，在 18 世纪、19 世纪，北京年降水量自高至低各个频率的能量均比较强，其中低频和高频率两端即 20 年以上周期(频率在 0.05 以下)和 2 年及 3～4 年周期(频率在 0.4 以上)的能量更强。20 世纪以来，除低频和高频率两端能

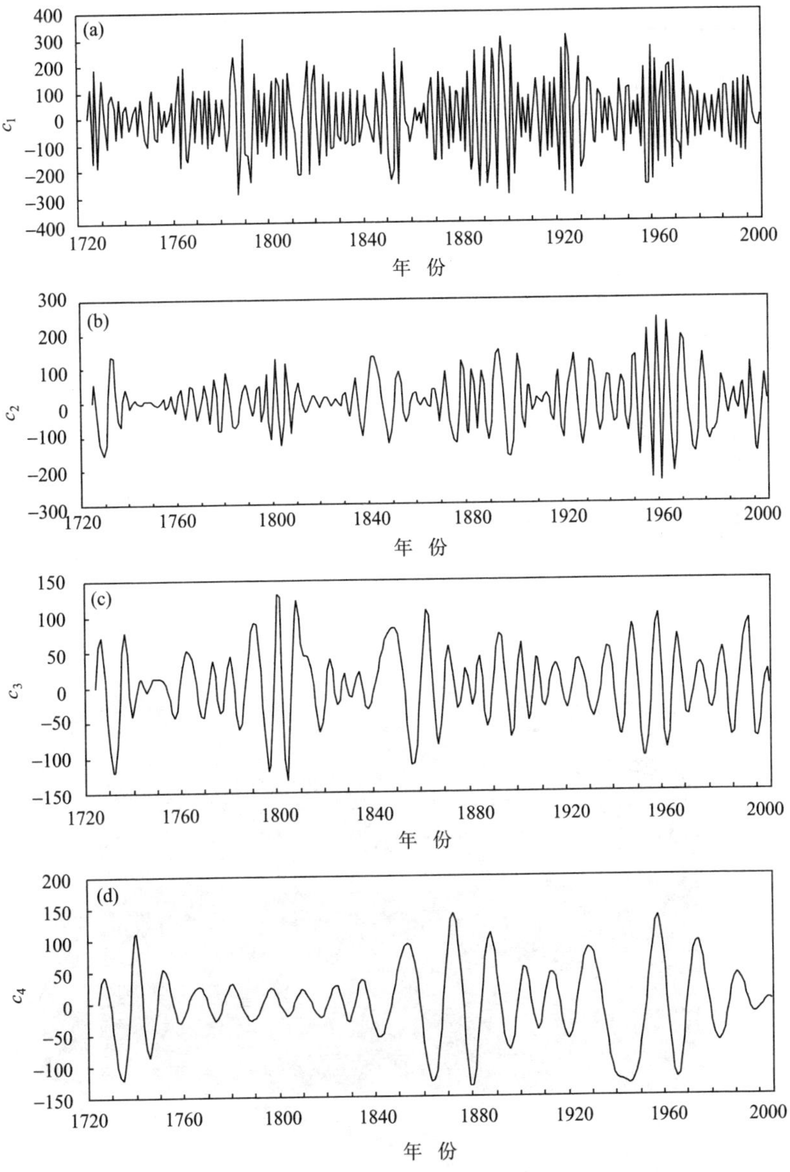
(a)
c_1
400 300 200 100 0 −100 −200 −300 −400
1720 1760 1800 1840 1880 1920 1960 2000
年 份
(b)
c_2
300 200 100 0 −100 −200 −300
1720 1760 1800 1840 1880 1920 1960 2000
年 份
(c)
c_3
150 100 50 0 −50 −100 −150
1720 1760 1800 1840 1880 1920 1960 2000
年 份
(d)
c_4
200 150 100 50 0 −50 −100 −150
1720 1760 1800 1840 1880 1920 1960 2000
年 份

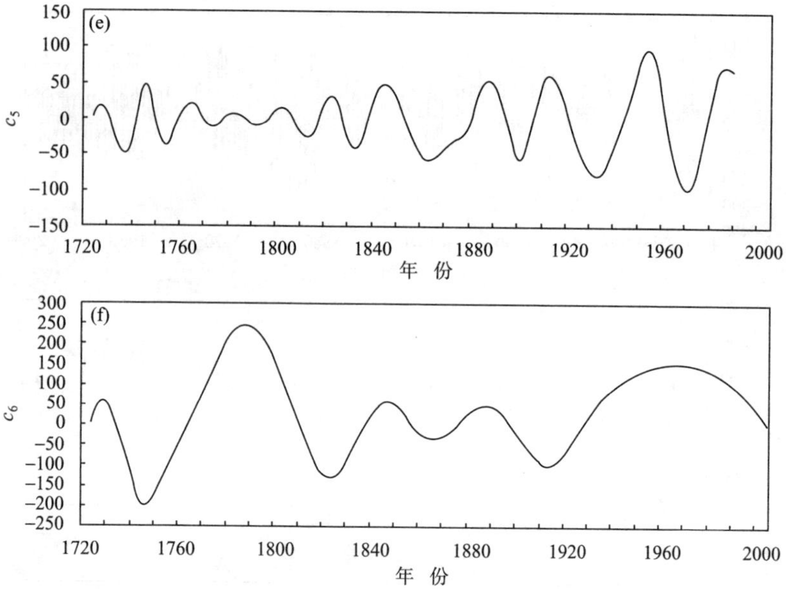

图 9.4 北京年降水量的主要 IMF 分量

(a)IMF1;(b)IMF2;(c)IMF3;(d)IMF4;(e)IMF5;(f)IMF6

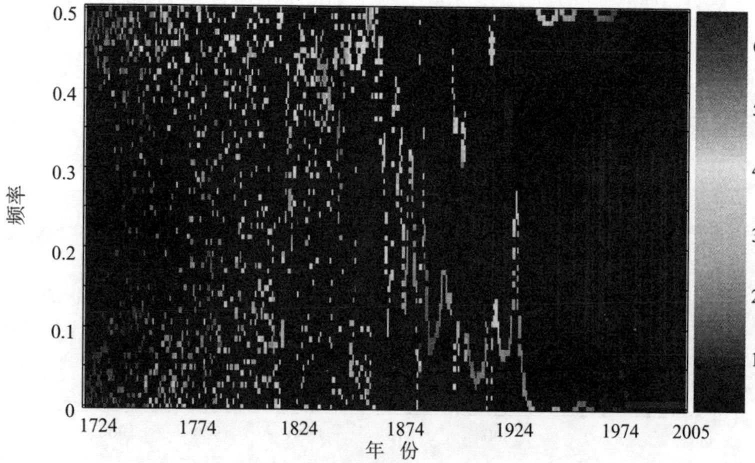

图 9.5 北京年降水量的希尔伯特谱

(图中颜色的深浅表示能量的大小)

量仍很强外，其余长度周期的能量变得非常弱。从表示 2 年和 3～4 年周期振荡的 IMF1 的谱能量图（图 9.6a）可以更清晰地看出，20 世纪 20 年代至 60 年代，北京年降水量序列 2 年和 3～4 年的振荡十分强盛，对应北京降水量偏多的时段，60 年代以后明显减弱。而从表示 35 年左右周期振荡的 IMF5 的谱能量图（图 9.6b）上看出，20 世纪从 20 年代开始直至 90 年代末北京年代际尺度振荡很弱，进入 21 世纪以来又有所加强。

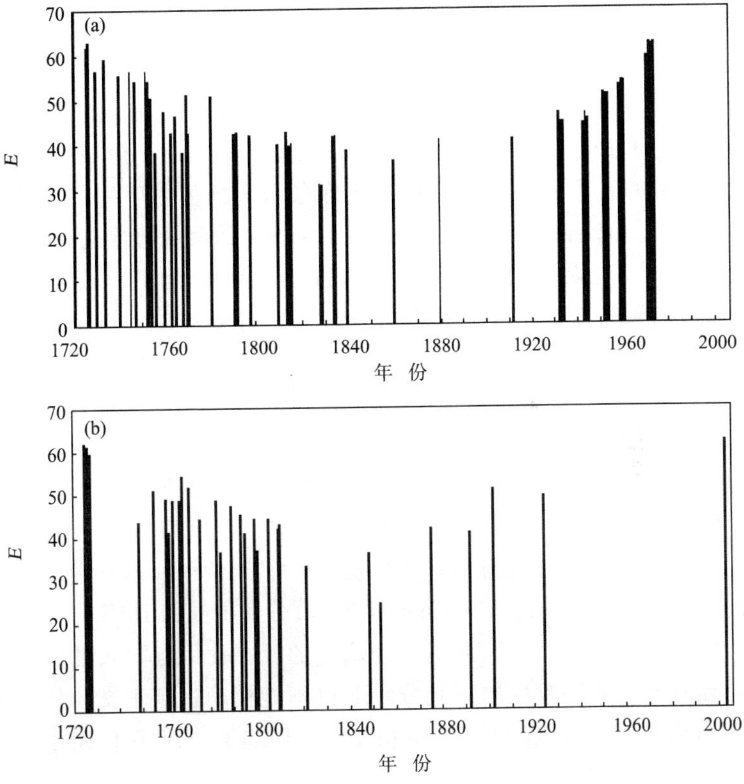

图 9.6 IMF1 (a)和 IMF5 (b)的希尔伯特谱能量

9.4.3 EMD-HHT 存在的问题和讨论

EMD-HHT 方法因其独特的分解思路和实施简便等特点，自问世以来引起许多领域学者的广泛关注和极大兴趣，并尝试在解决本领域信号检测等问题中应用，有诸多研究成果发表。但是，在引进和应用过程中有些学者也发现这一方法存在的一些问题，由此引起了对有关问题的一系列讨论。归纳起来，主要有以下几个问题值得探讨。

(1) 在 EMD 分解过程中，是以式(9.21)的标准差 SD 或经验地取 SD＝0.2 或 SD＝0.3 作为停止分解 IMF 分量的判据，Huang 等(1998)认为这样可以保证得到的 IMF 分量具有物理意义。但是，人们在应用过程中，特别是将其应用在气候序列信号的识别中，用上述判据有时得到的 IMF 分量很难得到合理的物理解释或出现了虚假的信息。

(2) 在实施 EMD 中，当使用三次样条函数插值由序列的局部极大值和极小值来确定上、下包络时，需要对序列的两端边界进行延拓。人们发现，定义边界方法不同，得到的 IMF 分量就可能不同，这样势必影响分解结果的精度。目前，如何延拓端点使得结果更可靠，仍是一个值得商榷的问题。本书作者认为，要得到较好效果的边界延拓，首先应对原序列所具有的基本统计特性(如平稳性、自相关性以及遵从的概率分布等)进行分析，据此再提出适合的延拓方案，可能效果更好。

(3) 有些学者指出，在实际应用中，分解出的 IMF 分量不能满足相互正交。我们对应用实例[9.3]中北京年降水量序列的 9 个 IMF 分量进行了正交检验，发现两两分量的数量积确实不为 0，即分量之间相互非正交。其实，Huang 等 (1998)也坦言，分解得到的 IMF 分量只能讨论其实际意义的正交性，而不是理论上的。在使用有限长度的资料时，甚至在具有不同频率的正弦分量上也不能精确达到正交。从理论上来讲，EMD 仅能保证 IMF 分量相互间的局部正交，即仅仅满足

$$\overline{\left(x(t)-\overline{x(t)}\right)\cdot\overline{x(t)}}=0 \tag{9.27}$$

这里的平均值不是实际序列的平均，而是由包络计算的平均值，这就意味着，得到的 IMF 只能是局部的正交。

基于上述问题，我们建议，在使用 EMD-HHT 方法检测某一气候序列信号时，将其结果与用其他分析方法的结果进行比较，以便得到更合理的解释。一种新方法的提出，不可能要求一开始就完美无瑕，需要理论学家和各领域的学者们继续探索研究，进一步完善和改进它，使其成为既具有坚实的理论基础，又有实际应用价值的分析手段。

9.5 集合经验模态分解

9.5.1 基本原理

在 9.4.3 中我们讨论了 EMD-HHT 存在的问题，Wu 等(2009)针对 EMD 存在的问题，提出了集合经验模态分解(Ensemble Empirical Mode Decomposition，EEMD)的修正方案，其实质是对时间序列进行局部平稳化处理。EEMD 的基本原理是将一组或多组白噪声信号加入序列中，用于抑制 EMD 过程中出现的端点效应和模态混叠等问题。通过加入白噪声，将信号和噪声合为一体，并进行集合平均，从而得到模态一致的 IMF。当信号加载到整个时频空间分布一致的白噪声背景上时，不同尺度的信号会自动分布到合适的尺度上。

9.5.2 计算步骤

(1)将正态分布的给定振幅的白噪声加入序列中，如何确定加入白噪声的振幅。振幅过小不起作用，过大又会造成较大干扰，Wu 等(2009)推荐白噪声的振幅 $\varepsilon=0.2$。

(2)对加入白噪声的序列进行 EMD 分解得到 IMF 分量。

(3)再加入新的白噪声序列，重复 EMD 分解。

(4)将每次得到的 IMF 分量相加做集合平均处理作为最终结果。通过增加加入白噪声的集合平均次数来降低添加白噪声对于结果的干扰。添加白噪声平均次数服从

$$\varepsilon_n = \varepsilon / \sqrt{n}$$

式中，ε_n 是原始序列与最终结果的标准差，n 是集合平均次数，ε 是白噪

声相对原噪声的幅度。

应用实例[**9.4**] 章国勇等(2014)利用 EEMD 和 EMD 分析比较了湖北省 1960—2009 年年降水量的主要周期模态的差异(图 9.7),并用小波分析结果进行了校验。从图 9.7 年显示的 EMD 分解结果可以看出,IMF 分量存在明显的模态混叠现象。对图 9.7b 和图 9.7a 进行比较,发现 EEMD 在一定程度上抑制了尺度混叠。对年降水量序列进行小波变换,小波方差表明,序列存在 26～27、15、11 和 6～7 年的显著周期。EEMD 得到的显著周期为 27、15、10.2 和 6.3 年,与小波变换结果接近,且各周期振幅与小波方差能量也相似。而 EMD 得到的显著周期为 27、17 和 12 年,与小波变换结果存在明显差异,这与 EMD 方法存在模态混叠有关。

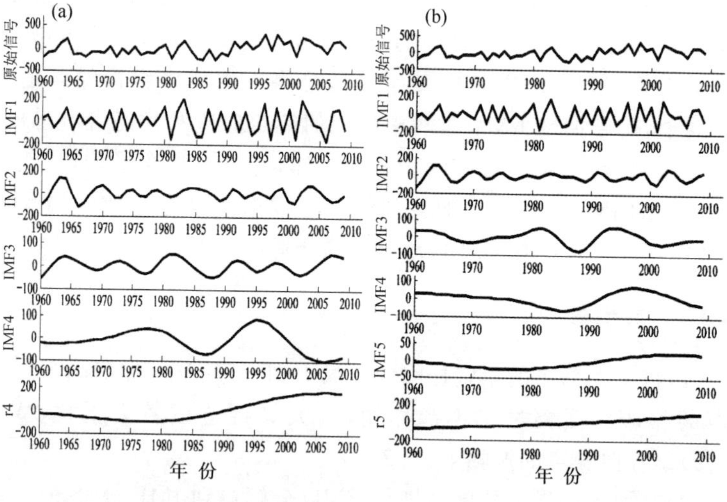

图 9.7 年降水量 EMD(a)和 EEMD(b)IMF 分量(章国勇 等,2014)

9.6 互补及完备集合经验模态分解

通过添加白噪声及多次结果的集合平均,EEMD 在一定程度上抑制了 EMD 模态混叠效应,但同时也引入了新的问题,即分解出的 IMF

分量存在不具有完备性、包含残余噪声等问题。Yeh 等(2010)针对上述问题，对 EEMD 的算法进行了改进，提出了互补集合经验模态分解(Complementary Ensemble Empirical Mode Decomposition，CEEMD)方法。Torres 等(2011)也提出了一种思想与互补集合经验模态分解相似的自适应噪声的完备集合经验模态分解(Complete Ensemble Empirical Mode Decomposition，CEEMD)。

9.6.1 互补集合经验模态分解

互补集合经验模态分解方法(Yeh et al.，2010)对 EEMD 的改进之处在于，向原始序列添加正负成对形式的白噪声，以期减少集合平均的次数及消除残余噪声。具体操作步骤如下：

(1)将正态分布的正负成对的白噪声加入原始序列中，得到 $2n$ 个集合序列；

(2)对每个集合序列进行 EMD 分解；

(3)对 $2n$ 组 IMF 分量进行集合平均。

9.6.2 完备集合经验模态分解

Torres 等(2011)提出的完备集合经验模态分解算法是将经典的经验模态分解 EMD 和 EEMD 相结合的一种算法，其中本征模态函数 IMF1 的求取与 EEMD 一致，而剩余的本征模态函数则采用 EMD 分解的形式完成。完备集合经验模态分解在原始序列中添加白噪声，利用白噪声的扰动效应，达到消除模态混叠的作用，同时其分解过程又满足完备性、减少残余噪声。完备集合经验模态分解的流程如下：

(1)按照 9.5.2 节中介绍的 EEMD 方法，在原始序列中添加白噪声，求出第一个本征模态函数 IMF_1；

(2)计算剩余

$$r_1(t) = x(t) - IMF_1$$

(3)剩余的 IMF_S采用对噪声实施经典经验模态分解过程求取。

9.7 MTM-SVD 方法

多锥度-奇异值分解方法(Multi Taper Method-Singular Value Decomposition,MTM-SVD)是美国气候统计学家 M. E. Mann 和 J. Park 发展的一种多变量频域分解技术(Mann et al.,1994,1995,1996a,1996b,1999)。这一方法是将谱分析的多锥度方法(MTM)和变量场分解的奇异值分解(SVD)巧妙地结合为一体的气候信号检测技术。Mann 等使用此方法做了许多气候信号检测的研究,从中发现这一方法与谱分析、小波分析和 SVD 等信号检测方法相比有不少优势和特点:①MTM-SVD 方法分析的对象既可以是一维时间序列,也可以是多维或多站点的气候变量场,它可以非常便利地分析气候变量场整体所具有的不同时间尺度的谱系结构;②MTM-SVD 中包含的 MTM 方法,是在谱解析度和谱的方差之间选择了一个最佳平衡的基础上提供的谱估计,因此可以有效地防止通常谱分析、小波分析等方法出现的谱泄漏现象,而且得到的分析结果也更丰富和更真实;③利用 MTM-SVD 分解得到的时间和空间信号进行重建,通过重建结果可以更直观地分析和描述不同时间尺度振动的时间-空间演变特征和演变过程;④由于 MTM-SVD 方法中包含 SVD 过程,这样就可以非常方便地分析两个变量场的耦合特征,利用耦合场空间和时间信号的重建,得到两个变量场在不同时间尺度上的相关关系。这里将对其原理及其在气候信号检测中的应用做较详细的描述和讨论。

9.7.1 方法概述

前面已经讲到,MTM-SVD 方法是 MTM 和 SVD 两种方法的组合,因此先分别对这两种方法的基本功能和特点进行概述,然后再描述 MTM-SVD 方法的原理。

9.7.1.1 多锥度方法

多锥度方法(Multi Taper Method,MTM)是 Thomson (1982)提出的一种处理时间序列的谱分析方法。与其他谱分析方法相比,它的最大特点是更符合气候序列信号不规则振动的基本假设。我们知道,时间序列分析的主要目的是将混杂在噪声中的不同类别的信号识别出来,即将序列中的周期振动信号从含有背景噪声或仪器测量误差引起的随机波动中分离出来。为了减少谱泄露,传统做法是:在进行离散傅里叶变换之前,首先执行一个数据窗口乘以时间序列的标准化过程,使得由于从给定频率至邻近频率之间产生的能量泄露而引起的谱估计的误差达到最小。具体做法是,在每一个时间步长上计算数据窗口 $a(t)$ 与均值为 0 的时间序列 $x(t)$ 的乘积,其中 $t=1,2,\cdots,N$,其目的是为了"强迫"时间序列的末端趋于 0。与谱窗口对应的锥度(代表了频域范围锥度)是要比费耶尔(Fejer)核更小的侧波瓣,这样才能产生一个更精确的谱估计。然而,由于时间序列两端的资料锥形化,导致乘以一个锥度的序列所获得的谱估计存在较大的方差。同时,在乘以一个锥度的计算过程中也丢失了大量统计信号。因此,就需要在防止谱泄漏和谱估计的误差之间找到一个平衡。MTM 方法正是为了避免乘以锥度过程中所产生的问题而提出来的。

简单而言,MTM 方法与传统做法最大的不同就在于,序列不仅与一个锥度相乘,而是乘以 S 个锥度,这样就生成了 S 个乘以锥度的时间序列,即

$$a_s(t)x(t), \qquad s = 1,\cdots,S \tag{9.28}$$

由于这 S 个锥度是正交的,因此,每个锥度都代表了抵御谱泄漏达到最优化时的不同形式的时间序列。第一个锥度丢弃的统计信息可以由第二个锥度部分地恢复,而前两个锥度丢弃的统计信息也可以由第三个锥度部分地恢复,依此类推。因为谱泄漏是随着阶数的增长而增长的,高阶的锥度会产生无法接受的谱泄漏,因此只能使用几个低阶锥度。对每个乘以 S 个锥度的时间序列做傅里叶变换,得到估计值

$Y_s(f), s=1,2,\cdots,S$。由于锥度 a_s 的结构包含了一个特征分解，所以 $Y_s(f)$被称为“特征锥度”或“特征谱”。多锥度谱估计的构成可以看作是特征谱的权重之和。因此，它比单一锥度获得的谱估计要平滑。由于独立特征锥度的设计，多锥度谱要比单一锥度谱估计的方差小，同时可防止谱泄漏。

斯雷皮亚(Slepian)锥度是一组有效防止泄漏特性的正交锥度，它们是由如下的 $N\times N$ 的特征问题获得的：

$$\mathbf{A}\boldsymbol{a}_s = \boldsymbol{\lambda}_s\boldsymbol{a}_s \tag{9.29}$$

式中，$\boldsymbol{a}_s$ 是长度为 N 的第 S 个特征锥度的一个向量；$\boldsymbol{\lambda}_s$ 是特征值，它是度量 $\boldsymbol{a}_s$ 对应的特征锥度对谱泄漏限制程度的量。具有 $\boldsymbol{\lambda}_s\sim 1$ 的特征锥度可以用于构造防止谱泄漏的谱估计。矩阵 $\mathbf{A}$ 的形式为

$$\mathbf{A}_{mn} = 2\Delta t W\sin[2\pi W(n-m)\Delta t] \tag{9.30}$$

“时间-频率波谱宽度参数”$p=NW$ 定义了一个特殊的长度为 N 的斯雷皮亚锥度族，最大能量可能集中在频率间隔为$[-W,\ +W]$处，其中 $W=pf_R$，$f_R=(N\Delta t)^{-1}$是时间序列的频率(Δt 是样本间隔)。这意味着，在谱窗口大部分能量集中在由间隔$[-W,\ +W]$定义的中心波瓣上，因此侧波瓣是小的。谱窗口的特性反映了对锥度谱泄漏的限制。研究证明，只有前 $S=2p-1$ 个锥度可以对抵御谱泄漏起作用(Park et al.，1987)。

MTM 方法中的一个重要问题是选择合适的参数 p 或 S，它们关系到谱的解析度和谱估计方差之间的平衡，若 p 增大，那么，锥度个数 S 也增加，这样可以减少谱泄漏，同时也可以减少谱的方差。但另一方面，p 增大的同时，谱解析度会减少。因此，如果选择过大的 p，就有可能忽略谱中好的特性。研究试验表明，若样本量有 1200 个，取 $p=2$，$S=3$，可以使信号的分解和谱估计方差之间达到较好的平衡(Mann et al.，1996b)。

对于一个给定的时间序列 $x(t)$，确定一族 S 个正交斯雷皮亚锥度 $a_s(t)$，其相应的 S 个锥度的傅里叶变换或特征谱 $Y_s(f)$由如下公式表达：

$$Y_s(f) = \sum_{t=1}^{N} a_s(t)x(t)\mathrm{e}^{\mathrm{i}2\pi f t \Delta t} \tag{9.31}$$

式中，Δt 是样本间隔(月、季、年等)。只有大于频率 $f_R=(N\Delta t)^{-1}$ 的各个频率处的谱波动才能够被分解。谱的频率解析度由 $2pf_R$ 给出。例如，考虑一个 100 年的月数据资料(即 $N=1200$，$\Delta t=1/12=0.0833$)，同时波谱宽度参数 $p=2$，谱的频率分解为 $2\times2/(1200\times0.0833)=0.04$周期/年，使得年际信号可以从年代际信号中分解出来。

由于多锥度谱估计可以通过使用 S 个独立特征谱适合的线性组合来调制振幅和相位的变化，因此它可以描述一个在任意频率 f 处的不规则振动信号的中心。例如，独立的特征谱能够通过如下的权重平均进行组合：

$$\bar{Y}(f) = \frac{\sum_{s=1}^{S}\lambda_s\,|Y_s(f)|^2}{\sum_{s=1}^{S}\lambda_s} \tag{9.32}$$

其中特征值 λ_s 是由式(9.29)得到。$Y(f)$给出的特征谱的线性组合提供了一个能量谱，它是谱的解析度和谱估计方差之间最佳的平衡。

9.7.1.2 奇异值分解

关于奇异值分解(Singular Value Decomposition，SVD)方法已经在第 8 章做过详细介绍。为了更好地理解 MTM-SVD 的原理，这里再对 SVD 的基本思想做一简单回顾。

之所以将这个用于分析两个场的耦合相关的方法称为“奇异值分解”，是由于它是从矩阵理论中的奇异值分解定理出发得到的，其主要目的是提取两个变量场耦合的优势信号特征。SVD 的计算十分简便，直接对两个变量场的交叉协方差矩阵实施奇异值分解，即可得到非零的、按大小排序的奇异值及对应的左、右奇异向量。最大奇异值对应的奇异向量及时间系数被确定为最佳线性组合模态。

对于两个变量场，一个场 $\boldsymbol{X}$ 有 p 个空间点；另一个变量场 $\boldsymbol{Y}$ 有 q

个空间点，二者样本量均为 N，它们的交叉协方差矩阵为 $\boldsymbol{S}_{p\times q}$，对 $\boldsymbol{S}_{p\times q}$ 进行奇异值分解，

$$\boldsymbol{S}=\sum_{k=1}^{K}\lambda_k \boldsymbol{l}_k \boldsymbol{r}_k \qquad K\leqslant \min(p,q) \tag{9.33}$$

这里向量 $\boldsymbol{l}_k$ 有 K 个，且相互正交，称为左奇异向量，向量 $\boldsymbol{r}_k$ 也有 K 个，也是相互正交的，称为右奇异向量。SVD 过程相当于将左、右变量场分解为左、右奇异向量的线性组合，每一对奇异向量和相应的时间系数确定了一对 SVD 模态。

9.7.1.3 MTM-SVD

多锥度-奇异值分解方法是将上述讲到的 MTM 和 SVD 两种方法融合在一起的一种方法，它的功能主要包括如下 4 个方面。

(1)气候信号检测。MTM-SVD 方法的一个重要功能是检测多变量场的信号。MTM-SVD 信号检测方法是针对 M 个空间维数的变量场，利用从每个频率上得到的 K 个谱估计的共有信息来进行的，而不是简单地用单个变量 MTM 过程的 K 个特征谱的平均值来估计的。MTM-SVD 既保持了每 K 个特征谱所提供的独立统计信息，又可以寻求一个由给定频率分量的特殊振幅/相位模态所解释的最大化的多变量方差特征锥度的最优线性组合。利用 MTM-SVD 进行气候信号检测的过程如下。

①假定有 M 个站点或网格点的变量场 $\psi_i(t)$，$i=1,2,\cdots,M$，$t=1,2,\cdots,N$，N 为样本量。首先对变量场进行标准化处理：

$$x_i(t)=\frac{\psi_i(t)-\mu_i}{\sigma_i} \tag{9.34}$$

式中，μ_i 和 σ_i 分别为每个站点或格点序列的平均值和标准差。

②对标准化的变量场 $\boldsymbol{X}$ 的每个序列执行单一变量 MTM 过程，将其转换为谱域，即对 M 个时间序列均按照式(9.31)的做法，通过时间序列与一族斯雷皮亚锥度相乘的方法计算出 S 个独立特征谱 $Y_i^S(f)$($i=1,2,\cdots,M$)。

③将 M 个时间序列和每个频率 f 处的 S 个特征谱 $Y_i^S(f)$ 组成 $M\times S$ 阶的矩阵 $\boldsymbol{Y}(f)$。矩阵 $\boldsymbol{Y}(f)$ 是频率 f 的函数，就是说为特征谱 $Y_i^S(f)$ 的傅里叶分解的每个频率 f 都构造一个矩阵 $\boldsymbol{Y}(f)$。这表明与频率数相等的矩阵都在时间间隔 $[0,f_N]$ 内，这里的 f_N 表示奈奎斯特(Nyquist)频率，一个给定的频率 f_0 的矩阵 $\boldsymbol{Y}(f_0)$ 形式如下：

$$\boldsymbol{Y}(f_0)=\begin{bmatrix} Y_1^1(f_0) & Y_1^2(f_0) & \cdots & Y_1^S(f_0) \\ Y_2^1(f_0) & Y_2^2(f_0) & \cdots & Y_2^S(f_0) \\ \vdots & \vdots & & \vdots \\ Y_M^1(f_0) & Y_M^2(f_0) & \cdots & Y_M^S(f_0) \end{bmatrix} \tag{9.35}$$

④对每个矩阵 $\boldsymbol{Y}(f_0)$ 均计算复数的奇异值分解，这样就得到矩阵 $\boldsymbol{U}(f_0)$、$\boldsymbol{\Gamma}(f_0)$ 和 $\boldsymbol{V}^+(f_0)$，

$$\boldsymbol{Y}(f_0)=\boldsymbol{U}(f_0)\times\boldsymbol{\Gamma}(f_0)\times\boldsymbol{V}^+(f_0) \tag{9.36}$$

矩阵 $\boldsymbol{\Gamma}(f_0)$ 是 $M\times S$ 阶，且对角线上为奇异值 $r(f_0)$。由于只有当 $K\leqslant\min(M,S)$ 时，才有非零奇异值，所以矩阵 $\boldsymbol{\Gamma}(f_0)$ 的有效维数是 $K\times K$。$M\times M$ 阶矩阵 $\boldsymbol{U}(f_0)$ 的列向量是矩阵 $\boldsymbol{Y}(f_0)$ 的左奇异向量。因为仅有 K 个有用的奇异向量与 K 个非零奇异值相关联，所以矩阵 $\boldsymbol{U}(f_0)$ 的有效维数是 $M\times K$，它们代表空间 EOF 模态，只是这里它们的值是复数。$S\times S$ 阶矩阵 $\boldsymbol{V}^+(f_0)$ 的行向量是矩阵 $\boldsymbol{Y}(f_0)$ 的右奇异向量。$\boldsymbol{V}^+(f_0)$ 的有效维数是 $K\times S$，它们代表了谱 EOFs，将其称为频域分解中的"主调制"。每一个主调制描述了通过调制第 k 个模态的振动信号的振幅和相位而产生的 S 个斯雷皮亚锥度影射的线性组合。利用等式

$$\boldsymbol{x}_i(t)=\sum_{k=1}^{K}\boldsymbol{U}_i^k\gamma_k\boldsymbol{V}^{+k}(t) \tag{9.37}$$

每个 $\boldsymbol{Y}(f_0)$ 矩阵可构造为

$$\boldsymbol{Y}_i^S(f_0)=\sum_{k=1}^{K}\boldsymbol{U}_i^k(f_0)\gamma_k(f_0)\boldsymbol{V}_s^k(f_0) \tag{9.38}$$

可见，这里在频域中是“局部”应用 MTM-SVD 分解的。“局部”可理解为“以频率 f_0 为中心的有限频率间隔之内”。很明显，一个奇异值分解是构造在每个可解析的频率附近，也就是说，在每个 $Y(f)$ 矩阵中对于全部的频率 $f=1,2,\cdots,f_n$ 处都进行奇异值分解。

⑤计算第一个模态的奇异值所解释的局部方差百分比（Local Fractional Variance，LFV）：

$$\mathrm{LFV}=\frac{\gamma_1^2(f)}{\sum_{k=1}^{K}\gamma_k^2(f)} \tag{9.39}$$

由第一模态表征的 LFV 可以视为一个频率函数，它生成了一个类似于谱的图，称之为“LFV 谱”。LFV 谱的频率解析度在 $\pm f_R$ 和 $\pm pf_R$ 之间变化，其中 f_R 为频率，p 为波段宽度参数。也就是说，频率的解析度既不能小于频率也不能大于与 S 个特征谱的平均值相对应的波段宽度。类似地，只有周期少于 $(pf_R)^{-1}=N\Delta t/p$ 的变化能从一个长期趋势中分离出来，Δt 为取样间隔。

在 MTM-SVD 方法中，LFV 谱是一个非常重要的参数，它以频率函数的形式表示了“每个频率波段”中主要振动解释的方差百分比。这里，只使用第一奇异值的 LFV 谱作为检测信号的参数。在一个给定的频率处的 LFV 谱的波峰预示着序列在此频率处的振荡是一个潜在的重要信号。

(2) LFV 谱的显著性检验。对于得到的 LFV 谱的潜在信号进行显著性检验，要求有一个随机重叠的期望值的精确估计，即要给定一个合适的零假设。可以采用最小限制零假设，也就是由具有时空噪声过程的统计波动来生成观测行为，其中时空噪声是指带有任意有色噪声背景和由资料序列本身经验估计出的空间相关结构的噪声过程。利用自展过程确定检验 LFV 谱的显著性水平(Efron，1990)。操作过程如下：将原变量场 $\boldsymbol{X}$ 的 N 张图的时间顺序进行置换排列，用此方法生成变量场的 1000 个排列，它们打乱了变量场的时间结构，而没有改变其空间结构。对随机生成的变量场都执行 MTM-SVD 过程，并且每次都计算出一个新的 LFV 谱。由重复取样的时间序列计算出的全部 1000

个 LFV 谱在没有信号的情况下它与空间相联系的有色噪声构造了一个 LFV 参数的零分布估计值。事实上，这个零分布是独立于频率且与相同基本空间关联的白噪声序列的零分布无差别。于是，分别取 50%、90%、95%和 99%，就可以得到这个零分布经验的显著性水平。就统计意义而言，1000 次独立的自展过程可以提供具有 99%置信限的统计量，这一统计量的估计已足够可靠。

上面所描述的零假设也可以用改变参数的方法进行检验。如果噪声背景中空间自由度的维数 M 可以合理地估计出来，那么，估计零假设的改变参数过程就可以用 M 次高斯分布的蒙特卡罗模拟过程来实现。

(3)气候信号重建。MTM-SVD 方法的另一个用途是对分解出的信号进行重建。根据计算出的 LFV 谱，在频率 $f=f_0$ 处显著峰值对应的第一模态的空间 EOF 是由分量个数为 i 的复数向量 $U_i^1(f_0)$ 表示的，它不仅代表信号在频率 f_0 处的空间模态，同时也包含了多维变量场所有位置上的有关信号的相位和振幅的信息。用原始数据的转换标准来重新调整 $\boldsymbol{U}_i^1(f_0)$ 的值，我们可以重新获得带有正确单位的第一模态信号的空间模式：

$$\boldsymbol{E}_i^1 = \delta(f_0)\sigma_i \boldsymbol{U}_i^1(f_0) \tag{9.40}$$

式中，σ_i 为标准差，$i=1,2,\cdots,M$，当频率 $f_0 \geqslant pf_R$ 时选取因子 $\delta(f_0)=2$ 来解释在频率 f_0 和 $-f_0$ 处的谱信息的贡献，当 $0 \leqslant f_0 < pf_R$ 时，取 $\delta(f_0)=1$；$\boldsymbol{E}_m^1$ 中的复数值描述了在频率 f_0 处一个振动的 EOF 空间模式的演变，它们可以用矢量形式表示，矢量的大小表示相关的振幅，角度表示位置上的相应相位。

长度为 S 的复数向量 $\boldsymbol{V}_s^1(f_0)$ 是频率 $f=f_0$ 处分解的第一模态的谱 EOF。由这个向量可以得到频率 f_0 处信号的时间模式。信号的时间模式 $A^1(t)$ 表示频率 f_0 处的主振动，在比振动时间 $1/f_0$ 更长的时间范围内经历形如式(9.41)振幅和相位的变化：

$$A^1(t) = \Re\{\alpha(t)\mathrm{e}^{-\mathrm{i}2\pi f_0 t}\} \tag{9.41}$$

式中，可变振幅 $\alpha(t)$ 表示振动信号的缓慢变化的包络。时域 $A(t)$ 中的信号和包络 $\Re\{\alpha(t)\}$ 形式上与频率 f_0 处的模态相同，即长期变化模态或趋势。频率 f_0 处缓慢变化的包络 $\alpha(t)$ 可由"逆"复数向量 $\mathbf{V}_s^1(f_0)$ 得到。这一过程与复数检测技术相似，即用来确定在时间序列中随时间变化的特定频率 f_0 处的信号特征的技术。在多变量 MTM-SVD 的情况下，时域信号的包络 $\alpha(t)$ 可由谱 EOF 的 $\mathbf{V}_s^1(f_0)$ 的分量得到。这种重建并不是唯一的而且需要额外的约束条件。最简单的重建是斯雷皮亚锥度 $a_s(t)$ $(s=1,\cdots,S;t=1,\cdots,N)$ 的一个线性组合

$$\boldsymbol{\alpha}(t) = \sum_{s=1}^{S} \lambda_s^{-1} \mathbf{V}_s^1(f_0) a_s(t) \tag{9.42}$$

式中，$\mathbf{V}_s^1(f_0)$ 是第一模态谱 EOF 的第 s 个分量，λ_s 是对应于第 s 个斯雷皮亚特征锥度的特征值。特征值 λ_s 用来测量特征锥度 a_s 的谱泄漏阻力。$\lambda_s \sim 1$ 的特征锥度可用来构建阻止谱泄漏的谱估计。这种对 $\alpha(t)$ 的重建趋于使包络最小化，同时它使 $\alpha(t)$ 在时间序列终点时接近于零值。显然，这种转换并不适用于长波段的信号。在这种情况下可选择使 $\alpha(t)$ 的一阶导数最小化的转换方式，使包络在时间序列的终点达到零斜度。这种方式对时间序列中存在某种趋势时更合适，但对于序列起点或终点处是快速变化的序列则不适合。第三种方式是利用 $\alpha(t)$ 的二阶导数，使包络的粗糙度达到最小，在序列终点处抑制了均值和斜度。有学者提出，利用上述 3 种约束条件的所有组合的方法，使其与原始数据的均方误差达到最小化。这种方法避免了在选择最小化数值的方式时的主观性。

现在我们已获得了与第一模态相关的信号的空间模式 E_i^1（式(9.41)）和时间模式 $A^1(t)$（式(9.42)），其中上标"1"表示它是与第一模态有关信号的重建，这时可以利用时间模式和空间模式的乘积得到所有时刻和站点位置时空信号重建的 $x_i^1(t)$：

$$x_i^1(t) = E_i^1 A^1(t) \tag{9.43}$$

分别用式(9.40)和(9.41)替换 E_i^1 和 $A^1(t)$，得到：

$$x_i^1(t) = \delta(f_0)\,\Re\{\sigma_i U_i^1(f_0)\alpha^1(t)\mathrm{e}^{-\mathrm{i}2\pi f_0 t}\} \tag{9.44}$$

得到这样的重建,通过描述相应于一个周期内多个相位 $\Psi(t)=2\pi f_0 t$ 信号的一串真值模态图形,展示更具物理意义的振幅和相位信息随时间的演变。重建信号的一串空间模态图形的顺序,可由覆盖全部振动的 $\Psi(t)$ 为 0°、90°、180°、270°、360°的这些时刻 t 来显示。$\Psi(t)=0°$ 和 $\Psi(t)=360°$ 的图是相同的。这样一串模态图形描述了周期 $1/f_0$ 一个平均或"典型"循环期间信号的演变过程。

(4)耦合相关模态的重建。还可以将 MTM-SVD 技术扩展到两个变量场相关模态的重建,以便分析两变量场之间某个时刻上的耦合关系。两个变量场的时间序列通过上述相同的 S 特征锥度变换将它们变换到频域上,将两个变量场生成的特征谱连接起来构成矩阵 $\boldsymbol{Y}$。就像 SVD 中的交叉协方差矩阵一样,这里的矩阵 $\boldsymbol{Y}$ 的列包含着第一和第二个变量场的交叉位置。这里要按与站点数成反比的原则对每个变量场进行加权,以确保分析中所有数据有相同的权重。这时,就可以执行与单变量场一样的分解、重建等步骤,这里计算结果得到的每个场对应的时间和空间模态包含了与另一个场的信息,通过这种过程可以提取两个变量场的耦合信息及不同频率(周期)上两个场耦合相关的演变过程。

9.7.2 计算结果分析

根据我们的理解和认识,利用 MTM-SVD 方法得到的计算结果可以进行如下内容的气候分析。

(1)利用计算得到的气候变量场的 LFV 谱和 LFV 谱的显著性检验,分析整个气候变量场具有的显著的长期趋势变化、年代际尺度变化和年际尺度振荡特征;通过选取不同尺度窗口滑动的 LFV 谱密度数值所绘制的频率、时间及谱密度或能量密度的三维平面图,分析不同频率(或不同时间尺度周期)的谱或能量密度随时间的变化特征。

(2)利用得到的气候变量场不同频率空间模态的重建结果,分析检测不同时间尺度出现的强信号,并可以分析某一特定频率所对应的周期循环的不同相位的空间分布的动态演变过程及显著信号区域的变化特征；利用得到的气候变量场不同频率的时间信息的重建，分析检测不同频率所对应的不同时间尺度周期振荡随时间的演变特征。

(3)若对两个变量场进行 MTM-SVD 分析，可以利用对某一特定频率的空间重建，寻找出二者遥相关的显著区域，利用这一频率所对应的周期循环的不同相位的两个变量场耦合空间分布，分别分析两场空间耦合相关分布的动态演变过程；利用两个气候变量场不同频率的时间信息的重建，分别分析检测两个耦合变量场不同频率所对应的周期振荡随时间的演变特征。

应用实例[9.5] 利用 MTM-SVD 方法分析长江中下游 52 个站的 1951—2000 年 1—12 月降水量场的不同时间尺度的变化特征（韩雪，2006）。这里站点数 $M=52$，样本量 $N=600$。通过计算，得到第一模态的局部方差百分比，即 LFV 谱（图 9.8）。同时，利用自展过程确定 LFV 谱的 50%、90%、95%和 99%置信度。由图 9.8 可以看出，长江中下游降水量存在不同时间尺度的变化。在年代际尺度的波段，长度为 16.4～18 年的 LFV 谱超过了 90%的置信度，其中 17.3 年处的 LFV 谱超过了 99%的置信度，这表明长江中下游降水量序列具有长度为 16～18 年的显著年代际变化。在 3～7 年波段（即 ENSO 波段）有多处频率的 LFV 谱超过了 90%的置信度，其中在 6 年左右及 3.5 年左右的峰值达到了 99%的置信度，这表明长江中下游降水序列还具有显著的 ENSO 周期变化特征。在准两年振荡波段范围内，2.4 年左右的峰值达到了 99%的置信度，表明长江中下游降水量还存在显著的准两年周期振荡特征。MTM-SVD 方法检测出的这几个不同时间尺度的显著振荡信号均具有明确的物理意义：长期的年代际变化主要是外强迫的作用，而 6 年和 3.5 年的振荡主要是海-气相互作用的结果，而准两年的振荡是受大气准两年振荡的影响。MTM-SVD 与最大熵谱、小波分析比较至少有两个优点：①MTM-SVD 可以直接对多变量或多测站变量场进行分析，得到变量场整体存在的显著信号，而最大熵谱、小波分析只能逐站分析或先计算出区域平均序列后再进行分析；②MTM-SVD具有更高的分辨率，可以最大限度地避免谱泄漏。分别用最大熵谱和小波分析来分析长江中下游 52 站平均的降水量序列，结果显示,最大熵谱仅分析得到3年的显著周期,而小波分析可以得到17、18、6和3年的显著周期,可见MTM-SVD在分析显著信号中的优势。

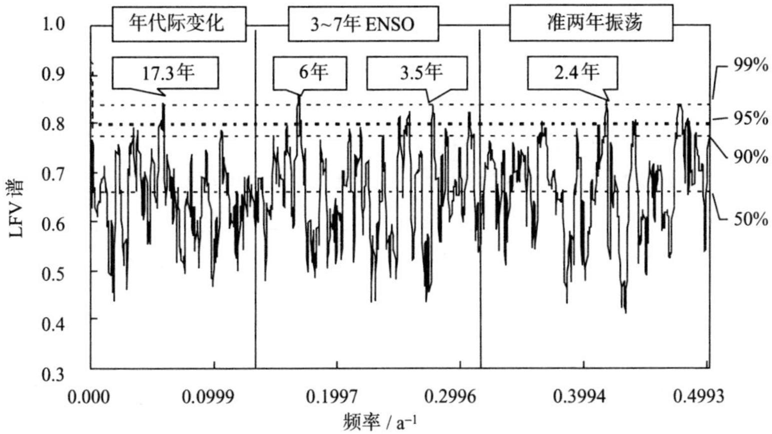

图 9.8 长江中下游降水量 LFV 谱

图9.9是取20年滑动窗口的LFV谱能量的频率、时间及能量密度的三维分布,由于进行了20年滑动,因此序列两端信息有所缺失。从图9.9可以看出,20世纪60年代中期至70年代中期,各种频率即年代际尺度和年际尺度振荡的能量都很强,而80年代以后10年以上

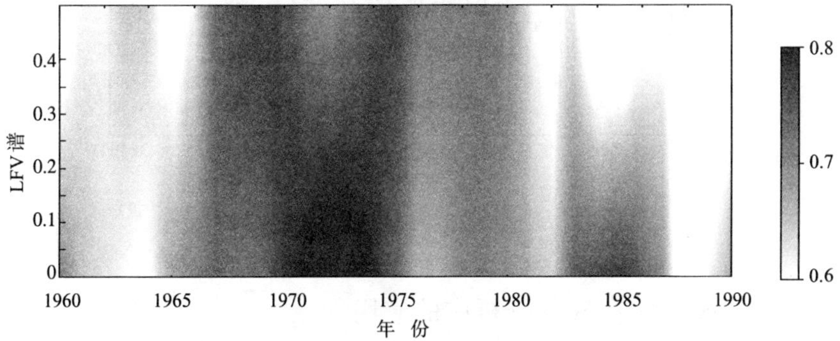

图 9.9 长江中下游降水量20年滑动窗口LFV能量

(图中颜色的深浅表示能量密度的大小)

尺度的年代际振荡较强、年际振荡能量减弱，特别是2～3年尺度的振荡能量变得非常弱。

应用实例[**9.6**] 利用MTM-SVD方法分析北半球1951—2000年1—12月海平面气压场的不同时间尺度的变化特征。图9.10是北半球海平面气压场的LFV谱。由图9.10可以看出，在年代际波段，16年左右的周期峰值达到了90%的置信度，12年的周期峰值达到了99%的置信度。这表明，北半球海平面气压场具有显著的年代际变化特征。在3～7年的ENSO波段中，周期为6年左右和3.9年左右的峰值达到了99%的置信度，3年周期的峰值达到了95%的置信度。在准两年振荡波段范围内，2.3年左右的峰值仅达到了50%的置信度。与图9.9比较可以看出，北半球海平面气压的趋势变化比长江中下游降水量的趋势变化显著得多，而二者的年代际尺度振荡均十分显著，只是时间长度稍有不同。在年际尺度上，6年和3年的振荡均十分显著，而北半球海平面气压的准两年振荡远没有降水量的准两年振荡明显。

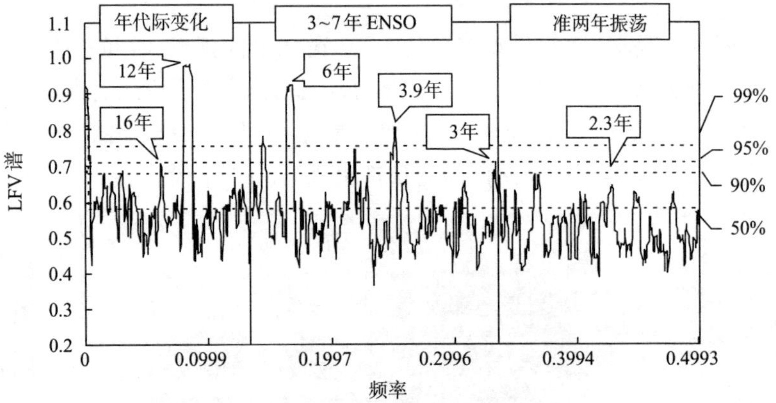

图9.10 北半球海平面气压场的LFV谱

9.8 地统计学在气象分析中的应用

地统计学是以具有空间分布特点的区域化变量理论为基础，研究自然现象的空间变异与空间结构的一门学科(Matheron,1963)。它是针对像矿产、资源、生物群落、地貌等有着特定的地域分布特征而发展的统计学。由于最先在地学领域应用,故称其为地统计学(Joarnel et al.,1978)。地统计学的主要理论是法国统计学家G. Matheron创立的,经过不断完善和改进,目前已成为具有坚实理论基础和实用价值的数学工具。地统计学的应用范围十分广泛,不仅可以研究空间分布数据的结构性与随机性、空间相关性与依赖性、空间格局与变异;还可以对空间数据进行最优无偏内插,以及模拟空间数据的离散性及波动性。地统计学由分析空间变异与结构的变异函数及其参数和空间局部估计的克里金(Kriging)插值法两个主要部分组成,目前已在地球物理、地质、生态、土壤等领域应用。气象领域的应用还不多见,主要使用克里金法进行降水量、温度等要素的最优内插的研究及气候对农业影响方面的研究(Prudhomme et al.,1998,1999;Courault et al., 1999;Lansen et al.,2000)。

以下从变异函数及其参数和克里金空间局部插值两方面介绍地统计学,讨论地统计学在气象研究中的适用性,并给出在气象分析中应用的一个实例。

9.8.1 地统计学的主要特点

简单归纳起来地统计学主要有以下3个特点。

(1)地统计学研究的变量是区域化变量,所谓区域化变量就是由在某一区域或范围的空间位置所取的不同数值所构成的变量,它是以空间坐标为自变量的随机变量及其随机函数。区域化变量不需要多次重复观测的样本,只需取值一次的变量。

(2)地统计学中区域化变量是在空间不同位置上取样,两相邻样本值不一定相互独立,而是具有某种程度的空间相关。

(3)地统计学除了使用平均值、标准差、相关系数等数字特征量外,更重要的是使用变异函数及其参数研究区域化变量的空间分布特征。

由此可见,地统计学是提供了有效分析和解释空间数据的变化规律和格局的数学工具(王政权,1999)。地统计学的内容主要包括:定量描述和解释空间变异性及空间相关特性；建立空间预测模型；对空间格局的尺度、形状、变异方向进行估计，并将其与研究要素的过程联系起来，给予物理解释；空间局部插值、模拟空间数据的离散性和波动性等。

9.8.2 变异函数及其参数

变异函数及其相应的参数是地统计学重要的组成部分，它们是克里金插值的基础。

9.8.2.1 区域化变量

设以空间点的3个直角坐标 x_u、x_v、x_w 为自变量的随机场 $Z(x_u, x_v, x_w)=Z(\boldsymbol{X})$ 是一个区域化变量，它是普通随机变量在某一区域内确定位置上的特定取值，是与位置有关的随机函数，进行一次观测就可以得到区域化变量 $Z(\boldsymbol{X})$。

假设区域化变量 Z 具有随机性和结构性，那么，在点 $\boldsymbol{X}$ 处的观测值 $Z(\boldsymbol{X})$ 可以表示为

$$Z(\boldsymbol{X}) = \mu + \varepsilon'(\boldsymbol{X}) + \varepsilon \tag{9.45}$$

式中，μ 是区域化变量 Z 的平均值；$\varepsilon'(\boldsymbol{X})$ 是空间相关误差，平均值为0；ε 是通常统计学中随机误差。式(9.45)表示区域化变量的空间结构，其变异由 $\varepsilon'(\boldsymbol{X})$ 和 ε 两部分构成。变量 Z 的空间变异性可以分解为两部分，即

$$\mathrm{SH}(Z) = \mathrm{SH}_C + \mathrm{SH}_R \tag{9.46}$$

式中，SH_C 表示 $\varepsilon'(\boldsymbol{X})$ 的相关变异，SH_R 表示 ε 的随机变异。SH_C 和 SH_R 可以通过变异函数来分解并定量化。

9.8.2.2 变异函数

变异函数是描述区域化变量随机性和结构性特有的基本手段。设区域化变量 $Z(\boldsymbol{X}_i)$ 和 $Z(\boldsymbol{X}_i+\boldsymbol{h})$ 分别为 $Z(\boldsymbol{X})$ 在空间位置 X_i 和 X_i+h 上的观测值 $(i=1,2,\cdots,N(h))$，变异函数由式(9.47)进行估计：

$$r(h) = \frac{1}{2N(h)} \sum_{i=1}^{N(h)} [Z(X_i) - Z(X_i + h)]^2 \tag{9.47}$$

这里 $N(h)$是分隔距离为 h 的样本量。变异函数是在假设 $Z(\boldsymbol{X})$为区域化变量且满足平稳条件和本征假设的前提下定义的。数学上可以证明,变异函数大时,空间相关性减弱,反之亦然。

以 h 为横坐标,以 $r(h)$为纵坐标,绘出变异函数曲线图,这些图可以直观地展示区域化变量 $Z(\boldsymbol{X})$的空间变异性。

对于二维区域化变量,根据网格点数据,用式(9.47)分别计算南北、东西、西北—东南及东北—西南 4 个方向或更多方向上的变异函数。在计算西北—东南及东北—西南方向上的变异函数时,分隔距离取对角线的距离$\sqrt{2}h$。图 9.11 是计算 4 个主要方向变异函数样本数据对的构成示意图。

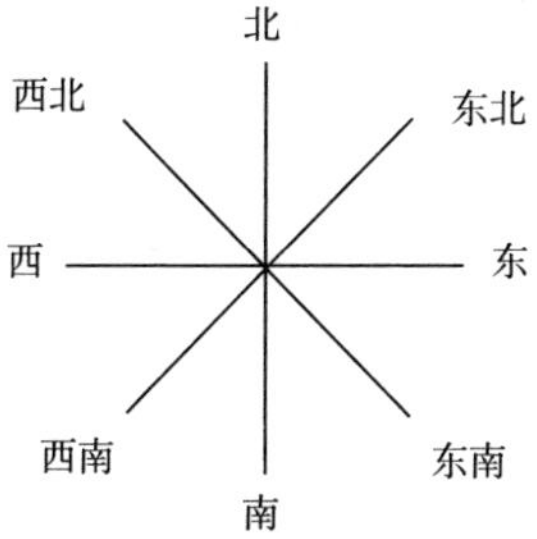

图 9.11 4 个主要方向样本数据对构成示意

9.8.2.3 变异函数的参数

二维区域化变量的变异函数不仅与分隔距离 h 有关,也与方向有关。设 $r(h,\theta_1)$代表区域化变量一个方向的变异函数;$r(h,\theta_2)$代表该区域化变量另一个方向的变异函数,二者的比值为

$$k(h) = r(h,\theta_1)/r(h,\theta_2) \tag{9.48}$$

当 $k(h)$等于 1 或接近于 1 时则表明空间变异性为各向同性,否则为各向异性。比值越小各向异性越高,表明空间变异性程度越大。

通过变异函数还可以得到以下几个表征空间变异特征的重要

参数：

(1)基台值(still)。变异函数 $r(h)$ 随 h 增大，从非零值达到一个相对稳定的常数时，这个常数称为基台值(C_0+C)。

(2)块金值(nugget)。当 $h=0$ 时，$r(0)=C_0$ 时，C_0 称为块金值。它表示区域化变量在小于观测的尺度时的非连续变异。

(3)变程(range)。变异函数达到基台值时的分隔距离 a 称为变程。

(4)分维数(fractal dimension)。它由变异函数 $r(h)$ 和 h 确定：

$$2r(h) = h^{(4-2D)} \tag{9.49}$$

分维数 D 值的大小表示变异函数曲线的曲率，是随机变率的量度。

9.8.3 克里金(Kriging)空间局部插值

克里金空间局部插值是地统计学的重要内容之一，它是建立在变异函数理论分析基础上的，是对有限区域内的区域化变量取值进行无偏最优估计的一种方法。这种方法与传统插值方法的不同点是，在估计无观测样本数值时，不仅考虑待插值站点与邻近有观测数据站点的空间位置，还考虑了各邻近站点之间位置的关系，除考虑空间位置外，还利用已有观测值的空间分布的结构特点，使其估计比传统方法更精确，更符合实际，并可以有效避免系统误差产生的“屏蔽效应”。经过统计学家们的大量研究，发展了多种空间局部插值方法，常用的两种方法有普通克里金方法和协同克里金方法。

9.8.3.1 普通克里金方法

普通克里金方法是地统计学中最常用的插值方法。对于任意待估计站点的估计值 $Z^*(x_0)$，均可以通过待估测站范围内的 n 个观测样本值 $Z(x_i)(i=1,2,\cdots,n)$ 的线性组合得到，即

$$Z^*(x_0) = \sum_{i=1}^{n}\lambda_i Z(x_i) \tag{9.50}$$

式中，λ_i 是权重系数，其和等于 1；$Z(x_i)$ 为测站观测值，它们位于区域

内 x_i 位置。为了达到线性无偏估计，使估计方差最小，权重系数由克里金方程组得到。普通克里金方程组为

$$
\begin{cases}
\sum_{i-1}^{n} \lambda_i C(x_i, x_j) - u = C(x_i, x_0) \\
\sum_{i=1}^{n} \lambda_i = 1
\end{cases}
\tag{9.51}
$$

式中，$C(x_i, x_j)$为样本间协方差函数，$C(x_i, x_0)$为样本点与待插值点间的协方差函数，u 为极小化处理时的拉格朗日乘子。

克里金插值的权重取决于变量的空间结构，它可以由变异函数来表征。

9.8.3.2 协同克里金方法

协同克里金插值原理与普通克里金方法相同，但是它考虑了所插值的要素与其他变量之间的关系，如在进行气温、降水量变量插值时，考虑海拔高度的作用。

协同克里金插值过程比普通克里金插值要复杂些，需要引入一个新的假定，即两个变量之间差的方差最小。另外，还要引入交叉变异函数，即两个不同变量之间的相关随距离变化的函数。

9.8.4 地统计学在气象研究中的适用性

早在 20 世纪 60 年代，苏联学者就用普通统计学方法研究空间气象场，提出了结构函数的概念和理论。在此基础上，冈丹(Gandin)发展了著名的最优内插法，这一方法至今仍在数值天气预报中使用。利用地统计学克里金方法进行空间插值，考虑了结构性与随机性的特征，因此移植地统计学的理论与方法将为气象场空间分布和插值研究提供一个新的基础。Prudhomme 等(1998)利用地统计学克里金方法对山区极端降水指数和年最大日降水量进行了插值，并绘制成图。Courault 等(1999)则利用地统计学技术按照大气环流型对法国东南部的气温做了空间插值，取得了比较理想的效果。

气象中许多灾害性天气气候现象很难获取大量重复观测样本，而无法使用基于大量重复观测样本的普通统计学分析，如某一时段某一区域的高温天气、沙尘暴、强暴雨过程等，就属于这类问题，可以尝试用地统计学进行研究（魏凤英 等，2002a）。大气环流遥相关型（如太平洋-北美型（PNA）和西太平洋型（WP）等）的研究揭示了气象要素大范围的空间结构特征，实际上这种特征与地统计学中结构性是一致的，但遥相关型是用计算点相关系数来获得的，因此可以预期，运用地统计学可以揭露出新的大气空间场结构特征。

地统计学的显著特点是，区域化变量在空间的不同位置上取样，要求具有某种程度的空间相关性。气象中研究的大多数变量场一般都具有一定程度上的相关。在地统计学中变量的空间变异可以分解为相关变异和随机变异两部分，这两部分通过变异函数来分解并定量化。通过对两部分的对比分析，了解气象要素场的空间相关性与随机性的相互关系，从而获得空间结构方面的信息，认识天气气候系统的潜在空间特征。

应用实例[9.7] 由长江流域范围内的0.25°×0.25°网格点降水量构成一个二维区域化变量。用式(9.46)分别计算1998年7月16—26日逐日降水量场南北和东西方向上的变异函数（魏凤英 等，2002b）。

图9.12为强降水过程南北方向的变异函数曲线。由图9.12可以看出，逐日降水场南北方向的变异函数值随降水的强弱发生了显著变化。在所研究的10天时段中，7月19日变异函数值最小，数值仅在80以内。7月22日变异函数值最大，数值可达2000，后者约为前者的几十倍，说明在降水弱时，空间相关性强，随着降水的增强和降水范围的扩大，空间相关性也会明显减弱。另外，从变异函数变化曲线看出，在分隔距离较小时，变异函数较小，说明降水系统在小尺度范围内变异程度小，空间相关性较好，随着分隔距离的加大，变异程度亦随之增大，空间相关性逐渐减弱。这从地统计学角度论证了暴雨的中尺度特征。

图9.13为逐日降水场东西方向上的变异函数值随降水的强弱发生的变化。由图9.13可以看出，19日变异函数值亦为最小，数值仅在

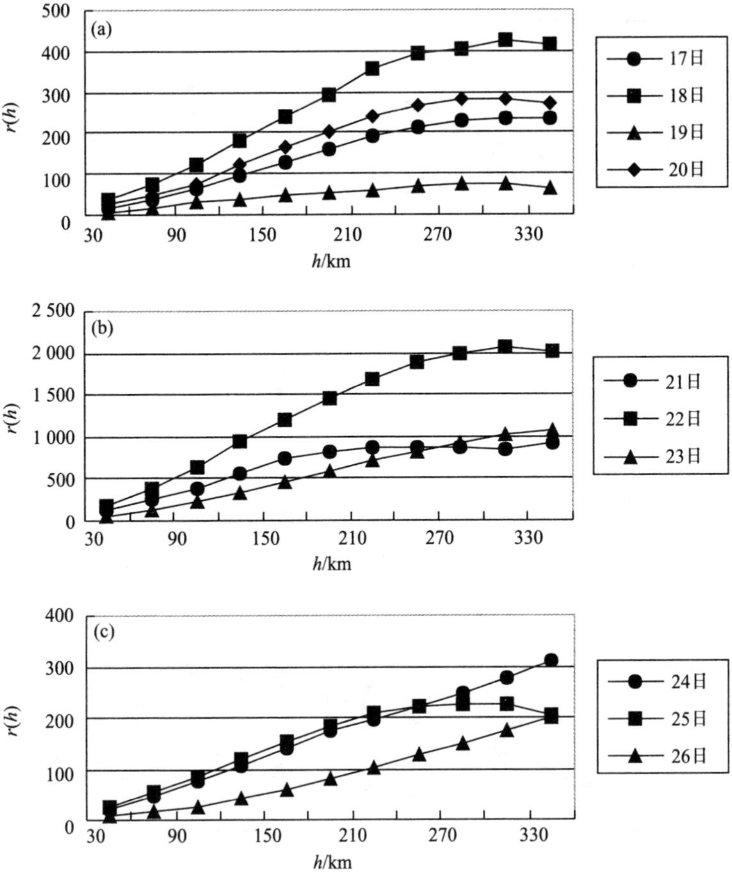

图 9.12 南北方向上变异函数曲线

(a)7 月 17—20 日;(b)7 月 21—23 日;(c)7 月 24—26 日

60 以下;22 日变异函数值最大,约为 1500。与南北方向相同,随着分隔距离由小至大,变异函数也由小变大,空间相关性逐渐减弱。

由式(9.48)计算的两个方向变异函数的比值可以表示空间变异的特性(表 9.3)。表 9.3 中 k_1 为南北方向与东西方向分隔距离 30～330 km 平均的变异函数的比值,k_2 表示西北—东南方向与东北—西南方向分隔距离 42～466 km 平均变异函数的比值。从表 9.3 中可以看

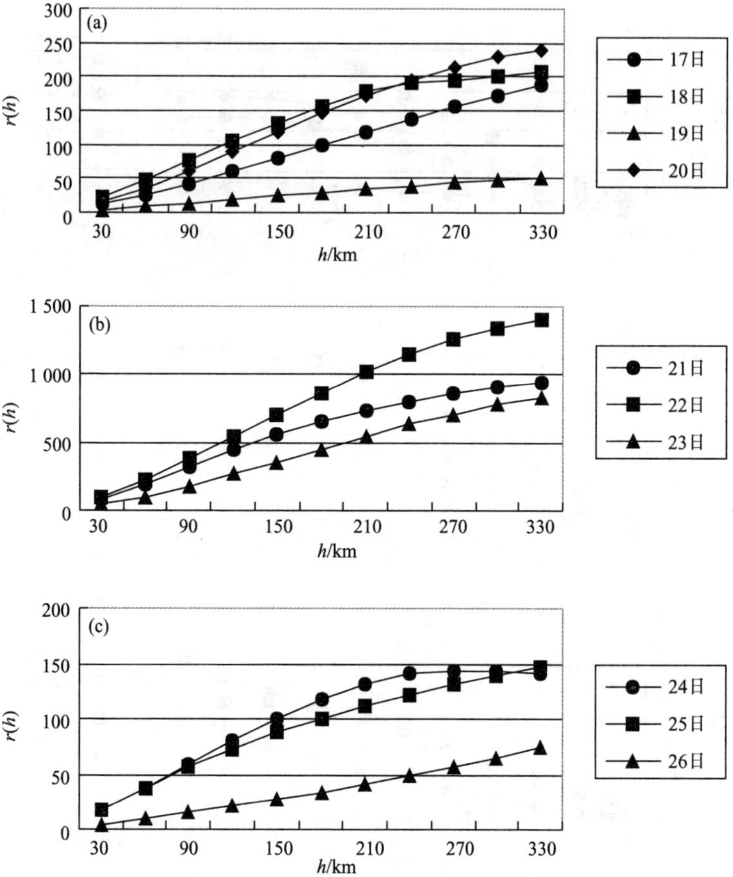

图 9.13 东西方向上变异函数曲线

(a)7 月 17—20 日;(b)7 月 21—23 日;(c)7 月 24—26 日

出,10 天的比值 k_1 均不等于 1,与有无强降水没有多大关系,其值在 0.47～0.86 之间摆动,表明长江流域的这次降水过程在南北方向与东西方向的空间分布是各向异性的。降水空间分布呈现出的各向异性可能是降水系统经过地区的地形、地理等条件不同造成的。由表 9.3 中的 k_2 看出,除 7 月 17、23 和 26 日外,其余 7 天西北—东南方向与东北—西南方向变异函数的比值与 1 接近,表现出各向同性的特性。上述3天降水场空间分布则为各向异性，它们所表现出的各向异性主要与降水位置有关。

表9.3　不同方向变异函数的比值

日期	07-17	07-18	07-19	07-20	07-21	07-22	07-23	07-24	07-25	07-26	平均
k_1	0.68	0.54	0.57	0.74	0.86	0.61	0.80	0.68	0.61	0.47	0.66
k_2	0.58	1.07	0.89	0.90	1.14	0.97	0.54	1.02	1.08	1.54	0.97

10 最优回归预测模型

回归分析是气候预测中应用最为广泛的统计方法。它是处理随机变量之间相关关系的一种有效手段。通过对大量历史观测数据的分析、计算,建立一个变量(因变量)与若干个变量(自变量)间的多元线性回归方程。经过显著性检验,若回归效果显著,则可将所建立的回归方程用于预测。

在气候预测中应用回归分析的目的是建立方程。在建立预测方程过程中的一个重要问题是,如何从众多备选的自变量中进行筛选,建立最优回归方程。所谓"最优"回归方程有两个含意:①预报准确。希望在最终预测方程中包含尽可能多的自变量,尤其不能遗漏对因变量有显著作用的自变量,回归方程中包含的自变量越多,回归平方和就越大,剩余平方和就越小,剩余方差一般就越小。②为了应用方便,又希望预测方程中含尽量少的变量。因此,最优回归方程应包含对因变量有显著作用的自变量,而不包含不显著的变量。目前,选择最优回归筛选方程的方法主要有:前向筛选法、后向筛选法、逐步筛选等。逐步筛选是气候预测中应用最普遍的方法。从一个自变量开始,按自变量对因变量作用的显著程度从大到小依次逐个引入回归方程。当先引入的变量由于后面变量的引入而变得不显著时,则将其剔除。这一方法的优点是计算量较小。已有理论和实践证明(施能 等,1992),上述 3 种方法均只能得到近似最优回归方程。欲想在某种变量选择准则下得到最优回归,就必须比较所有可能的变量组合的回归,按给定准则确定出最优回归子集。本章将介绍确定最优回归子集的具体计算方法。

在多元线性回归方程的参数估计中,最小二乘法是最常用的方法。但是,由于数据收集的局限性,使得自变量之间客观上存在近似线性关系,即存在复共线性关系。这种关系导致最小二乘法估计效果不稳定,甚至出现回归系数符号与实况相反的情况。对此，许多学者提出了改进的办法(陈希孺 等，1987；王学仁 等，1989)。例如，本章将要介绍的消除自变量之间复共线性的主成分回归和特征根回归、直接降低回归系数均方误差的岭回归就是常用的办法。

10.1 多元线性回归的基本方法

设因变量 y 与自变量 $x_1, x_2, \cdots, x_m$ 有线性关系，那么，建立 y 的 m 元线性回归模型：

$$y = \beta_0 + \beta_1 x_1 + \cdots + \beta_m x_m + \varepsilon \tag{10.1}$$

式中，$\beta_0, \beta_1, \cdots, \beta_m$ 为回归系数；ε 是遵从正态分布 $N(0, \sigma^2)$ 的随机误差。

在实际问题中，对 y 与 $x_1, x_2, \cdots, x_m$ 做 n 次观测，即 $y_t, x_{1t}, x_{2t}, \cdots, x_{mt}$，则有

$$y_t = \beta_0 + \beta_1 x_{1t} + \cdots + \beta_m x_{mt} + \varepsilon_t \tag{10.2}$$

建立多元回归方程的基本方法是：

(1)由观测值确定回归系数 $\beta_0, \beta_1, \cdots, \beta_m$ 的估计 $b_0, b_1, \cdots, b_m$，得到 y_t 对 $x_{1t}, x_{2t}, \cdots, x_{mt}$ 的线性回归方程：

$$\hat{y}_t = b_0 + b_1 x_{1t} + \cdots + b_m x_{mt} + e_t \tag{10.3}$$

式中，$\hat{y}_t$ 表示 y_t 的估计，e_t 是误差估计或称为残差。

(2)对回归效果进行统计检验。

(3)利用回归方程进行预报。

10.1.1 回归系数的最小二乘法估计

根据最小二乘法，要选择这样的回归系数 $b_0, b_1, \cdots, b_m$，使

$$Q = \sum_{t=1}^{n} e_t^2 = \sum_{t=1}^{n} (y_t - \hat{y}_t)^2 =$$

$$\sum_{t=1}^{n}(y_t - b_0 - b_1 x_{1t} - \cdots - b_m x_{mt})^2 \tag{10.4}$$

达到极小。为此，将 Q 分别对 $b_0,b_1,\cdots,b_m$ 求偏导数，并令 $\frac{\partial Q}{\partial b_i}=0$，经化简整理可以得到 $b_0,b_1,\cdots,b_m$，必须满足下列正规方程组：

$$\begin{cases} S_{11}b_1 + S_{12}b_2 + \cdots + S_{1m}b_m = S_{1y} \\ S_{21}b_1 + S_{22}b_2 + \cdots + S_{2m}b_m = S_{2y} \\ \quad\vdots \qquad\quad \vdots \qquad\qquad\quad \vdots \\ S_{m1}b_1 + S_{m2}b_2 + \cdots + S_{mm}b_m = S_{my} \end{cases} \tag{10.5}$$

$$b_0 = \bar{y} - b_1\bar{x}_1 - b_2\bar{x}_2 - \cdots - b_m\bar{x}_m \tag{10.6}$$

其中，

$$\bar{y} = \frac{1}{n}\sum_{t=1}^{n} y_t \tag{10.7}$$

$$\bar{x}_i = \frac{1}{n}\sum_{t=1}^{n} x_{it} \qquad i = 1,2,\cdots,m \tag{10.8}$$

$$S_{ij} = S_{ji} = \sum_{t=1}^{n}(x_{it}-\bar{x}_i)(x_{jt}-\bar{x}_j) =$$

$$\sum_{t=1}^{n} x_{it}x_{jt} - \frac{1}{n}\left(\sum_{t=1}^{n} x_{it}\right)\left(\sum_{t=1}^{n} x_{jt}\right) \quad i = 1,2,\cdots,m \tag{10.9}$$

$$S_{iy} = \sum_{t=1}^{n}(x_{it}-\bar{x}_i)(y_t-\bar{y}) =$$

$$\sum_{t=1}^{n} x_{it}y_t - \frac{1}{n}\left(\sum_{t=1}^{n} x_{it}\right)\left(\sum_{t=1}^{n} y_t\right) \quad i = 1,2,\cdots,m \tag{10.10}$$

解线性方程组(10.5)，即可求得回归系数 b_i，将 b_i 代入式(10.6)可求出常数项 b_0。

一般情况下，用矩阵来研究多元线性回归更便利，令

$$\boldsymbol{Y}=\begin{bmatrix}y_1\\y_2\\\vdots\\y_n\end{bmatrix}\qquad \boldsymbol{X}=\begin{bmatrix}1 & x_{11} & x_{12} & \cdots & x_{1m}\\1 & x_{21} & x_{22} & \cdots & x_{2m}\\\vdots & \vdots & \vdots & & \vdots\\1 & x_{n1} & x_{n2} & \cdots & x_{nm}\end{bmatrix}$$

$$\boldsymbol{\beta}=\begin{bmatrix}\beta_0\\\beta_1\\\vdots\\\beta_m\end{bmatrix}\qquad \boldsymbol{\varepsilon}=\begin{bmatrix}\varepsilon_1\\\varepsilon_2\\\vdots\\\varepsilon_n\end{bmatrix}\qquad \boldsymbol{b}=\begin{bmatrix}b_0\\b_1\\\vdots\\b_m\end{bmatrix}$$

多元线性回归模型(式(10.1))可以写为矩阵形式

$$\boldsymbol{Y}=\boldsymbol{X\beta}+\boldsymbol{\varepsilon} \tag{10.11}$$

正规方程组(10.5)的矩阵形式则为

$$(\boldsymbol{X}^{\mathrm{T}}\boldsymbol{X})\boldsymbol{b}=\boldsymbol{X}^{\mathrm{T}}\boldsymbol{Y} \tag{10.12}$$

因而回归系数的最小二乘法估计为

$$\boldsymbol{b}=(\boldsymbol{X}^{\mathrm{T}}\boldsymbol{X})^{-1}\boldsymbol{X}^{\mathrm{T}}\boldsymbol{Y} \tag{10.13}$$

回归系数向量 $\boldsymbol{b}$ 的数学期望为

$$\mathrm{E}(\boldsymbol{b})=\boldsymbol{\beta} \tag{10.14}$$

回归系数向量 $\boldsymbol{b}$ 的协方差阵为

$$\mathrm{E}[(\boldsymbol{b}-\boldsymbol{\beta})(\boldsymbol{b}-\boldsymbol{\beta})^{\mathrm{T}}]=\sigma^2(\boldsymbol{X}^{\mathrm{T}}\boldsymbol{X})^{-1} \tag{10.15}$$

可见,估计值 $\boldsymbol{b}$ 是参数 β 的无偏估计。

10.1.2 回归问题的统计检验

如前所述,我们是在假定 y 与 $x_1,x_2,\cdots,x_m$ 具有线性关系的条件下建立线性回归方程的。究竟 y 与 x_i 之间的线性关系是否显著? 所建立的回归方程效果如何? 这些需进行统计检验来回答。

10.1.2.1 回归方程效果的检验

(1)方差分析及 F 检验:检验回归方程效果的优劣及其预测精度

可以通过方差分析来实现。

将 y 的总离差平方和 $\boldsymbol{S}_{yy}$ 分解为

$$\boldsymbol{S}_{yy} = \boldsymbol{U} + \boldsymbol{Q} \tag{10.16}$$

其中

$$\boldsymbol{S}_{yy} = \sum_{t=1}^{n} (y_t - \bar{y})^2 \tag{10.17}$$

$$\boldsymbol{U} = \sum_{t=1}^{n} (\hat{y}_t - \bar{y})^2 \tag{10.18}$$

$$\boldsymbol{Q} = \sum_{t=1}^{n} (y_t - \hat{y}_t)^2 \tag{10.19}$$

其中,$\boldsymbol{U}$ 称为回归平方和,在与误差相比意义下,它的大小反映了自变量的重要程度;$\boldsymbol{Q}$ 称为残差平方和,它的大小反映了试验误差对结果的影响。它们的自由度分别为 $f_{yy}=n-1$,$f_U=m$,$f_Q=n-m-1$。可以利用 $\boldsymbol{U}$ 和 $\boldsymbol{Q}$ 的相对大小来衡量回归效果,即检验所建回归方程是否有意义。

构造统计量:

$$F = \frac{\boldsymbol{U}/m}{\boldsymbol{Q}/(n-m-1)} \tag{10.20}$$

原假设 $H_0:\beta_1=\beta_1=\cdots=\beta_m=0$。

若 H_0 成立,则认为回归方程无意义。可以证明,当 H_0 为真时,统计量 F 遵从自由度为 m 和 $n-m-1$ 的 F 分布。给定显著性水平 α,若计算值 $F>F_\alpha$,则在显著性水平 α 上拒绝原假设,认为回归方程有显著意义。

(2)复相关系数。回归方程效果的好坏亦可通过复相关系数来进行衡量。一个变量 y 与若干变量 x_i 之间的线性关系可以用一个多元线性回归方程表示。因此,复相关系数是衡量 y 与估计值 $\hat{y}$ 之间线性关系的一个量。复相关系数表示为

$$R = \frac{\sum_{t=1}^{n}(y_t - \bar{y})(\hat{y}_t - \bar{y})}{\sqrt{\sum_{t=1}^{n}(y_t - \bar{y})^2 \sum_{t=1}^{n}(\hat{y}_t - \bar{y})^2}} \tag{10.21}$$

可以证明，复相关系数为

$$R = 1 - \frac{Q}{S_{yy}} \tag{10.22}$$

R 的绝对值越大，表示回归效果越好。

10.1.2.2 自变量作用的检验

上述利用方差分析和复相关系数检验回归方程的总体效果，并不能说明每个自变量 x_i 都有效果。检验各个自变量对 y 的作用是否显著，需要逐一对自变量进行检验。

原假设 H_0：

$$\beta_i = 0 \qquad i = 1,2,\cdots,m$$

构造统计量：

$$F_i = \frac{b_i^2/C_i}{Q(n-2)} \qquad i = 1,2,\cdots,m \tag{10.23}$$

其中，

$$C_i = \left[\sum_{t=1}^{n}(x_{it} - \bar{x}_i)^2\right]^{-1} \tag{10.24}$$

Q 为残差平方和，由式(10.19)求出。统计量 F_i 遵从分子自由度为 1，分母自由度为 $n-2$ 的 F 分布。若 $F_i > F_\alpha$，则拒绝原假设，认为 x_i 在显著性水平 α 上对 y 的作用是显著的。

10.1.3 利用回归方程进行预测

将给定的样本值 $x_{1t+1}, x_{2t+1}, \cdots, x_{mt+1}$ 代入回归方程，即可得到一步预测：

$$\hat{y}_{t+1} = b_0 + b_1 x_{1t+1} + \cdots + b_m x_{mt+1} \tag{10.25}$$

实际使用时，应该给出 $\hat{y}_{t+1}$ 给定显著性水平的置信区间。当样本量 n 较大且 x_{it+1} 接近于 $\bar{x}_i$ 时，则可以近似地认为

$$y_{t+1} = \hat{y}_{t+1}$$

遵从 $N(0,\sigma)$ 分布。给定显著性水平 $\alpha=0.05$，则

$$P(\hat{y}_{t+1} - 1.96\sigma < y_{t+1} < \hat{y}_{t+1} + 1.96\sigma) = 0.95 \tag{10.26}$$

其中 σ 未知，用无偏估计量

$$S_y = \sqrt{\frac{Q}{n-m-1}} \tag{10.27}$$

代替。因此，y_{t+1} 的 $\alpha=0.05$ 的置信区间为

$$(\hat{y}_{t+1} - 1.96S_y, \hat{y}_{t+1} + 1.96S_y)。$$

应用实例[10.1]　因变量 y 为长江中下游夏季(6—8 月)降水量，3 个自变量分别为：冬季(12 月—翌年 2 月)北太平洋涛动指数(x_1)、1 月太平洋地区极涡面积指数(x_2)、5 月西太平洋副高脊线(x_3)，数据见表 10.1。取 1953—1996 年观测样本。这里 $n=44, m=3$。建立夏季降水量的多元线性回归方程。

用最小二乘法求出回归系数 b_0、b_1、b_2、b_3，得到回归方程：

$$\hat{y}_t = 287.4350 + 2.4959x_{1t} - 1.946x_{2t} - 2.9008x_{3t} \tag{10.28}$$

回归平方和 $U=201569.2$，残差平方和 $Q=641325.3$，复相关系数 $R=0.4890$。统计量值 $F=4.1907$，当 $\alpha=0.05$ 时，$F_{0.05}(3,40)=2.84$，$F>F_{0.05}$，因此认为，线性回归方程(10.28)在 $\alpha=0.05$ 的显著性水平上具有显著性。

根据式(10.23)可知，$F_3=7.1742$，$F_1=4.1154$，$F_2=0.8062$，而 $F_{0.05}(1,42)=4.07$。$F_3>F_{0.05}$，$F_1>F_{0.05}$，$F_2<F_{0.05}$，因此认为，x_1 和 x_3 对方程的作用是显著的，x_2 是不显著的。

表 10.1 1953—1996 年长江中下游夏季降水量试验数据

x_1	203	250	220	212	212	172	225	220	217	238
	199	195	222	224	229	216	201	199	227	195
	192	215	203	213	221	216	228	208	202	239
	204	240	209	234	247	234	222	202	211	212
	241	220	226	219						
x_2	109	−6	−61	−272	−180	33	−64	79	83	−85
	−78	97	−69	5	47	−102	−91	86	−96	−133
	1	−66	44	2	158	81	−8	−33	33	−108
	134	8	−18	138	166	120	−16	−13	−48	91
	8	16	41	29						
x_3	105	95	90	100	149	115	108	108	99	105
	105	109	140	133	149	149	105	109	140	134
	105	149	113	149	105	100	99	100	105	100
	99	110	105	145	90	105	120	115	105	90
	90	90	90	105						
y	446	1000	576	496	477	349	367	398	373	570
	378	416	477	364	342	388	778	526	395	370
	527	497	548	407	605	269	458	775	371	550
	662	512	370	481	558	478	606	433	552	466
	688	522	601	705						

10.2 最优子集回归

在气候预测工作中，逐步回归算法的应用是十分广泛的，它的最大优势是计算量及内存需求小。但是，从实践和理论上可以证明，在给定的自变量条件下，并不能获得一个最优回归方程。另外，选入和剔除自变量均基于统计检验，显著性水平 α 的选择具有任意性。很难从理论上以任何概率保证所筛选的自变量的显著性(俞善贤 等，1988)。特别是当引入方程中的自变量很多时，所建回归方程很容易通过回归效果的 F 检验或复相关系数检验，使检验流于形式。在计算机高速发展的今天，计算量及内存容量已不再是主要矛盾。因此，用最优子集回归替代逐步回归应成为一种趋势。最优子集回归(Optimal Subset Regression,OSR)是从自变量所有可能的子集回归中以某种准则确定出一个最优回归方程的方法。

10.2.1 方 法

所有可能的回归方法是由 Garside 在 1965 年提出来的。之后,Furnival (1971)和 Furnival 等(1974)对这一方法进行了完善和修改。

假设考虑有 m 个自变量的回归,由于每个变量有在方程内或不在方程内两种状态存在,因此,m 个自变量的所有可能的变量子集就有 2^m 个。除去方程一个变量也不含的空集外,实际有 2^m-1 个变量子集。可见,计算量是随自变量个数呈指数增长的。当 m 较大时,变量个数非常之大,例如,$m=10$ 时,则有 $2^{10}-1=1023$ 个变量子集,计算量和内存量是非常之大的。对于 20 世纪 70 年代以前的计算条件,这种计算是无法想象的。即使在计算机高速发展的今天,当 m 很大时,计算也相当困难。因此,有学者设计了计算所有可能回归的最佳算法。

建立最优回归预测方程,就是要从所有可能的回归中确定出一个效果最优的子集回归。具体做法是:按照一定的目的和要求,选定一种变量选择准则 s,每一个子集回归都能计算出一个 s 值,共有 2^m-1 个 s 值(由 Furnival(1971)设计的算法,并不需要 2^m-1 个回归)。s 越小(或越大)对应的回归方程效果就越好。在 2^m-1 个子集中,最小(或最大)值对应的回归为最优子集回归。

10.2.2 计 算

为解决所有可能回归的计算量与内存问题,统计学者相继设计出各种算法。其中 Furnival (1971)设计出几种计算所有可能回归的方式:字典式、二进制式、自然式和家族式。表 10.2 给出自变量个数 $m=4$ 时,按 4 种方式计算所有可能回归的顺序。由表 10.2 可以看出,这几种计算方式的共同特点是每种变量子集只出现过 1 次,就可以获得所有可能的回归。然后,根据给定的准则,选择最优回归方程。但是,当 m 很大时,计算量相当可观。因此,Furnival 等 (1974)又设计出不

表 10.2 计算所有可能回归的顺序($m=4$)

序号	字典式	二进制式	自然式	家族式
1	1	1	1	1
2	1 2	2	2	2
3	1 2 3	1 2	3	3
4	1 2 3 4	3	4	4
5	1 2 4	1 3	1 2	1 2
6	1 3	2 3	1 3	1 3
7	1 3 4	1 2 3	1 4	2 3
8	1 4	4	2 3	1 2 3
9	2	1 4	2 4	1 4
10	2 3	2 4	3 4	2 4
11	2 3 4	1 2 4	1 2 3	3 4
12	2 4	3 4	1 2 4	1 2 4
13	3	1 3 4	1 3 4	1 3 4
14	3 4	2 3 4	2 3 4	2 3 4
15	4	1 2 3 4	1 2 3 4	1 2 3 4

计算所有可能回归,而求最优子集回归的“分支定界法”。具体计算思路是:将 m 个自变量按某种原则分成若干组。设 A、B 为其中两组,若它们的残差平方和 $Q_A \leqslant Q_B$,则 B 变量组的所有可能的子集回归的残差平方和不会再比 Q_A 小,因此 B 变量组的所有可能的子集回归不需要计算。将 Q_A 视为一个界,凡是残差平方和比其大的变量组,其子集回归不全是最优的,不必计算。用这种构思计算最优子集回归,可以大幅度减少计算量。

10.2.3 选择最优子集回归的准则

上面提到逐步回归模型的确定是使用基于 F 检验的方法,对大型回归问题,F 临界值不好确定,F 值取得太大,方程中变量个数过少;F 值取得太小,又使得大批变量进入方程,不符合要求。因此,选择合适的最优子集回归的识别准则,是建立最优回归预测模型的一个重要问题。不同的目的可以选择不同的识别准则。这里介绍几种着眼于预测的识别准则。

10.2.3.1 平均残差平方和准则

设 k 为任一子集回归中的自变量个数，相应的残差平方和为

$$Q_k = \sum_{t=1}^{n}(y_t - b_1 x_{1t} - b_2 x_{2t} - \cdots - b_k x_{kt})^2 \tag{10.29}$$

那么，平均残差平方和定义为

$$M_{Q_k} = \frac{Q_k}{n-k} \tag{10.30}$$

当 k 较小时，残差平方和 Q_k 随着 k 的增大而减小。一旦 k 增大到一定程度，Q_k 不会明显减小，体现了对自变量个数过多所实施的调整。依这一准则，按 M_{Q_k} 越小越好为标准，选择回归子集。

10.2.3.2 C_p 准则

按照 C_p 准则的原意，下标 p 代表含常数项在内的子集回归中自变量个数。这里仍用 k 表示任一子集回归中自变量个数。定义 C_p 统计量为

$$C_p = \frac{Q_k}{\hat{\sigma}^2} - (n-2k) \tag{10.31}$$

其中，$\hat{\sigma}^2$ 为子集回归的方差。

$$\hat{\sigma}^2 = \frac{1}{n-1}\sum_{t=1}^{n}(y_t - \bar{y})^2 \tag{10.32}$$

从 C_p 统计量的性质可以推导出，C_p 越小越好。因此，依 C_p 准则可以选择出最优子集回归。

10.2.3.3 预测残差平方和准则

顾名思义，预测平方和准则是从预测观点出发的。但是，在计算预测偏差时，它与其他预测统计量的计算方法不同。它是用独立样本即建立回归时未曾用过的样本来计算预测偏差，期望以此准则选择出较

好预测效果的子集回归。

在变量 y 及子集回归中 k 个自变量 x_i 中剔除第 j 个观测样本 y_j 和 x_{ij}，得到回归模型：

$$y' = \beta_0 + \beta_1 x_1 + \beta_2 x_2 + \cdots + \beta_k x_k + \varepsilon \tag{10.33}$$

利用最小二乘法可以得到 β_i 的估计 $b_0, b_1, \cdots, b_k$，以此做出被剔除的第 j 个样本的预测值 $\hat{y}_j'$，计算预测残差：

$$d_j = y_j - \hat{y}_j' \tag{10.34}$$

再剔除另一组观测样本……这样依次对 n 个样本都轮做一遍，得到 $d_1, d_2, \cdots, d_n$，其平方和为

$$\text{PRESS}_k = \sum_{t=1}^{n} d_i^2 = \sum_{t=1}^{n} (y_t - \hat{y}_t') \tag{10.35}$$

称 PRESS_k 为预测残差平方和的统计量。以 PRESS_k 达到最小为准则，选择最优子集回归。

在实际使用时，可以利用完整的观测样本所计算的回归结果来计算统计量，避免要计算 n 个方程的麻烦。PRESS_k 的简化计算公式为：

$$\text{PRESS}_k = \sum_{t=1}^{n} \left(\frac{q_t}{1 - S_{tt}} \right) \tag{10.36}$$

其中，q_t 为一般残差，即

$$q_t = | y_t - b_1 x_{1t} - b_2 x_{2t} - \cdots - b_k x_{kt} | \tag{10.37}$$

S_{tt} 为最小二乘法计算过程中矩阵 $\boldsymbol{S} = \boldsymbol{X}(\boldsymbol{X}^{\mathrm{T}}\boldsymbol{X})^{-1}\boldsymbol{X}^{\mathrm{T}}$ 的对角元素。

10.2.3.4 CSC 准则

CSC 准则是针对气候预测特点提出的一种考虑数量和趋势预测效果的双评分准则（Couple Score Criterion，CSC）。它的具体推导将在第 11 章有关节中给出。这里仅给出使用选择最优子集回归时的计算形式。

设 k 为任一子集回归中自变量个数，CSC_k 定义为

$$CSC_k = S_1 + S_2 \tag{10.38}$$

式中，

$$S_1 = nR^2 = n\left(1 - \frac{Q_k}{Q_y}\right) \tag{10.39}$$

这里 Q_k 为残差平方和，Q_y 为气候学预报，

$$Q_y = \frac{1}{n}\sum_{t=1}^{n}(y_t - \bar{y})^2 \tag{10.40}$$

$$S_2 = 2I = 2\left[\sum_{i=1}^{I}\sum_{j=1}^{I} n_{ij}\ln n_{ij} + n\ln n - \left(\sum_{i=1}^{I} n_{i.}\ln n_{i.} + \sum_{j=1}^{I} n_{.j}\ln n_{.j}\right)\right] \tag{10.41}$$

这里 I 为预报趋势类别数，n_{ij} 为 i 类事件与 j 类估计事件的列联表中的个数，其中，

$$\begin{cases} n_{.j} = \sum_{i=1}^{I} n_{ij} \\ n_{i.} = \sum_{j=1}^{I} n_{ij} \end{cases} \tag{10.42}$$

以 CSC_k 达到最大为准则选择最优子集回归。

应用实例[10.2] 因变量 y 为长江中下游夏季(6—8 月)降水量。选取 10 个自变量：前期春季(前一年 3—5 月)、夏季(前一年 6—8 月)、秋季(前一年 9—11 月)和冬季(前一年 12 月至当年 2 月)平均赤道东太平洋海面温度(x_1, x_2, x_3, x_4)，上述四季南方涛动指数(x_5, x_6, x_7, x_8)，冬季北太平洋涛动指数(x_9)和 1 月太平洋地区极涡面积指数(x_{10})。观测样本量取为 1953—1996 年。这里 $n=44, m=10$。利用 Furnival 等 (1974)设计的“分支定界法”计算所有可能的子集回归，用 CSC 准则确定最优子集回归作为预测方程，并做 1997 和 1998 年两年长江中下游夏季降水量预报。

表 10.3 给出所有可能的最优子集及其对应的复相关系数及 CSC 值。由表 10.3 可以看出,由 5 个自变量组成的子集回归 CSC 值达到最大,因此为最优。其回归方程为

$$\hat{y}_t = -228.673 - 146.450x_{2t} + 232.000x_{3t} + 55.481x_{6t} + 3.404x_{9t} - 0.325x_{10t} \tag{10.43}$$

将 x_{2t}、x_{3t}、x_{6t}、x_{9t}和 x_{10t} 1953—1996 年观测值代入式(10.43),即可得到 1953—1996 年夏季降水量的回归拟合值。拟合均方根误差(RMSE)=119.4 mm。将上述 5 个自变量 1997 和 1998 年的观测值代入式(10.43),计算出这两年夏季降水量的预测值分别为 664.22 和 802.29 mm,实况为 556.00 和 779.00 mm。长江中下游夏季多年平均降水量为 502 mm,从数量上衡量 1997 年误差较大,1998 年误差较小,但从趋势上衡量预报均是正确的。

表 10.3 所有可能的最优子集

k	最优子集	R	CSC
1	x_9	0.31	7.80
2	$x_4\ x_9$	0.38	14.67
3	$x_2\ x_3\ x_9$	0.43	24.60
4	$x_2\ x_3\ x_9\ x_{10}$	0.48	26.30
5	$x_2\ x_3\ x_6\ x_9\ x_{10}$	0.51	31.49
6	$x_1\ x_2\ x_3\ x_6\ x_9\ x_{10}$	0.52	21.83
7	$x_1\ x_2\ x_3\ x_6\ x_8\ x_9\ x_{10}$	0.52	23.61
8	$x_1\ x_2\ x_3\ x_4\ x_6\ x_8\ x_9\ x_{10}$	0.54	25.03
9	$x_1\ x_2\ x_3\ x_4\ x_6\ x_7\ x_8\ x_9\ x_{10}$	0.54	23.55
10	$x_1\ x_2\ x_3\ x_4\ x_5\ x_6\ x_7\ x_8\ x_9\ x_{10}$	0.54	23.26

10.3 主成分回归

由于多元线性回归模型通常采用最小二乘法估计其参数,因此也称为最小二乘回归。最小二乘法对于有些情况就不适用。在自变量之

间存在近似线性关系，即存在复共线性时，回归的正规方程组(10.5)出现严重病态，导致回归方程极不稳定。如果方程中自变量相互无关，它们仅独立地对因变量有影响，这时正规方程组(10.5)的系数矩阵为对角矩阵，给计算带来了便利，且由自变量间的复共线性造成的问题就不存在了。在研究实际问题中，自变量间并非一定是相互无关的，常常需要人为地筛选或构造。对于具有多个自变量的线性回归问题，可以构造一些潜变量作为新的自变量。这些潜变量是由原有自变量进行线性变换得到的，且可以反映出原有变量所包含的基本信息。主成分分析就可以达到这种目的。利用主成分分析从多元随机变量的观测样本矩阵中提取主成分，它们是原变量的线性组合且相互正交。利用某种判据选取前几项方差较大的主成分，略去方差较小的一些主成分。这样不仅保留了大部分原有信息，又消除了复共线性，克服了最小二乘回归的缺点。这种利用主成分作为新自变量进行回归的方法是 Massy (1965)提出的，称为主成分回归(Principal Component Regression, PCR)。由于这里回归系数估计值的数学期望不再等于待估系数，因此不再是无偏估计，而称为有偏估计。应当强调的是，对于有偏估计仅仅是在存在复共线性时，才优于通常的最小二乘回归无偏估计。因此，在建立回归方程时，需要先研究自变量间是否存在复共线性。若存在复共线性才使用有偏估计，否则还是利用最小二乘无偏估计，毕竟它具有坚实的理论基础和应用实践。

10.3.1 复共线性的诊断

由 $x_1, x_2, \cdots, x_m$ 标准化处理后的数据构成一个自变量矩阵，记为 $\boldsymbol{X}$。诊断自变量矩阵 $\boldsymbol{X}$ 是否存在复共线性，可以采用以下两种简便的方法。

10.3.1.1 特征根法

若 $\boldsymbol{X}^{\mathrm{T}}\boldsymbol{X}$ 至少有一个特征根近似为 0，则矩阵 $\boldsymbol{X}$ 至少存在一个复共线性关系。假设特征根 $\lambda_{p+1}, \lambda_{p+2}, \cdots, \lambda_m \approx 0$，则与它们对应的标准正交化特征向量为 $v_{1p+1}, v_{2p+2}, \cdots, v_{mm}$。若存在复共线性，则有

$$v_{1i}x_1 + v_{2i}x_2 + \cdots + v_{pi}x_m \approx 0 \quad i = p+1, p+2, \cdots, m \tag{10.44}$$

这一方法的缺陷是没有给出一个定量的标准。

10.3.1.2 条件数

用条件数来判断是否存在复共线性及复共线性的严重程度。假设$\lambda_p \approx 0$,则条件数定义为

$$k = \frac{\lambda_1}{\lambda_p} \tag{10.45}$$

若 $0 < k < 100$,则认为不存在复共线性;若 $100 \leqslant k \leqslant 1000$,则认为存在较强复共线性;若 $k > 1000$,则认为存在严重的复共线性。

10.3.2 方法概述

多元线性回归模型的矩阵形式为

$$\boldsymbol{Y} = \boldsymbol{X\beta} + \boldsymbol{\varepsilon} \tag{10.46}$$

式中,$\boldsymbol{X}$ 为 $n \times m$ 维的自变量观测数据矩阵,这里假设已实施标准化处理。从矩阵 $\boldsymbol{X}$ 中提取 m 个自变量 $x_1, x_2, \cdots, x_m$ 的样本主成分矩阵。做法与第 7 章中介绍的经验正交函数分解类似。

设 $\boldsymbol{A} = \boldsymbol{X}^{\mathrm{T}}\boldsymbol{X}$ 的 m 个特征根为 $\lambda_1 \geqslant \lambda_2 \geqslant \cdots \geqslant \lambda_m > 0$,其相应的特征向量为 $\boldsymbol{v}_1, \boldsymbol{v}_2, \cdots, \boldsymbol{v}_m$,它们组成了正交矩阵 $\boldsymbol{V}$。$\boldsymbol{X}$ 与主成分矩阵 $\boldsymbol{T}$ 的关系表示为

$$\boldsymbol{X} = \boldsymbol{TV}^{\mathrm{T}} \quad 或 \quad \boldsymbol{T} = \boldsymbol{XV} \tag{10.47}$$

主成分 $\boldsymbol{T}$ 是原自变量的线性组合:

$$t_i = v_{1i}x_1 + v_{2i}x_2 + \cdots + v_{mi}x_m \quad i = 1, 2, \cdots, m。 \tag{10.48}$$

将式(10.47)代入式(10.46),回归模型为

$$\boldsymbol{Y} = \boldsymbol{TV}^{\mathrm{T}}\boldsymbol{\beta} + \boldsymbol{\varepsilon} = \boldsymbol{T\alpha} + \boldsymbol{\varepsilon} \tag{10.49}$$

$$\boldsymbol{\alpha}=\boldsymbol{V}^{\mathrm{T}}\boldsymbol{\beta} \quad 或 \quad \boldsymbol{\beta}=\boldsymbol{V}\boldsymbol{\alpha} \tag{10.50}$$

由于

$$\boldsymbol{T}^{\mathrm{T}}\boldsymbol{T}=\boldsymbol{\Lambda}=\begin{bmatrix}\lambda_1 & & & \\ & \lambda_2 & & \\ & & \ddots & \\ & & & \lambda_m\end{bmatrix} \tag{10.51}$$

由式(10.51)和(10.49)可以求出 α 的估计。

$$\hat{\boldsymbol{\alpha}}=(\boldsymbol{T}^{\mathrm{T}}\boldsymbol{T})^{-1}\boldsymbol{T}^{\mathrm{T}}\boldsymbol{Y}=\boldsymbol{\Lambda}^{-1}\boldsymbol{T}^{\mathrm{T}}\boldsymbol{Y} \tag{10.52}$$

那么,同时可以得到 $\boldsymbol{\beta}$ 的估计。

$$\hat{\boldsymbol{\beta}}=\boldsymbol{V}\boldsymbol{\Lambda}^{-1}\boldsymbol{T}^{\mathrm{T}}\boldsymbol{Y} \tag{10.53}$$

如果原自变量存在复共线性,使其正规方程组出现病态,且出现 λ_{p+1},λ_{p+2},…,λ_m 接近于 0 时,同时 t_{p+1},t_{p+2},…,t_m 取值接近于 0,就将它们略去。主成分 t_1,t_2,…,t_p 几乎可以反映原变量 x_1,x_2,…,x_m 的所有信息。将前 p 个主成分矩阵记作 $\boldsymbol{T}_1$,回归模型则表示为

$$\boldsymbol{Y}=\boldsymbol{T}_1\boldsymbol{\alpha}_1+\boldsymbol{\varepsilon} \tag{10.54}$$

p 维参数 $\boldsymbol{\alpha}_1=(\alpha_1,\alpha_2,\cdots,\alpha_p)^{\mathrm{T}}$ 的估计为

$$\hat{\boldsymbol{\alpha}}_1=(\boldsymbol{T}_1^{\mathrm{T}}\boldsymbol{T}_1)^{-1}\boldsymbol{T}_1^{\mathrm{T}}\boldsymbol{Y}=\boldsymbol{\Lambda}_1^{-1}\boldsymbol{T}_1^{\mathrm{T}}\boldsymbol{Y} \tag{10.55}$$

β 的主成分估计则为

$$\hat{\boldsymbol{\beta}}_c=\boldsymbol{V}_1\hat{\boldsymbol{\alpha}}_1=\hat{\alpha}_1v_1+\hat{\alpha}_2v_2+\cdots+\hat{\alpha}_pv_p \tag{10.56}$$

$\hat{\boldsymbol{\beta}}_c$ 的第 i 个分量为

$$\hat{\beta}_{ic}=\hat{\alpha}_1v_{i1}+\hat{\alpha}_2v_{i2}+\cdots+\hat{\alpha}_pv_{ip} \tag{10.57}$$

那么,主成分回归方程表示为

$$\hat{y}=\hat{\alpha}_1t_1+\hat{\alpha}_2t_2+\cdots+\hat{\alpha}_pt_p \tag{10.58}$$

至于所保留的主成分个数 p 的确定,可以参考 7.3 节中旋转经验

正交函数分解中旋转经验正交函数个数的确定办法。

将式(10.48)代入式(10.58),得

$$\hat{y} = \hat{\alpha}_1(v_{11}x_1 + v_{21}x_2 + \cdots + v_{m1}x_m) + \hat{\alpha}_2(v_{12}x_1 + v_{22}x_2 + \cdots + v_m x_m) + \cdots + \hat{\alpha}_p(v_{1p}x_1 + v_{2p}x_2 + \cdots + v_{mp}x_m) = (\hat{\alpha}_1 v_{11} + \hat{\alpha}_2 v_{12} + \cdots + \hat{\alpha}_p v_{1p}) + (\hat{\alpha}_1 v_{21} + \hat{\alpha}_2 v_{22} + \cdots + \hat{\alpha}_p v_{2p})x_2 + \cdots + (\hat{\alpha}_1 v_{m1} + \hat{\alpha}_2 v_{m2} + \cdots + \hat{\alpha}_p v_{mp})x_m \tag{10.59}$$

将式(10.57)代入原回归方程(10.46),就可以得到原变量的主成分回归方程:

$$\hat{y} = \hat{\beta}_{1C}x_1 + \hat{\beta}_{2C}x_2 + \cdots + \hat{\beta}_{mC}x_m \tag{10.60}$$

10.3.3 计算步骤

主成分回归的计算步骤可以简单地表述为:

(1)对原自变量进行标准化处理,得到矩阵 $\boldsymbol{X}$。

(2)求协方差矩阵 $\boldsymbol{X}^{\mathrm{T}}\boldsymbol{X}$。由于数据经标准化处理,因此得到的是相关矩阵。

(3)求解相关矩阵的特征根及相应特征向量。

(4)利用式(10.47)求出 p 个主成分 $t_1, t_2, \cdots, t_p$。

(5)利用式(10.55)求出系数 $\alpha_1, \alpha_2, \cdots, \alpha_p$ 的估计值。

(6)利用式(10.57)求出系数 β 的主成分估计值 $\beta_{1C}, \beta_{2C}, \cdots, \beta_{mC}$,并将它们代入式(10.60),即可得到原变量的主成分回归方程。

10.4 特征根回归

主成分回归仅从原自变量的样本数据中提取主成分,没有考虑自变量与因变量的关系。作为主成分回归的推广形式,Webster 等

(1974)提出了特征根回归(Latent Root Regression,LRR),将因变量也考虑进去。同样,也是从原有数据中提取相互正交的主成分,从而在消去原自变量复共线性的同时,也使所建立的回归方程能够表征自变量与因变量之间的相关关系。

10.4.1 回归系数的特征根估计

假设 $\boldsymbol{X}$ 是由因变量 y 和自变量 $x_1,x_2,\cdots,x_m$ 标准化处理后的数据矩阵。可以证明,由 $\boldsymbol{X}^{\mathrm{T}}\boldsymbol{X}$ 的特征根 λ_i 和 $v_i(i=0,1,\cdots,m)$ 可以将回归系数 β_i 的最小二乘估计 b_j 表示为

$$b_j = -S_{yy}\sum_{i=0}^{m} v_{ji}w_i \qquad j = 1,2,\cdots,m \tag{10.61}$$

式中,

$$w_i = \frac{v_{0i}}{\lambda_i \sum_{j=0}^{m}(v_{0j}^2/\lambda_j)} \qquad i = 0,1,\cdots,m; \tag{10.62}$$

$$S_{yy} = \sum_{t=1}^{n}(y_t - \bar{y})^2 \tag{10.63}$$

现在假设 $\lambda_i \approx 0, v_{0i} \approx 0\ (i=0,1,\cdots,p-1)$。那么,就将它们略去,这样式(10.61)就由剩下的 $p,p+1,\cdots,m$ 项来表示,即

$$\tilde{b}_j = -S_{yy}\sum_{i=p}^{m} v_{ji}w_i \tag{10.64}$$

式中,

$$w_i = \frac{v_{0i}}{\lambda_i \sum_{j=p}^{m}(v_{0j}^2/\lambda_j)} \qquad i = p,p+1,\cdots,m \tag{10.65}$$

10.4.2 计算步骤

建立特征根回归方程的计算步骤如下:

(1)对给定的因变量 y 和自变量 $x_1,x_2,\cdots,x_m$ 进行标准化处理。将处理后的因变量放在前面,自变量放在后面,构成一个数据矩阵,记为 $\boldsymbol{X}$。

(2)计算协方差矩阵 $\boldsymbol{X}^{\mathrm{T}}\boldsymbol{X}$,得到增广相关矩阵。

(3)求出增广相关矩阵的特征根 $\lambda_1,\lambda_2,\cdots,\lambda_m$ 及对应的特征向量 $\boldsymbol{v}_{0i},\boldsymbol{v}_{1i},\cdots,\boldsymbol{v}_{mi}(i=0,1,\cdots,m)$。

(4)将同时都非常接近于 0 的 λ_i、v_{0i} 去掉。在实际操作时,限定 $\lambda_i\leqslant 0.05$,$|v_{0i}|\leqslant 0.10$ 就认为它们近似等于 0。

(5)应用式(10.64)和(10.65)计算回归系数的特征根估计。

(6)建立特征根回归方程。

应用实例[10.3] 建立长春 6—8 月平均气温的特征根回归。取 1961—1995 年 35 年观测资料。选取 7 个自变量:

x_1——前一年年平均太阳黑子相对数;

x_2——前一年全球二氧化碳浓度;

x_3——前一年赤道东太平洋秋季(9—11 月)海面温度;

x_4——赤道东太平洋冬季(上一年 12 月至当年 2 月)海面温度;

x_5——当年长春 3—5 月降水总量;

x_6——前一年秋季南方涛动指数;

x_7——冬季南方涛动指数。

具体数据见表 10.4。这里 $n=35,m=7$。

首先,检测自变量是否存在复共线性。将 $x_1,x_2,\cdots,x_7$ 进行标准化处理构成自变量矩阵 $\boldsymbol{X}$,$\boldsymbol{X}^{\mathrm{T}}\boldsymbol{X}$ 的 7 个特征根分别为:$\lambda_2=237.9285$,$\lambda_6=3.7154$,$\lambda_7=1.5646$,$\lambda_3=1.3016$,$\lambda_5=0.2995$,$\lambda_1=0.1671$,$\lambda_4=0.02336$。

由于 $\lambda_4\approx 0$,因此条件数为

$$k=\frac{\lambda_1}{\lambda_4}=10185.2954$$

$k>1000$,所以认为 $\boldsymbol{X}$ 存在严重的复共线性。由于最小特征根 $\lambda_4\approx 0$,按式(10.44),以特征向量 $\boldsymbol{v}_{i4}$ 为系数的关系为

表 10.4　长春 6—8 月平均气温试验数据

y	22.3	21.9	22.2	20.8	21.3	21.4	21.7
	21.3	20.3	21.9	21.0	20.9	21.6	21.4
	21.9	20.7	21.5	22.1	21.2	21.4	21.3
	23.1	20.9	21.9	21.3	21.1	21.3	22.6
	21.4	21.5	21.7	21.1	21.2	23.8	21.8
x_1	112	54	38	28	10	9	47
	94	106	106	105	67	69	38
	35	16	13	28	93	155	155
	141	110	67	46	18	13	29
	100	158	142	163	105	59	36
x_2	317.02	317.74	318.63	319.13	319.69	320.41	321.09
	321.90	322.72	324.21	325.51	326.48	327.60	329.82
	330.41	331.01	332.06	333.62	335.19	336.54	338.40
	339.46	340.76	342.76	344.34	345.65	346.80	348.56
	351.30	352.71	353.99	355.45	356.28	356.98	358.78
x_3	0.21	−0.21	−0.33	0.62	−0.85	1.04	−0.32
	−0.72	0.24	0.71	−0.53	−0.61	1.46	−0.87
	−0.46	−0.94	0.88	0.22	−0.30	0.19	−0.10
	−0.25	0.99	0.34	−0.42	−0.29	0.51	1.32
	−1.10	−0.30	0.12	0.97	0.52	0.78	1.03
x_4	0.23	−0.26	−0.33	0.62	−0.28	1.05	−0.40
	−1.01	0.47	0.80	−0.94	−0.44	1.05	−1.29
	−0.38	−1.02	0.65	0.19	−0.10	0.32	−0.21
	−0.04	1.74	0.21	−0.67	−0.22	0.89	0.80
	−1.15	−0.15	0.11	1.28	0.46	0.45	1.04
x_5	68	68	22	31	45	35	100
	106	76	57	58	72	98	79
	46	136	63	80	55	127	98
	61	166	54	54	88	52	98
	36	149	65	84	42	71	120
x_6	0.40	0.00	0.60	−1.10	0.90	−1.50	−0.30
	−0.10	−0.40	−0.90	1.30	1.30	−1.10	1.60
	0.60	1.80	−0.20	−1.30	−0.30	−0.30	−0.50
	−0.10	−2.50	0.40	−0.10	−0.30	−0.50	−0.70
	1.80	0.30	−0.50	−1.40	−0.90	−0.80	−1.40

(续表)

x_7	0.40	1.00	0.50	−0.80	−0.30	−0.80	1.00
	0.20	−1.00	−0.90	1.40	0.40	−1.10	2.20
	−0.10	1.80	−0.10	−0.70	−0.10	−0.20	−0.20
	0.60	−3.90	0.20	0.00	−0.20	−1.50	−0.60
	1.40	−1.10	0.00	−2.40	−1.10	−0.10	−0.80

$$-0.6267x_1 - 0.6263x_2 - 0.6199x_3 - 0.0199x_4 - 0.6170x_5 - 0.6146x_6 - 0.6255x_7 \approx 0$$

该式就是一个复共线性关系。可以看出，x_4 的系数非常小。

增广相关矩阵的特征根及对应的特征向量见表 10.5。从表 10.5 中可以看出，$\lambda_0 = 0.0284 < 0.05$，同时 $|v_{00}| = 0.0286 < 0.10$，故略去。其余特征根均大于 0.05。因此，式(10.65)和(10.66)中的求和从 $p=1$ 开始计算回归系数的特征根估计。为了比较，用表 10.4 的数据计算通常的最小二乘的多元线性回归。计算结果列于表 10.6。从表 10.6 中可以看出，与最小二乘回归相比，特征根回归系数的数值改变了不少，而且 b_4 的符号由正变为负。这表明在两种回归方法中，自变量 x_4 对 y 的作用完全相反。这一实例可以进一步证明，如果自变量矩阵存在严重的复共线性，则可能导致最小二乘回归系数符号与实况相反。这时需要用有偏估计方法。最小二乘回归系数 b_4 为负，其含义是，前一年秋季赤道东太平洋海面温度高，则长春夏季气温亦高。而大量研究工作的结论恰好相反(魏松林，1992)。特征根估计将 b_4 的符号变为负号更符合实际。

表 10.5 增广相关矩阵的特征根及特征向量

i	0	1	2	3	4	5	6	7
λ_i	0.0284	0.1483	0.2203	0.6350	0.6917	1.1787	1.4208	3.6767
v_{0i}	−0.0286	−0.0071	0.0537	−0.5446	0.7365	0.0138	−0.1175	0.3784
v_{1i}	−0.1958	0.0396	0.0873	0.1075	−0.3257	−0.0440	−0.7402	0.5339
v_{2i}	−0.2491	0.1304	0.0555	0.6351	0.2602	−0.0417	0.4253	0.5140
v_{3i}	0.4193	0.3236	−0.7338	0.0793	0.0354	0.3776	−0.1051	0.1408
v_{4i}	−0.1171	0.6739	−0.1502	−0.0346	−0.0578	−0.7001	−0.2595	−0.1198
v_{5i}	0.7981	0.1767	0.5073	0.0484	−0.0698	−0.1205	0.0624	0.2209
v_{6i}	−0.2638	0.6175	0.3527	−0.2410	−0.1677	0.5690	0.0998	−0.0686
v_{7i}	0.0515	0.1001	0.2089	0.4696	0.4962	0.1588	−0.4814	−0.4690

表 10.6 回归系数

回归系数	b_1	b_2	b_3	b_4	b_5	b_6	b_7
特征根回归	0.2584	0.9826	1.9799	−0.3866	−0.5346	−1.2385	0.2805
最小二乘回归	0.0008	0.0143	0.1128	0.3769	−0.0025	−0.2632	0.5614

10.5 岭回归

岭回归(Ridge Regression, RR)是 Hoerl 等(1970)首先提出来的。它也是一种有偏估计,旨在克服自变量之间存在的复共线性。

10.5.1 方法概述

由 10.1 节可知,最小二乘估计为

$$\hat{\boldsymbol{\beta}} = (\boldsymbol{X}^{\mathrm{T}}\boldsymbol{X})^{-1}\boldsymbol{X}^{\mathrm{T}}\boldsymbol{Y} \tag{10.66}$$

对于多元线性回归模型中的回归系数的岭估计为

$$\hat{\boldsymbol{\beta}}(k) = (\boldsymbol{X}^{\mathrm{T}}\boldsymbol{X} + k\boldsymbol{I})^{-1}\boldsymbol{X}^{\mathrm{T}}\boldsymbol{Y} \tag{10.67}$$

式中,k 为任一正常数,I 为单位矩阵。由于是用标准化处理过的数据,因此 $\boldsymbol{X}^{\mathrm{T}}\boldsymbol{X}$ 为相关矩阵。比较式(10.66)和(10.67)可见,岭估计是在式(10.66)中相关矩阵的对角线元素上加了一个常数 k,其余不变。事实上,是人为地设置了每个变量的变化范围。因此,形象地将 k 称为岭参数。假设 $\boldsymbol{X}^{\mathrm{T}}\boldsymbol{X}$ 的特征根为 $\lambda_1 \geqslant \lambda_2 \geqslant \cdots \lambda_m > 0$,$(\boldsymbol{X}^{\mathrm{T}}\boldsymbol{X}+k\boldsymbol{I})$的特征根就为 $\lambda_1+k,\lambda_2+k,\cdots,\lambda_m+k$,使近似于 0 的程度得到改善。从直观上想象,这种做法可以消除变量矩阵的复共线性,得到优于最小二乘估计的岭回归估计。

10.5.2 岭参数的确定

由于 k 是一任意正的常数,因此 k 取值不同,得到的岭估计也不同。因此,在实际应用中,k 值的确定十分关键。近年来,陆续提出了一些确定 k 值的方法,但目前还没有一种公认的最优方法。下面给出几种常用的方法。

10.5.2.1 岭迹法

为确定 k，将岭回归估计 $b_i(k)(i=1,2,\cdots,m)$ 作为 k 的函数在平面直角坐标系上画岭迹图，k 取值范围为 $0<k<\infty$。岭迹图反映了各自变量岭回归系数 $b(k)$ 随 k 的变化，并能直接比较系数之间的相互作用。根据岭迹图确定 k 值的选取。例如，图 10.1a 所示的岭迹曲线很不稳定，表示最小二乘估计没有很好地反映数据的实际情况。如果岭迹曲线比较平稳（图 10.1b），表明最小二乘估计正常。如果岭迹介于二者之间，恰当选择 k 值，用岭回归替代最小二乘回归。

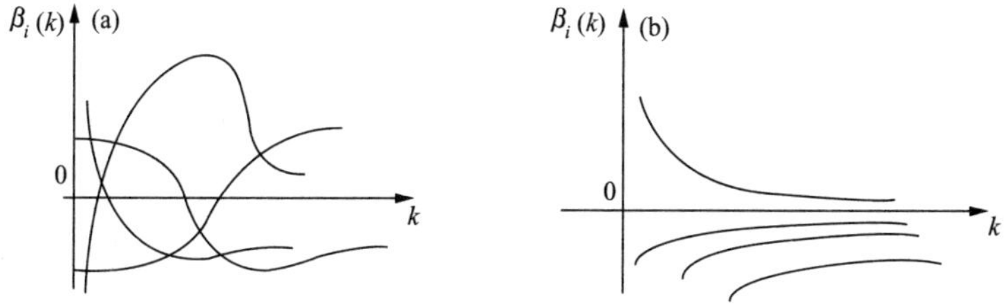

图 10.1 岭迹图

根据岭迹图选择 k 值的原则如下：

(1)回归系数的岭估计基本稳定；

(2)改变最小二乘估计回归系数符号的不合理现象；

(3)回归系数不出现不合理的绝对值；

(4)残差平方和增加不大。

由于资料矩阵已经过标准化处理，可以直接比较岭回归系数的大小。分析岭迹还可以进行变量的选取。对于岭回归系数稳定但绝对值较小的变量或岭回归系数不稳定，但随着 k 值的增大而趋于 0 的变量可以删去，对剩余变量做新的岭回归。这一方法的缺点是 k 的选择具有一定的主观随意性。

10.5.2.2 均方误差最优法

这种方法选择 k 值的原则是，使岭回归估计的均方误差达到最小。最小二乘估计的均方误差定义为

$$\mathrm{MSE}(\hat{\boldsymbol{\beta}}) = \mathrm{E}[(\hat{\boldsymbol{\beta}} - \boldsymbol{\beta}^{\mathrm{T}})(\hat{\boldsymbol{\beta}} - \boldsymbol{\beta})] \tag{10.68}$$

一个好的估计应该有较小的均方误差。由于 $\hat{\boldsymbol{\beta}}$ 是 $\boldsymbol{\beta}$ 的无偏估计，$\boldsymbol{X}^{\mathrm{T}}\boldsymbol{X}$ 是非负定实对称矩阵且有逆矩阵。$(\boldsymbol{X}^{\mathrm{T}}\boldsymbol{X})^{-1}$ 的特征根为 $\lambda_1^{-1},\lambda_2^{-1},\cdots,\lambda_m^{-1}$，因此推导出最小二乘估计的均方误差，可以表示为

$$\mathrm{MSE}(\hat{\boldsymbol{\beta}}) = \sigma^2 \sum_{i=1}^{m} \frac{1}{\lambda_i} \tag{10.69}$$

而岭回归的均方误差 $\mathrm{MSE}[\hat{\boldsymbol{\beta}}(k)]$是常数 k 的函数。若存在 $k>0$，使得

$$\mathrm{MSE}[\hat{\boldsymbol{\beta}}(k)] < \mathrm{MSE}(\boldsymbol{\beta}) \tag{10.70}$$

在均方误差意义下，岭回归估计优于最小二乘估计。可见，最优的 k 值依赖于未知数 $\hat{\boldsymbol{\beta}}(k)$ 及 σ^2。由于 $\hat{\boldsymbol{\beta}}(k)$ 及 σ^2 未知，计算时采用迭代算法。先用最小二乘估计 $\hat{\boldsymbol{\beta}}$ 和 $\hat{\boldsymbol{\sigma}}^2$ 代替，求出最优的 k 值，记为 k_1，算出 $\hat{\boldsymbol{\beta}}(k_1)$，再用 $\hat{\boldsymbol{\beta}}(k_1)$ 和 $\hat{\sigma}^2$ 代替，算出最优的 k_2……如此迭代下去，直到 k 值稳定为止。

10.5.2.3 预测残差平方和法

10.2 节曾介绍过用预测残差平方和准则来确定最优子集回归。预测残差平方和 PRESS 越小，回归模型性能越好。

将 PRESS 用于岭回归估计。对特定的 k 值，用式(10.36)计算出岭回归的 PRESS，并做出 PRESS 对 k 关系的曲线，将使 PRESS 达到最小值的 k 值作为岭参数。

应用实例[10.4] 将岭回归方法用于表 10.4 的数据。用均方误差最优法确定 k 值。表 10.7 给出不同 k 值时的岭回归系数。

表 10.7 不同 k 值时的回归系数

k	x_1	x_2	x_3	x_4	x_5	x_6	x_7
0	−0.0017	0.0654	−0.6251	1.1376	−0.0030	−0.3891	0.9068
0.6753	−0.0017	0.0655	−0.1655	0.5439	−0.0034	−0.3075	0.7035
1.3506	−0.0018	0.0655	−0.0368	0.3619	−0.0036	−0.2670	0.6195
2.0258	−0.0019	0.0656	0.0185	0.2726	−0.0037	−0.2384	0.5656
2.7011	−0.0019	0.0656	0.0464	0.2191	−0.0038	−0.2160	0.5250

由表 10.7 可以看出，x_1 和 x_5 的系数比较稳定且绝对值很小，因此将它们剔除。用剩余变量再进行岭回归。

10.6　偏最小二乘回归

为了克服多元回归因变量与自变量存在的复共线性问题，统计学家们发展了如前几节介绍的主成分回归、特征根回归、岭回归等一系列有偏估计方法。Wold 等(1984)提出用偏最小二乘来解决复共线性问题。应用研究表明，当自变量与因变量存在复共线性时，偏最小二乘回归建模效果优于最小二乘回归建模。由于偏最小二乘回归可用于多因变量，因此也可用于变量场的降尺度分析(魏凤英 等，2010)。

10.6.1　方法概述

偏最小二乘回归为解决回归中存在的复共线性问题开辟了一种新的技术途径。利用提取、筛选主成分的方式，提取对因变量影响最显著的综合变量。10.3 节中介绍的主成分回归只对自变量提取主成分，没有考虑因变量，而偏最小二乘回归既对自变量提取主成分也对因变量提取主成分，它适用于多因变量对多自变量的回归建模。

设有 p 个自变量 $\{x_1, x_2, \cdots, x_p\}$ 和 q 个因变量 $\{y_1, y_2, \cdots, y_q\}$，构成有 n 个样本量的自变量和因变量矩阵 $\boldsymbol{X}$ 和 $\boldsymbol{Y}$。偏最小二乘回归的基本思路是：

(1)首先提取 $\boldsymbol{X}$ 与 $\boldsymbol{Y}$ 的主成分 v_1 和 u_1，v_1 是 $\{x_1, x_2, \cdots, x_p\}$ 的线性组合，u_1 是 $\{y_1, y_2, \cdots, y_q\}$ 的线性组合。得到的主成分 v_1 和 u_1 应最大可能涵盖原数据矩阵变化的主要特征，且 v_1 和 u_1 两者的相关能够达最大。这里只是对偏最小二乘方法进行概述，实际计算时对 $\boldsymbol{X}$ 和 $\boldsymbol{Y}$ 是要经过标准化处理后再提取主成分。

(2)实施 $\boldsymbol{X}$ 对 v_1 的回归、$\boldsymbol{Y}$ 对 v_1 的回归。

(3)利用预测残差平方和等准则对回归方程进行检验，若通过检验则停止计算，否则，利用 $\boldsymbol{X}$ 对 v_1 及 $\boldsymbol{Y}$ 对 v_1 回归的残差实施第二次主成分的提取，如此往复，直至回归方程通过 PRESS 准则为止。

(4)假设 **X** 共提取出 h 个主成分，建立 $y_1,y_2,\cdots,y_q$ 对$v_1,v_2,\cdots,v_h$ 的偏最小二乘法回归方程。

10.6.2 交叉有效性

通常情况下，偏最小二乘回归只需选取几个可以表征变量主要信息的主成分建模。我们这里介绍利用交叉有效性确定选取的主成分个数的方法。交叉有效性是采用类似于抽样测试的方式，将 n 个样本分成两部分：一部分是剔除某个样本点 i 的其余所有 $n-1$ 个样本集合，用 $n-1$ 个样本使用 h 个主成分建立一个回归方程；另一部分是将被剔除的样本点 i 代入到前一部分所建立的回归方程，得到在样本点 i 上的拟合值 $\hat{y}_{h(-i)}$。对于所有样本 $i=1,2,\cdots,n$ 重复上述过程，这样定义预测残差平方和

$$\mathrm{PRESS}_h=\sum_{i=1}^{n}(y_i-\hat{y}_{h(-i)})^2$$

另外，在采用所有的样本建立包含 h 个主成分的回归方程，第 i 个样本点的预测值为 $\hat{y}_{hi}$，定义残差平方和

$$\mathrm{SS}_h=\sum_{i=1}^{n}(y_i-\hat{y}_{hi})^2$$

SS_{h-1} 则是使用全部样本建立的具有 $h-1$ 个主成分回归方程的拟合残差平方和。如果含有 h 个主成分的回归方程的拟合残差平方和 PRESS_h 在一定程度上小于含有 $h-1$ 个主成分回归方程的拟合残差平方和 SS_{h-1}，则认为增加一个主成分会使预测精度提高。因此 PRESS_h 与 SS_{h-1} 的比值越小说明精度越高。由上述思路定义引入主成分 v_h 的交叉有效性：

$$Q_h^2=1-\frac{\mathrm{PRESS}_h}{\mathrm{SS}_{h-1}}$$

当 $Q_h^2\geqslant(1-0.95^2)=0.0975$ 时，则认为主成分 v_h 的贡献是显著的。

10.6.3 建模步骤

建立多因变量的偏最小二乘回归模型的步骤如下（杨国栋，2013）。

(1) 对自变量矩阵 $\boldsymbol{X}$ 进行标准化处理，得到矩阵 $\boldsymbol{E}_0 = \{E_{01}, E_{02}, \cdots, E_{0p}\}$，矩阵 $\boldsymbol{E}_0$ 由 p 个变量 n 个样本量构成；对因变量矩阵 $\boldsymbol{Y}$ 进行标准化处理，得到矩阵 $\boldsymbol{F}_0 = \{F_{01}, F_{02}, \cdots, F_{0q}\}$，矩阵 $\boldsymbol{F}_0$ 由 q 个变量 n 个样本量构成。

(2)提取 $\boldsymbol{E}_0$ 的第一个主成分 $v_1 = \boldsymbol{E}_0 w_1$，$\|w_1\| = 1$；提取 $\boldsymbol{F}_0$ 的第一个主成分 $u_1 = \boldsymbol{F}_0 c_1$，$\|c_1\| = 1$。$v_1$、$u_1$ 同时满足 $\mathrm{Var}(v_1) \to \max$，$\mathrm{Var}(u_1) \to \max$，$r(v_1, u_1) \to \max$。$w_1$、$c_1$ 分别是矩阵 $\boldsymbol{E}_0^T \boldsymbol{E}_0 \boldsymbol{F}_0^T \boldsymbol{F}_0$、$\boldsymbol{F}_0^T \boldsymbol{F}_0 \boldsymbol{E}_0^T \boldsymbol{E}_0$ 最大特征值的单位特征向量，采用拉格朗日算法求得。

(3)分别求出 $\boldsymbol{E}_0$、$\boldsymbol{F}_0$ 对 v_1、u_1 的 3 个回归方程：

$$\boldsymbol{E}_0 = v_1 \boldsymbol{p}_1^T + \boldsymbol{E}_1$$

$$\boldsymbol{F}_0 = u_1 \boldsymbol{q}_1^T + \boldsymbol{F}_1^*$$

$$\boldsymbol{F}_0 = v_1 \boldsymbol{r}_1^T + \boldsymbol{F}_1$$

上述 3 个回归方程中 $\boldsymbol{p}_1$、$\boldsymbol{q}_1$、$\boldsymbol{r}_1$ 是回归系数向量，$\boldsymbol{E}_1$、$\boldsymbol{F}_1^*$、$\boldsymbol{F}_1$ 是残差矩阵。回归系数向量由下式求出：

$$\boldsymbol{p}_1 = \frac{\boldsymbol{E}_0^T v_1}{\|v_1\|^2}$$

$$\boldsymbol{q}_1 = \frac{\boldsymbol{F}_0^T u_1}{\|u_1\|^2}$$

$$\boldsymbol{r}_1 = \frac{\boldsymbol{F}_0^T v_1}{\|v_1\|^2}$$

(4)用残差矩阵 $\boldsymbol{E}_1$、$\boldsymbol{F}_1$ 取代 $\boldsymbol{E}_0$、$\boldsymbol{F}_0$，继续按照上述步骤提取第二个主成分进行回归，依此类推，如果 $\boldsymbol{X}$ 的秩为 A，则有

$$\boldsymbol{E}_0 = v_1 \boldsymbol{p}_1^{\mathrm{T}} + v_2 \boldsymbol{p}_2^{\mathrm{T}} + \cdots + v_A \boldsymbol{p}_A^{\mathrm{T}}$$

$$\boldsymbol{F}_0 = v_1 \boldsymbol{r}_1^{\mathrm{T}} + v_2 \boldsymbol{r}_2^{\mathrm{T}} + \cdots + v_A \boldsymbol{r}_A^{\mathrm{T}} + \boldsymbol{F}_A$$

11 均生函数预测模型

在现有的时间序列预测模型中，如 AR、ARMA 和 TAR 模型等，在制作多步预测时，预测值会趋于平均值，且往往对极值的拟合效果欠佳。指数平滑模型和灰色模型等可以制作多步预测，但它们表示的是一种指数增长，对于呈起伏型变化的气候序列不适用。依据气候时间序列蕴含不同时间尺度振荡的特征，我们拓宽了数理统计中算术平均值的概念，定义了时间序列的均值生成函数（Mean Generating Function，MGF，简称均生函数），提出了视均生函数为原序列生成的、体现各种长度周期性的基函数的新构思。在基函数基础上，相继给出了几种适于不同类型序列的建模方案（魏凤英 等，1983，1986，1990a，1990b）。均生函数预测模型既可以做多步预测，又可以较好地预测极值，解决了上述两类模型的难题，为长期天气预报和短期气候预测开辟了一条新途径。就建模方法而言，均生函数模型是借助多元分析的手段，解决时间序列预测问题的一种尝试。

本章将给出均生函数的定义，重点叙述设计较完善、适用性较强的一种建模方案。我们将均生函数概念扩充到模糊集中，定义出模糊均生函数，给出相应的建模方案及实施步骤。

11.1 均值生成函数

设一时间序列

$$x(t) = \{x(1), x(2), \cdots, x(n)\} \tag{11.1}$$

式中，n 为样本量。$x(t)$ 的均值为

$$\bar{x} = \frac{1}{n}\sum_{i=1}^{n} x(i) \tag{11.2}$$

对于式(11.1)定义均值生成函数

$$\bar{x}_l(i) = \frac{1}{n_l}\sum_{j=0}^{n_l-1} x(i+jl) \qquad i=1,\cdots,l;\quad 1\leqslant l\leqslant m \tag{11.3}$$

式中，$n_l=\mathrm{INT}(n/l)$，$m=\mathrm{INT}(n/2)$或$\mathrm{INT}(n/3)$，INT 表示取整数。

根据式(11.3)，可以得到 m 个均生函数

$$\begin{array}{l}
\bar{x} \\
\bar{x}_2(1),\bar{x}_2(2) \\
\bar{x}_3(1),\bar{x}_3(2),\bar{x}_3(3) \\
\qquad\vdots \\
\bar{x}_m(1),\bar{x}_m(2),\cdots,\bar{x}_m(m)
\end{array}$$

由此可见，均生函数是由时间序列按一定的时间间隔计算均值而派生出来的。

将均生函数定义域延拓到整个数轴上，即做周期性延拓：

$$f_l(t) = \bar{x}_l(i),\quad t\equiv i[\mathrm{mod}(l)] \qquad t=1,2,\cdots,n \tag{11.4}$$

这里 mod 表示同余。我们称 $f_l(t)$ 为均生函数延拓序列，它是一种周期函数。由此构造出均生函数延拓矩阵：

$$\boldsymbol{F} = (f_{ij})_{n\times m} \qquad f_{ij} = f_l(t) \tag{11.5}$$

$$\boldsymbol{F} = \begin{bmatrix}
\bar{x} & \bar{x}_2(1) & \bar{x}_3(1) & \cdots & \bar{x}_m(1) \\
\bar{x} & \bar{x}_2(2) & \bar{x}_3(2) & \cdots & \bar{x}_m(2) \\
\bar{x} & \bar{x}_2(1) & \bar{x}_3(3) & \cdots & \\
\bar{x} & \bar{x}_2(2) & \bar{x}_3(1) & \cdots & \vdots \\
 & & & & \bar{x}_m(m) \\
\vdots & \vdots & \vdots & & \vdots \\
\bar{x} & \bar{x}_2(i_2) & \bar{x}_3(i_3) & \cdots & \bar{x}_m(i_m)
\end{bmatrix} \tag{11.6}$$

式中，$\bar{x}_2(i_2)$表示顺序取 $\bar{x}_2(1)$、$\bar{x}_2(2)$之一，$\bar{x}_3(i_3)$表示顺序取 $\bar{x}_3(1)$、$\bar{x}_3(2)$、$\bar{x}_3(3)$之一，余类推。称 f_l 为延拓均生函数。

如同在数理统计中通常所要求的，序列样本量 n 不小于 30，而对求均值的样本量不做严格限制。当然，至少要有两个数据求平均，否则

失去平均的意义。

我们将均生函数延拓矩阵(式(11.6))中第1列记为$\boldsymbol{f}_1$,第2列记为$\boldsymbol{f}_2$,……,第m列记为$\boldsymbol{f}_m$。

$\boldsymbol{f}_1$是序列$x(t)$的均值,它是由n个数据相加求平均而成,故随机性最小。

$\boldsymbol{f}_2$是由$\left[\frac{n}{2}\right]$个数据相加求平均而成,当n充分大时,随机性亦小。

当m取为$\mathrm{INT}\left(\frac{n}{2}\right)$时,$\boldsymbol{f}_m$是由两个数据相加平均而成,故随机性较大。当$m$取为$\mathrm{INT}\left(\frac{n}{3}\right)$,$\boldsymbol{f}_m$也只是由3个数据相加平均而得,亦有较大随机性。

由此可见,在求取$\boldsymbol{f}_1 \sim \boldsymbol{f}_m$时,由于求均值的样本量由大变小,其均值序列的随机性也由弱到强。也就是说,长周期的均生函数随机性较大,短周期的均生函数随机性小。

应用实例[**11.1**] 表11.1为合肥1951—1998年7月的降水量。这里取1951—1993年作为统计样本量,即$n=43$;m取$\mathrm{INT}\left(\frac{n}{3}\right)=14$,计算时间间隔$l$取1~14的均生函数。

表11.1 合肥1951—1998年7月降水量

年份	降水量/mm									
1951—1960	164	164	216	558	91	77	309	66	18	297
1961—1970	124	266	185	63	159	57	47	147	372	217
1971—1980	191	188	188	127	108	38	119	119	171	360
1981—1990	189	286	176	44	179	239	299	151	237	85
1991—1998	448	150	98	66	43	309	54	112		

$$\bar{x}_1(1)=\frac{1}{43}(164+164+216+558+\cdots+98)=181.1$$

$$\bar{x}_2(1)=\frac{1}{22}(164+216+91+309+\cdots+98)=185.8$$

$$\bar{x}_2(2)=\frac{1}{21}(164+558+77+66+\cdots+150)=176.1$$

$$\bar{x}_3(1)=\frac{1}{15}(164+558+309+297+\cdots+98)=204.8$$

$$\bar{x}_3(2)=\frac{1}{14}(164+91+66+188+\cdots+448)=159.5$$

$$\bar{x}_3(3)=\frac{1}{14}(216+77+18+266+\cdots+150)=177.3$$

$$\vdots \qquad\qquad\qquad \vdots$$

$$\bar{x}_{14}(1)=\frac{1}{4}(164+159+177+98)=148.0$$

$$\bar{x}_{14}(2)=\frac{1}{3}(164+57+360)=193.7$$

$$\bar{x}_{14}(3)=\frac{1}{3}(216+47+189)=150.7$$

$$\vdots \qquad\qquad\qquad \vdots$$

$$\bar{x}_{14}(14)=\frac{1}{3}(63+119+150)=110.7$$

构造均生函数延拓矩阵：

$$\boldsymbol{F}=\boldsymbol{f}_{43\times 14}=\begin{bmatrix} 181.1 & 185.8 & 204.8 & \cdots & 148.0 \\ 181.1 & 176.1 & 159.5 & \cdots & 193.7 \\ 181.1 & 185.8 & 177.3 & \cdots & 150.7 \\ 181.1 & 176.1 & 204.8 & \cdots & 330.3 \\ & & & & \vdots \\ & & & & 110.7 \\ & & & & 148.0 \\ \vdots & \vdots & \vdots & & \vdots \\ 181.1 & 176.1 & 177.3 & \cdots & 112.7 \end{bmatrix}$$

图 11.1 为周期长度 l 取 2、4、7、14 年的均生函数延拓序列变化曲线。如图 11.1 所示的上下起伏变化，可以建立直观的均生函数的概念。

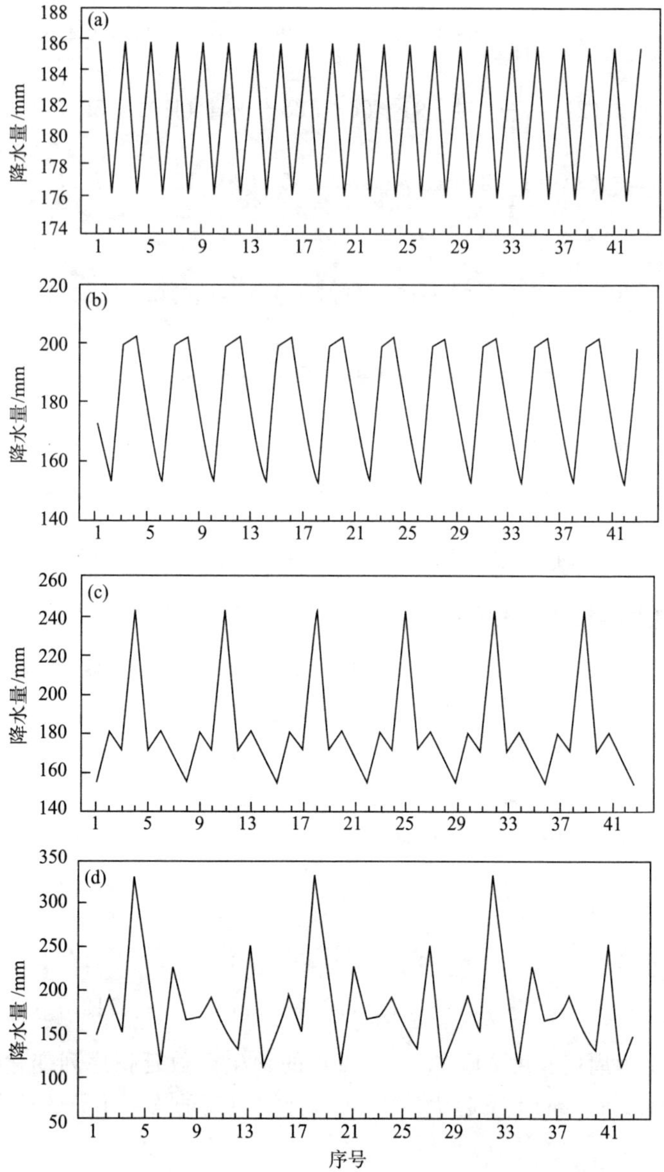

图 11.1 均生函数延拓序列

(a)$l=2$;(b)$l=4$;(c)$l=7$;(d)$l=14$

11.2 双评分准则

统计模型的选择通常是指在多元分析方程中选取自变量的个数或在时间序列中确定模型的阶数。这关系到模型预报的精度和方程的稳定性，也涉及计算量的大小。在很长一段时间内，使用基于假设检验的方法，如 F 检验。这种方法事先必须给定信度水平 α，带有人为性，使用也较繁琐。20 世纪 70 年代初，Akaike(1974)提出了最小信息量准则，即 AIC。之后，又有学者从贝叶斯(Bayes)定理导出了类似的 BIC 准则。AIC 和 BIC 准则是在残差平方和与变量个数间进行权衡，当两个模型的残差平方和相同时，取变量个数少的模型。这里把吝啬原理在统计模型选择中加以具体化。但是，对于气候预测而言，要求的是预测准确，尤其要求“趋势”报对。只有报对趋势，模型才有实用价值。尤其在计算机的内存、速度条件日新月异的今天，方程中增加几个自变量的计算量已是小事一桩。也就是说，对于气候预测问题，最重要的是要使诸如旱涝、冷暖等趋势报对。

基于上述考虑，均生函数模型的选择使用以数量预报的评分和趋势预报的评分来权衡变量的筛选的双评分准则(Couple Score Criterion,CSC)(曹鸿兴 等，1989)。双评分准则旨在使数量评分和趋势评分均达到最小，以尽可能报对趋势。

用 S_1 表示数量评分，由于它是对具体量测数据和模型预测值之差的评定，故称为精评分；用 S_2 表示趋势评分，即粗评分。那么，双评分准则表示为

$$\mathrm{CSC} = S_1 + S_2 \tag{11.7}$$

预报量的均值为

$$\bar{x} = \frac{1}{n}\sum_{t=1}^{n} x_t \tag{11.8}$$

令

$$Q_x = \frac{1}{n}\sum_{t=1}^{n}(x_t - \bar{x})^2 \tag{11.9}$$

为每次都用均值作为预报值而得到的数量评分。这种用均值所做的预报称为气候学预报。

设预报方程中引进了 k 个因子，模型残差平方和

$$Q_k = \sum_{t=1}^{n}(x_t - \hat{x})^2 \tag{11.10}$$

那么，数量评分定义为

$$S_1 = nR^2 = n\left(1 - \frac{Q_k}{Q_x}\right) \tag{11.11}$$

式中，R 为复相关系数。式(11.11)中 Q_k/Q_x 的含义是，一个好的预报方法，其误差必须比气候预报小，即 $Q_k/Q_x<1$。当 $n\to\infty$ 时，S_1 为自由度 $\nu=k$ 的 χ^2 分布。

趋势度量取最小判别信息统计量 $2I$：

$$S_2 = 2I = 2\left[\sum_{i=1}^{I}\sum_{j=1}^{I}n_{ij}\ln n_{ij} + n\ln n - \left(\sum_{i=1}^{I}n_{i.}\ln n_{i.} + \sum_{j=1}^{I}n_{.j}\ln n_{.j}\right)\right] \tag{11.12}$$

式中，I 为预报趋势类别数，n_{ij} 为 i 类事件与 j 类估计事件列联表的个数，

$$n_{.j} = \sum_{i=1}^{I}n_{ij}$$

$$n_{i.} = \sum_{j=1}^{I}n_{ij}$$

至于列联表的确定，将在实例中具体说明。

在事件相互独立的假设下，$2I$ 的渐近分布为 χ^2 分布，自由度 $\nu_2=(I-1)(I-1)$。因此，双评分准则的表达式为

$$\mathrm{CSC}_k = S_1 + S_2 = nR^2 + 2I \tag{11.13}$$

根据 χ^2 的可加性，则

$$\chi_\nu^2 = \chi_{\nu_1}^2 + \chi_{\nu_2}^2 \tag{11.14}$$

为 χ_ν^2 分布，自由度 $\nu=k+(I-1)^2$。

显而易见，用 CSC_k 筛选回归方程的自变量的标准为

$$\max(CSC_k) = CSC_k \tag{11.15}$$

并可对 CSC_k 进行 χ^2 检验。当 $CSC_k > \chi_{\nu_\alpha}^2$ 时，自变量入选，显著性水平 α 视具体情况，取为 0.05、0.01 或 0.001。

趋势评分可视实际问题而定。这里仅给出一种方案。其中趋势类别数 I 根据预报量变化趋势来确定。将 n 个样本的预报量 y 分成若干类别。如降水量预报中可分为偏多、正常和偏少 3 类。计算

$$U = \frac{1}{n-1}\sum_{t=1}^{n} |\Delta x_t|$$

式中，

$$\Delta x_t = x_t - x_{t-1} \qquad t = 2,3,\cdots,n$$

若预报量分为 3 类：x_A（当 $\Delta x_t > U$），x_B（当 $|\Delta x_t| \leqslant U$），x_C（当 $\Delta x_t < -U$），则 x_A、x_B、x_C 分别表示预报量变化的升、平、降三种趋势。

应用实例[11.2] 取表 11.1 合肥 1951—1993 年 7 月降水量预报量，以应用实例[11.1]中计算出的单个均生函数为预报因子，分别建立一元回归方程。这时可以利用式(11.11)和(11.12)分别计算 CSC 的数量评分和趋势评分。

计算一元回归的残差平方和 Q_k 和 Q_x，代入式(11.11)得出 S_1。然后，再求 S_2。以 CSC 值最大者长度为 9 年的均生函数来说明 S_2 的求法。表 11.2 为一元回归方程引进长度为 9 年均生函数 f_9 的列联表。

表 11.2 的行为预报，列为实况，分为 3 类，表中数字为相应类别的出现频数。例如，第一行表示实况为 1 类而预报分别为 1、2 和 3 类的频数，$n_{1.}=9$ 为实况是 1 类的频数总和。再例如，第一列表示预报是 1 类

表 11.2 引进 f_9 的列联表

n_{ij}		预报			总计 $n_{i.}$
		1类	2类	3类	
实况	1类	4	3	2	9
	2类	0	3	1	4
	3类	4	3	22	29
总计 $n_{.j}$		8	9	25	$n=42$

而实况分别为 1、2 和 3 类的频数，$n_{.1}=8$ 为预报是 1 类的频数总和。余类推。从列联表中的 $n_{.j}$ 和 $n_{i.}$ 可以清晰地看出预报与实况频数的差异。将列联表中的数字代入式(11.12)，即可计算出趋势评分 $S_2=14.99$。根据一元回归的残差平方和 Q_k 和 Q_x，利用式(11.11)计算出数量评分 $S_1=11.76$。$CSC=S_1+S_2=26.75$。这时 $\nu_1=k=1$，$\nu_2=(3-1)(3-1)=4$，故 $\nu=5$。给定显著性水平 $\alpha=0.05$，那么 $\chi^2_{0.05}=11.07$，$CSC>11.07$。因此，选择均生函数 f_9 作为备选因子。这是双评分准则在选择备选因子时的应用。它在建立预测模型(用于模型识别)中的应用，在以后建模步骤中还会提及。

11.3 均生函数预测模型

构造出均生函数，就可以通过建立原时间序列与这组函数间的回归，建立预测模型。我们先后设计了几种计算方案。

11.3.1 逐步回归筛选方案

利用逐步回归技术筛选时间序列 $\boldsymbol{x}(t)$ 生成的均生函数。将均生函数视为备选因子，原始序列作为预报量。按照通常的逐步回归步骤进行计算。优势周期是用均生函数与原序列的相关系数来计算方差贡献，并依次选取方差贡献的最大值来确定的。为了能选取随机性较小、稳健性较大的均生函数建立方程，在方差贡献上添加“惩罚”系数，以避免随机性较大的长周期均生函数入选。

设长度为 l 的均生函数的方差贡献为 U_l，则令

$$V_l = \alpha_l U_l, \quad \alpha_l = \frac{n}{l} \qquad l = 2,3,\cdots,\left[\frac{n}{2}\right]或\left[\frac{n}{3}\right] \tag{11.16}$$

当 l 较小时，α_l 较大，即对方差贡献施加较大权重。随着 l 不断增大，α_l 逐渐变小，以期筛选出隐含于序列中的周期，进行 F 检验时，再将方差贡献复原。

设做 q 步预报，将入选的均生函数做 q 步外延，则得到预报方程

$$\hat{x}(n+q) = a_0 + \sum_{i=1}^{k} a_i f_i(n+q) \qquad q = 1,2,\cdots \tag{11.17}$$

式中，a_0 和 a_i 为逐步回归技术估计的系数，f_i 为延拓均生函数。

11.3.2 正交筛选方案

通过格拉姆-施密特（Gram-Schmidt）正交化处理，使均生函数正交化。令 $\boldsymbol{f}_2$ 做为正交化的初始向量，对 $\boldsymbol{f}_3,\boldsymbol{f}_4,\cdots,\boldsymbol{f}_m$ 进行正交化，求得 $m-1$ 个正交化序列 $\widetilde{\boldsymbol{f}}_2,\widetilde{\boldsymbol{f}}_3,\cdots,\widetilde{\boldsymbol{f}}_m$。

以 $\widetilde{\boldsymbol{f}}_2,\widetilde{\boldsymbol{f}}_3,\cdots,\widetilde{\boldsymbol{f}}_m$ 作为自变量与 $x(t)$ 建立线性模型

$$\boldsymbol{x}(t) = \sum_{i=2}^{m} \tilde{a}_i \widetilde{\boldsymbol{f}}_i(t) + \boldsymbol{e}(t) \tag{11.18}$$

向量-矩阵表达式为

$$\boldsymbol{X}_{n\times 1} = \widetilde{\boldsymbol{F}}_{n\times(m-1)} \widetilde{\boldsymbol{A}}_{(m-1)\times 1} \tag{11.19}$$

求最小二乘解：

$$\widetilde{\boldsymbol{A}} = (\widetilde{\boldsymbol{F}}^{\mathrm{T}}\widetilde{\boldsymbol{F}})^{-1}\widetilde{\boldsymbol{F}}^{\mathrm{T}}\boldsymbol{X} \tag{11.20}$$

由于 $\widetilde{\boldsymbol{f}}_i$ 与 $\widetilde{\boldsymbol{f}}_j$ 之间是正交的，因此协方差矩阵为对角阵，逆矩阵 $\boldsymbol{G}=(\widetilde{\boldsymbol{F}}^{\mathrm{T}}\widetilde{\boldsymbol{F}})^{-1}$ 亦为对角阵，其元素为

$$\tilde{g}_{ii} = \frac{1}{\tilde{f}_{ii}} \tag{11.21}$$

线性模型的系数为

$$\tilde{a}_i = \tilde{g}_{ii} \sum_{t=1}^{n} \tilde{f}_i(t)x(t) \qquad i = 2,3,\cdots,m \tag{11.22}$$

线性模型系数的大小表示均生函数的重要程度。将 $\tilde{a}_i$ 按绝对值的大小排序，均生函数 $\tilde{f}_i$ 依 $\tilde{a}_i$ 绝对值由大到小进入，进入方程的均生函数个数由双评分准则确定。由于均生函数是正交的，因此在筛选过程中系数不必重复计算。

由于模型的系数是由正交均生函数确定的。因此，必须求出原均生函数 $f_i(t)$ 的系数 a_i，建立形如式(11.17)的预报方程。

11.3.3 最优子集回归建模方案

为了建立预报效果更佳的模型，曹鸿兴等(1993b)设计了一个适用性较强的建模方案。具体计算方案及步骤如下。

(1)为了拟合原序列中的高频部分，对原序列进行差分运算。这一运算实际上起着高通滤波的作用。

做一阶差分运算

$$\Delta x(t) = x(t+1) - x(t) \qquad t = 1,2,\cdots,n-1 \tag{11.23}$$

得到序列：

$$x^{(1)}(t) = \{\Delta x(1), \Delta x(2), \cdots, \Delta x(n-1)\} \tag{11.24}$$

做二阶差分运算

$$\Delta^2 x(t) = \Delta x(t+1) - \Delta x(t), \qquad t = 1,2,\cdots,n-2 \tag{11.25}$$

得到序列：

$$x^{(2)}(t) = \{\Delta^2 x(1), \Delta^2 x(2), \cdots, \Delta^2 x(n-2)\} \tag{11.26}$$

用式(11.3)分别计算原序列 $\boldsymbol{x}(t)$，一阶差分序列 $x^{(1)}(t)$ 和二阶差分序列 $x^{(2)}(t)$ 的均生函数，分别记为 $\bar{x}_l^{(0)}(t)$、$\bar{x}_l^{(1)}(t)$ 和 $\bar{x}_l^{(2)}(t)$。利用式(11.4)即可得到它们的延拓序列 $\boldsymbol{f}_l^{(0)}(t)$、$\boldsymbol{f}_l^{(1)}(t)$ 和 $\boldsymbol{f}_l^{(2)}(t)$。

为了拟合时间序列中向上递增和向下递减的趋势，进一步建立累加延拓序列

$$f_l^{(3)}(t) = \boldsymbol{x}(1) + \sum_{i=1}^{t-1} f_l^{(1)}(i+1) \qquad t = 2,3,\cdots,n;\quad l = 1,2,\cdots,m \tag{11.27}$$

式中，$f_l^{(3)}(1)=\boldsymbol{x}(1)$。累加延拓实际上是用一阶差分的均生函数代替不同时刻差分值。

这样共获得 $4m$ 个均生函数延拓序列 $f_l^{(0)}(t)$、$f_l^{(1)}(t)$、$f_l^{(2)}(t)$、$f_l^{(3)}(t)(l=1,2,\cdots,m)$，作为自变量供筛选。

(2)建立每一个延拓序列与原序列的一元回归，计算双评分准则 CSC 值，凡满足 $\mathrm{CSC}>\chi_\alpha^2$ 的序列粗选为预报因子。设入选了 P 个延拓序列。

(3)用 Furnival 等(1974)设计的算法计算出所有可能的 2^P 个回归子集。从 2^P 个回归子集中根据双评分选择变量标准，选出一个最优回归子集作为预报方程。

(4)假定最优回归子集由 k 个变量构成，则均生函数模型为

$$\hat{x}(t) = a_0 + \sum_{i=1}^{k} a_i f_i(t) \tag{11.28}$$

若做 q 步预报，对 k 个序列做 q 步外延代入式(11.28)中即可。

11.3.4 模拟计算

为了验证均生函数预测模型的有效性，进行了下列模拟计算：

给定一时间序列，由

$$x(t) = \mathrm{e}^{\alpha t}\sin t\cos 2t \tag{11.29}$$

计算出 $t=1,2,\cdots,n$，$\alpha=0.5$。这里设样本量 $n=50$。由式(11.29)构造出一个样本量为 50 的时间序列 $\boldsymbol{x}(t)$。

对给定序列 $\boldsymbol{x}(t)$ 分别用最优子集回归的均生函数模型、双向灰色模型和自回归模型进行模拟。

11.3.4.1 均生函数模型

这里均生函数个数 m 取 25。按 11.3.3 节所述的计算步骤计算。

当有 5 个延拓序列进入模型时，双评分准则 CSC 值达到极大。建立预测方程：

$$\begin{aligned} \boldsymbol{x}(t) = & 0.0017478 + 0.66961\,\boldsymbol{f}_{13}^{(0)}(t) - \\ & 0.028267\,\boldsymbol{f}_{13}^{(3)}(t) + 0.66362\,\boldsymbol{f}_{12}^{(0)}(t) - \\ & 0.0077710\,\boldsymbol{f}_{6}^{(0)}(t) + 0.676604\,\boldsymbol{f}_{15}^{(0)}(t) \end{aligned}$$

式中，$\boldsymbol{f}_{13}^{(0)}(t)$表示原序列周期长度为 13 的均生函数延拓序列，$\boldsymbol{f}_{13}^{(3)}(t)$表示周期长度为 13 的累加延拓序列，余类推。

模型拟合原序列均方根误差 RMSE＝0.40，预测 5 步的 RMSE＝0.9777。

11.3.4.2 双向灰色模型

为了充分利用包含在时间序列中的信息，我们曾对一般的灰色模型进行了改进，提出了使向前差分预报误差和向后差分预报误差之和达最小的原则的双向灰色模型。其预报方程形式为

$$x(t+1) = \left[x(1) + \frac{b_0}{b_1}\right]\mathrm{e}^{b_1 t} - \frac{b_0}{b_1}$$

用最小二乘法估计 b_0 和 b_1。

序列(11.29)的预报方程为

$$x(t+1) = \left(-0.35 + \frac{0.028702}{0.019938}\right)\mathrm{e}^{0.019938\,t} - \frac{0.028702}{0.019938}$$

方程拟合原序列均方根误差 RMSE＝0.64，预测 5 步的 RMSE＝1.0956。

11.3.4.3 自回归方程

对序列(11.29)建立自回归模型，用 AIC 准则定阶，确定预报模型为

$$x(t) = 0.5360x(t-1) - 0.9551x(t-2) - 0.5989x(t-3) +$$

$0.4441x(t-4)+0.00001x(t-5)$

模型拟合原序列 RMSE＝0.9162，预测 5 步的 RMSE＝1.5003。

从模拟计算结果可见，均生函数预测模型的拟合和预测效果均优于灰色模型和自回归模型。

应用实例[11.3] 用 11.3.3 节的最优子集回归建模方案，用表 11.1 所列的合肥 1951—1993 年 7 月降水量建立均生函数预测模型，并做 1994—1998 年 5 年预报。这时样本量 $n=43$，$m=14$，预报步数 $q=5$。

对 $4m$ 个均生函数延拓序列依次与原降水量序列建立一元回归，用双评分准则进行粗选，共选出 13 个延拓序列作为预报因子。计算所有可能的 2^{13} 个回归子集。再由双评分准则最后确定出由 8 个均生函数延拓序列构成的预测模型。拟合原序列的均方根误差 RMSE＝53.6 mm。图 11.2 给出 1951—1993 年合肥 7 月降水量的实况与拟合值及 1994—1998 年实况与预报值的比较。

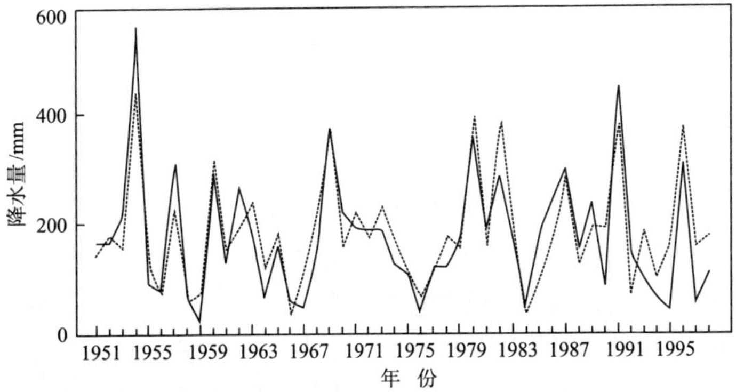

图 11.2 合肥 7 月降水量变化曲线

（实线表示观测值，虚线表示拟合值）

由图 11.2 可以看出，模型的拟合值与实况很接近。尤其可贵的是，极值年的拟合值与实况吻合得相当好，这是许多模型难以做到的。由图还可以看出，模型所做的 5 年预报效果也十分好。合肥 7 月降水量多年平均为 181 mm,预报 1994、1995、1997 和 1998 年低于平均值,实况均在平均值以下。预报 1996 年降水偏多,高于平均值,实况确实如此。可见,预报模型可以把旱涝变化趋势很好地预报出来。对于夏季降水量这种变化幅度较大的变量而言,能够有这样的预报效果已经令人相当满意了。

11.4 模糊均生函数模型

将均生函数的概念推广到模糊集中,推导出不同类型序列的隶属度,定义出模糊均生函数,给出了相应的建模方案及实施步骤(魏凤英等,1993)。

11.4.1 模糊均生函数

将均生函数的概念推广到模糊集中。设论域

$$U = \{u_i \mid i = 1,2,\cdots,n\} \tag{11.30}$$

式中,n 为样本量。在 U 上构造模糊子集 $\underset{\sim}{A}$,

$$\underset{\sim}{A} = \frac{\mu_1}{u_1} + \frac{\mu_2}{u_2} + \cdots + \frac{\mu_n}{u_n} \tag{11.31}$$

我们将起报时刻记为 t_n。那么,要对未来时刻 $t_{n+1}, t_{n+2}, \cdots, t_{n+q}$ 做出预报。从预报的物理意义上考虑,愈靠近起报时刻的观测值所包含的对预报有用的信息愈多,对预报愈有价值。马尔可夫过程认为,系统所处的状态与时刻 t_n 以前所处的状态无关,只有 t_n 时刻的观测值才对预报有用。也就是说,若序列具有马尔可夫性,则可以把隶属函数定义为

$$A_M = \frac{0}{u_1} + \frac{0}{u_2} + \cdots + \frac{1}{u_n} \tag{11.32}$$

A_M 表示具有马尔可夫性序列的隶属函数。

若从统计学观点出发,则把样本 $x(1), x(2), \cdots, x(n)$ 等概率对待,即隶属函数定义为

$$A_s = \frac{1}{u_1} + \frac{1}{u_2} + \cdots + \frac{1}{u_n} \tag{11.33}$$

A_s 表示统计学意义下的隶属函数。

在研究实际问题中，我们既不忍心丢舍过多以往的信息，又希望近期观测值对预报发挥较大的作用。为此，设计了随 t_n 的远近以指数形式下降的隶属度，即

$$\mu_{\underset{\sim}{A}}(t_i) = \begin{cases} e^{-\beta(t_n - t_i)} & t_i < t_n \\ 1 & t_i \geqslant t_n \end{cases} \tag{11.34}$$

当 $\beta=0$ 时，式(11.34)蜕化为式(11.33)。若等间隔取样，令 $\Delta t=1, t_i=i\Delta t, t_n=n\Delta t$，则式(11.34)可写为

$$\mu_{\underset{\sim}{A}}(i) = \begin{cases} e^{-\beta(n-i)} & i < n \\ 1 & i \geqslant n \end{cases} \tag{11.35}$$

式中，β 按对过去观测值重视程度事先给定。显然，$0 \leqslant \mu_{\underset{\sim}{A}}(i) \leqslant 1$。

若序列具有周期性，则可令隶属度为

$$\mu_{\underset{\sim}{A}}(i) = \begin{cases} r\sin\dfrac{2\pi}{l}(n-i) & i < n \\ 1 & i \geqslant n \end{cases} \tag{11.36}$$

式中，l 为周期长度，r 为由经验或试算确定的常数。显然，当 $r \leqslant 1$ 时，有 $0 \leqslant \mu_{\underset{\sim}{A}}(i) \leqslant 1$。

若既考虑观测值随起报时刻远近效用逐渐下降，又体现周期性，则令隶属度为

$$\mu_{\underset{\sim}{A}}(i) = \begin{cases} re^{-\beta(n-i)}\sin\dfrac{2\pi}{l}(n-i) & i < n \\ 1 & i \geqslant n \end{cases} \tag{11.37}$$

基于 $\mu_{\underset{\sim}{A}}$ 构造模糊向量

$$\boldsymbol{a} = (\mu_{\underset{\sim}{A}}(1), \mu_{\underset{\sim}{A}}(2), \cdots, \mu_{\underset{\sim}{A}}(n)) \tag{11.38}$$

在论域 U 上构造另一个模糊子集 $\underset{\sim}{B}$，它的隶属函数取为

$$\mu_{\underset{\sim}{B}}(i) = \frac{x(i)}{x_{\max}} \tag{11.39}$$

式中，$x_{\max}=\max[x(i)]$，显然 $0\leqslant\mu_{\underset{\sim}{B}}(i)\leqslant1$。构造模糊向量

$$\boldsymbol{b} = (\mu_{\underset{\sim}{B}}(1), \mu_{\underset{\sim}{B}}(2), \cdots, \mu_{\underset{\sim}{B}}(n)) \tag{11.40}$$

用代数加和乘以定义模糊向量的内积

$$\boldsymbol{a} \cdot \boldsymbol{b} = \frac{1}{n}\sum_{i=1}^{n}\mu_{\underset{\sim}{A}}(i)\mu_{\underset{\sim}{B}}(i) \tag{11.41}$$

根据式(11.41)定义模糊均生函数(Fuzzy Mean Generating Function, FMGF)

$$\bar{x}_l(i) = \frac{C}{n_l}\sum_{j=0}^{n_l-1}\mu_{\underset{\sim}{A}}(i+jl)\mu_{\underset{\sim}{B}}(i+jl) \tag{11.42}$$

式中，C 为给定的常数，使得 FMGF 与序列 $x(t)$ 的量级相同。为方便起见，可取 $C=x_{\max}$，式(11.42)就变为

$$\bar{x}_l(i) = \frac{1}{n_l}\sum_{j=0}^{n_l-1}\mu_{\underset{\sim}{A}}(i+jl)x(i+jl) \quad i = 1,2,\cdots,l \tag{11.43}$$

像均生函数一样做周期性延拓，得到模糊均生函数外延序列。

11.4.2 建模方案及实施步骤

设一原始序列

$$\boldsymbol{x}^{(0)}(t) = \{x^{(0)}(1), x^{(0)}(2), \cdots, x^{(0)}(n)\}$$

建立其预测模型的方案及实施步骤如下。

(1)对 $\boldsymbol{x}^{(0)}(t)$ 做一阶和二阶差分运算，得到

$$\boldsymbol{x}^{(1)}(t) = \{\Delta x^{(1)}(1), \Delta x^{(1)}(2), \cdots, \Delta x^{(1)}(n)\}$$

$$\boldsymbol{x}^{(2)}(t) = \{\Delta x^{(2)}(1), \Delta x^{(2)}(2), \cdots, \Delta x^{(2)}(n)\}$$

(2)对序列 $\boldsymbol{x}^{(0)}(t)$、$\boldsymbol{x}^{(1)}(t)$和 $\boldsymbol{x}^{(2)}(t)$分别用式(11.43)求出模糊均生函数并做周期性延拓。这里 $\mu_{\underset{\sim}{A}}$ 选用式(11.35)计算,β 取 0.01,这样得到 3 组模糊均生函数延拓序列 $\boldsymbol{f}_l^{(0)}(t)$、$\boldsymbol{f}_l^{(1)}(t)$、$\boldsymbol{f}_l^{(2)}(t)$[$l=1,2,\cdots,m,m=\text{INT}(n/2)$]。

(3)构造一组累加延拓序列:

$$\boldsymbol{f}_l^{(3)}(t) = \boldsymbol{x}^{(0)}(1) + \sum_{i=1}^{t-1}\boldsymbol{f}_l^{(1)}(i+1) \qquad t = 2,3,\cdots,n;\ l = 1,2,\cdots,m \tag{11.44}$$

式中,$\boldsymbol{f}_l^{(3)}(1)=\boldsymbol{x}^{(0)}(1)$。

(4)建立每一个延拓序列与原序列间的一元回归,用双评分准则对 $4m$个延拓序列逐一筛选。

(5)由前 4 步粗选得的因子,再进行精选。用所有可能子集进行回归是最好的,但计算量较大,这里采用按双评分准则 CSC 值由大到小,将粗选出的模糊均生函数逐一引入回归方程。当 CSC 出现极大值时,停止筛选。假设引入 k_0 个模糊均生函数时 CSC 值为极大,那么预报方程为

$$\hat{\boldsymbol{x}}(t) = a_0 + \sum_{i=1}^{k_0} a_i\boldsymbol{f}_i(t) \tag{11.45}$$

11.5 最优气候均态模型

前面叙述的是以时间序列各种时间长度均值为基函数的预测模型。这里介绍另一种形式的均值模型。从近几年美国气候预测中心(Climate Prediction Center)发布的气候预测公报中看到,典型相关和最优气候均态(Optimal Climate Normal,OCN)是美国制作短期气候预测的两种常用统计方法(Huang et al.,1996)。其中 OCN 主要用于温度的预测。其实,OCN 的基本思想并无新意,但在计算上有其独特之处。它是相对于持续性预测概念而言的一种预测。持续性气候预测

的概念是,用现时值作为下一时刻的预测值。而最优气候均态预测则是用前 k 个时刻的平均值作为下一时刻的预测值。

气候系统并不是静态不变的。因此,计算平均值所取的平均数 k 过于大,未必能够得到最小误差的预测。按照世界气象组织(WMO)的建议,气候平均值基于一个特定的 30 年,如 1951—1980 年、1961—1990 年。这样使得世界各地均在一个统一标准下。距平的正、负可以明确表示异常的趋势。事实上,许多研究表明,用最近 k 年($k<30$)平均值作为预测,其预测技巧要比用 30 年平均值好。把 WMO 推荐的均值作为下一年预测评分的一个标准。

OCN 方法的最大特点是计算简便,而预测效果并不比复杂模型差。因此,这里对它的基本做法做一简单介绍。

11.5.1 方 法

假设一气候变量序列 $x_i(i=1,2,\cdots,n)$。构造序列

$$\bar{x}_{i,k}=\frac{1}{k}\sum_{j=1}^{k}x_{i-j}\quad k=1,2,\cdots,n;\quad i=n_1+1,n_1+2,\cdots,n_1+L \tag{11.46}$$

式中,n_1 为统计基本样本量,通常长度取 30 年;k 代表所计算的气候平均的年数;L 为试验样本量;$n=n_1+L$。

式(11.46)表示分别求出 $1,2,\cdots,n_1$ 年的平均值,以这些平均值依次做出 $n_1+1,n_1+2,\cdots,n_1+L$ 时刻的预测。再以预测值与实况最接近为标准,得出试验预测的每个时刻“最优”平均数。以某种准则确定出做下一时刻预测的平均数。

11.5.2 确定最优平均数准则

可以选用以下几种方法确定最优平均数。

11.5.2.1 距平相关系数

$$R(k)=\frac{\sum_{i=k+1}^{n}(\bar{x}_{i,k}-C_{\mathrm{WMO}})(x_i^{\mathrm{obs}}-C_{\mathrm{WMO}})}{\sqrt{\sum_{i=k+1}^{n}(\bar{x}_{i,k}-C_{\mathrm{WMO}})^2\sum_{i=k+1}^{n}(x_i^{\mathrm{obs}}-C_{\mathrm{WMO}})^2}}\quad k=1,2,\cdots,n_1 \tag{11.47}$$

式中，x_i^{obs} 表示预测年份的观测值，C_{WMO}为 WMO 推荐的 30 年平均值。式(11.47)是对统计样本而言，对独立样本的距平相关系数为

$$R_{\mathrm{indep}}=\frac{n[R(k)]}{n-1}-\frac{1}{(n-1)R(k)} \tag{11.48}$$

以距平相关系数达到最大为标准，确定最优平均数。

11.5.2.2 绝对误差

$$\mathrm{ABS}(k)=\frac{1}{n-k}\sum_{i=k+1}^{n}\left|\bar{x}_{i,k}-x_i^{\mathrm{obs}}\right|\quad k=1,2,\cdots,n_1 \tag{11.49}$$

以 ABS(k)最小为标准确定最优平均数。

11.5.2.3 均方误差

$$\mathrm{RMS}(k)=\frac{1}{\sqrt{n-k}}\sqrt{\sum_{i=k+1}^{n}(\bar{x}_{i,k}-x_i^{\mathrm{obs}})^2} \tag{11.50}$$

以 RMS(k)达到最小为标准，确定最优平均数。

11.5.2.4 频率指数

在 OCN 的应用中，经反复试验，设计出一种以最优平均数出现的频率，来确定做下一时刻预测的平均数的准则。定义一个指数

$$I(k)=\frac{m(k)}{L} \tag{11.51}$$

式中，$m(k)$为相同的 k 出现的次数，L 为试验预测次数。以$I(k)$达到最大为标准，确定最优平均数。

11.5.3 计算步骤

这里给出以频率指数为准则的 OCN 的计算步骤。

(1)利用式(11.46)计算出 $1,2,\cdots,n_1$ 年的平均值。用这些平均值依次向前做出 $n_1+1,n_1+2,\cdots,n_1+L$ 年的试验预测。具体实施时，以 1 年平均值作为 $n_1+1,n_1+2,\cdots,n_1+L$ 年的预测值，以 2 年平均值作为 $n_1+1,n_1+2,\cdots,n_1+L$ 年的预测值……以 n_1 年的平均值作为 $n_1+1,n_1+2,\cdots,n_1+L$ 年的预测值。

(2)逐一计算以 1 年平均值，2 年平均值，…，n_1 年平均值作为 $n_1+1,n_1+2,\cdots,n_1+L$ 年预测值与观测值之间的绝对值误差。从每一年的预报中挑选出绝对值误差最小的平均值。这样得到 L 次试验预测的最优平均数。

(3)统计 L 次试验预测的最优平均数发生的频次 $m(k)$，代入式(11.51)，以 $I(k)$达到最大为准则，确定出预测 $n+1$ 年的最优平均数 k。

(4)以最近 k 年样本的平均值作为 $n+1$ 年的预测。

应用实例[11.4] 用最优气候均态法预测 1996 年北京 1 月平均气温。以 1961—1990 年 30 年资料作为统计样本量，以 1991—1995 年的资料为试验预测样本量。

5 次试验预测的最优平均数分别为 3、3、9、3 和 3。以频率指数准则确定出预测下一年的最优平均数为 3 年。根据这一结果，将 1993、1994 和 1995 年 1 月平均气温的平均值−2.0 ℃作为 1996 年北京 1 月平均气温的预测值。这一年的实况为−2.2 ℃。

12 气候趋势预测及集成预测新方法

本章将介绍作者近些年提出和研制的短期气候预测新方法的思路、建模步骤、应用实例以及对预测效果的检验。

12.1 全国夏季降水趋势分布预测方法

由于影响我国夏季降水的因素十分复杂，且气候背景噪声很强，致使降水的短期预测难度很大。因此，研究客观预报方法、提高预测准确率是短期气候预测的重要研究课题。依据气候系统具有不同时间尺度周期振荡的特性，构造代表不同降水分布类型变化序列的均生函数延拓序列作为一部分预报因子。另外，还考虑了其他影响夏季降水的强信号。由此设计出一套具有一定物理基础及一定统计信度支持的预测方案。1994 年以来，我们一直坚持用这一预测方案制作全国夏季降水的趋势预测，取得了比较好的预测效果（魏凤英，1998；魏凤英 等，1995b，1998）。

12.1.1 预测思路和流程

取 1951 年以来中国 160 站 6—8 月降水总量做经验正交函数分解。前 3 项特征向量解释了总方差的 97%。第一特征向量解释总方差的 94.4%。它反映了中国夏季降水的多年平均状况，即呈东南向西北递减的降水分布型。第二特征向量代表了江淮流域降水与其南北趋势为相反的分布型。这是中国夏季降水最常见的分布型。第 3 特征向量代表了江南与黄淮之间的降水趋势呈相反的分布型，它也是我国夏季比较常见的降水分布型。可见前 3 个特征向量概括了我国夏季降水最基本的分布型。将我国每年的夏季降水趋势分布看作是由大范围降

水多寡及不同分布型的扰动两部分叠加而成，即

$$\boldsymbol{R}=\bar{\boldsymbol{R}}+\boldsymbol{R}' \tag{12.1}$$

式中，$\bar{\boldsymbol{R}}$ 由第一特征向量及其时间系数表示，$\boldsymbol{R}'$则由第二特征向量和第三特征向量及其时间系数表示。在保证全国大范围降水趋势预报正确的前提下，再报准扰动项的基本趋势，这一年的预报就会有一定的把握。具体实施时，要先建立第一、第二和第三特征向量时间系数序列的预报方程，预报出未来一年的这 3 个时间系数的数值，再乘以相应的特征向量，就可以得到降水场的预报。

预报依据由两部分组成：一部分是影响夏季降水的强信号，包括赤道东太平洋地区的海表温度、南方涛动指数、冬季北太平洋涛动指数和太平洋地区极涡面积指数；另一部分则由降水量本身不同时间尺度的变化构成。将长期振荡及各种短期振荡从代表降水量年际变化趋势的特征向量时间系数序列中提取出来，即按式(11.3)计算特征向量时间系数序列的均生函数。将这部分因子加到预报方程中，期望气候振荡在预报中发挥作用。

设计出一个制作夏季降水量趋势分布预报的流程，如图 12.1 所示。计算步骤如下：

(1)用我国 160 站 1951 年以来的 6—8 月降水总量做经验正交函数分解。例如，制作 1994 年预报，则用 1951—1993 年 6—8 月降水总量分解，提取前 3 个特征向量的时间系数作为预报量。

(2)分别计算前 3 个特征向量的时间系数与上述预报因子之间的相关系数，把相关系数达到给定信度的因子选出来作为备选因子。

(3)假定粗选出 k 个预报因子，用 Furnival 等(1974)设计的算法计算出所有可能的 2^k 个回归子集。从 2^k 个回归子集中根据双评分选择变量标准，选出一个最优回归子集作为预报时间系数的方程。

(4)用预报出的该年前 3 个特征向量的时间系数乘以相应的特征向量，得到该年全国 160 站 6—8 月降水总量的预报。

(5)将降水量预报值对 1961—1990 年平均求偏差，即得到该年降水距平百分率的预报。

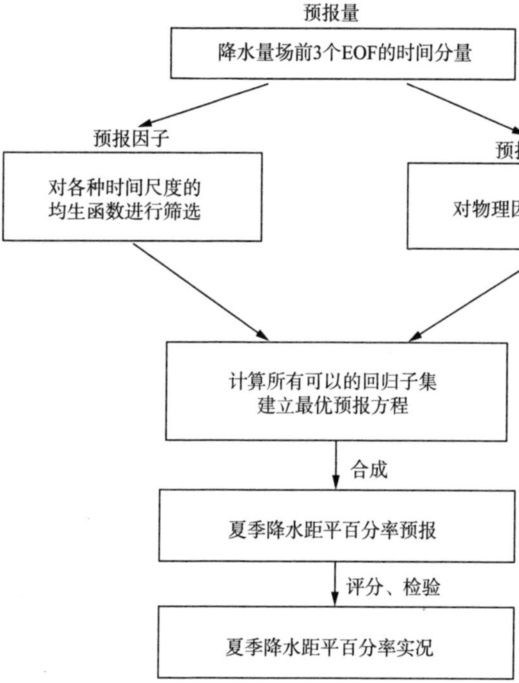

图 12.1 中国夏季降水预报流程

12.1.2 预报效果检验

分别对 1951—1993、1951—1994、1951—1995、1951—1996 和 1951—1997 年 6—8 月降水量场进行经验正交函数分解，按照预报流程，计算得到 1994—1998 年夏季降水距平百分率的预报。这 5 年的预报均提供给了全国汛期预报会商大会。表 12.1 为 1994—1998 年预报的效果检验。表中 R 表示预报场与实况场之间的距平相关系数。距平相关系数是国际上通用的、比较客观的评定办法。S 表示采用国家气候中心气候预测室评分标准的得分(魏凤英 等，1998)。评分公式为

表 12.1　1994—1998 年预报的效果检验

年份	1994	1995	1996	1997	1998	平均
R	0.36	0.14	0.18	0.31	0.31	0.26
S	80	75	77	82	83	79.4

$$S=\frac{N+N_0+N'+N''}{M+N'+N''}\times 100\% \tag{12.2}$$

式中，M 为检验的台站数目，与气候预测室做法一致，取中国东部 100 个台站；N 为同号的台站数目；N_0 为距平百分率绝对值低于 20%异号的台站数目；N'为距平百分率在 20%～40%的同号台站数目；N''为距平百分率不低于 50%的同号台站数目。S 评分公式虽然存在一定缺陷，但列出来可以与业务预报效果加以比较。

从表 12.1 可以看出，预报具有较高的技巧。从距平相关系数衡量，5 年的预报技巧平均为 0.26。从预报评分来看，5 年平均为 79.4，两项平均评分指标在参加全国汛期降水预报会商单位和个人的预报中是比较高的。其中 1994、1997 和 1998 年的预报取得了比较好的效果。

1994 年预报与实况之间的距平相关系数为 0.36，该年我国夏季出现了南、北两条明显的多雨带，一条位于华南大部和江南南部；另一条位于北方，多雨区主要位于东北南部、华北北部和西北东部（图 12.2a）。从图 12.2b 可以看出，南、北两条雨带都预报出来了，位置也基本正确。

1997 年我国夏季长江以北大范围地区出现了异常干旱，只有江南及河套地区降水偏多（图 12.3a）。对于这种降水异常趋势分布，做出了较准确的预报（图 12.3b），只是多雨的位置存在偏差。

1998 年夏季，我国长江流域降水超常偏多，雨区范围广、降水强度大、持续时间长，造成了百年罕见的特大洪涝灾害。与此同时，内蒙古东部、东北地区西部也出现了特大洪涝。而华北中部、华南东部及陕西、甘肃东部降水偏少（图 12.4a）。从图 12.4b 可以看出，对于长江流域降水超常偏多趋势，做出了相当不错的预报。降水距平百分率为

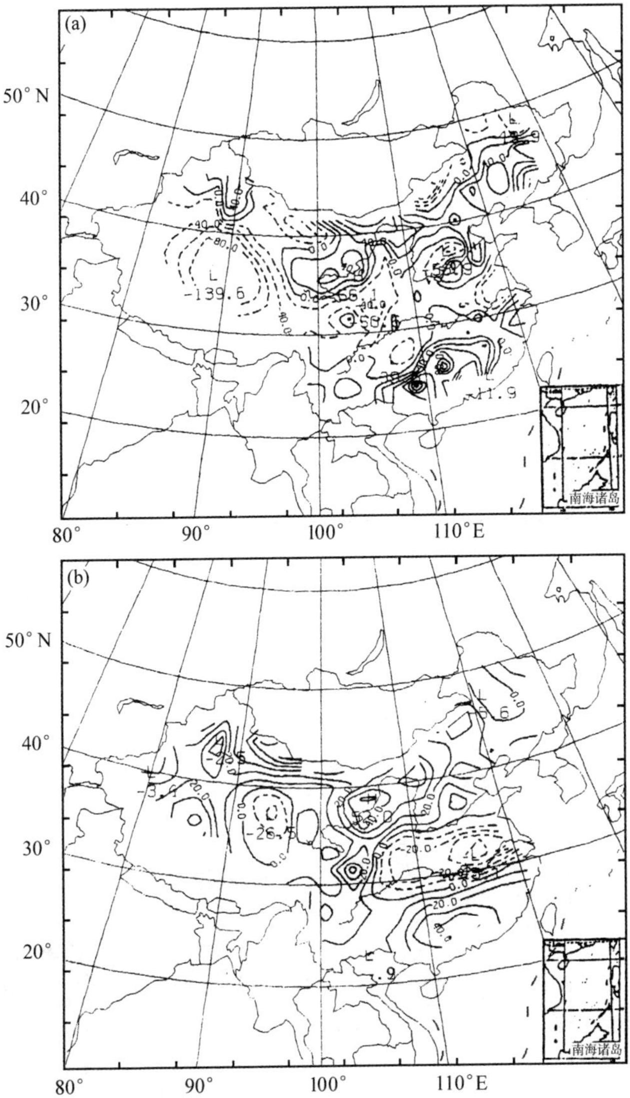

图 12.2 1994 年夏季降水距平百分率
(a)实况;(b)预报

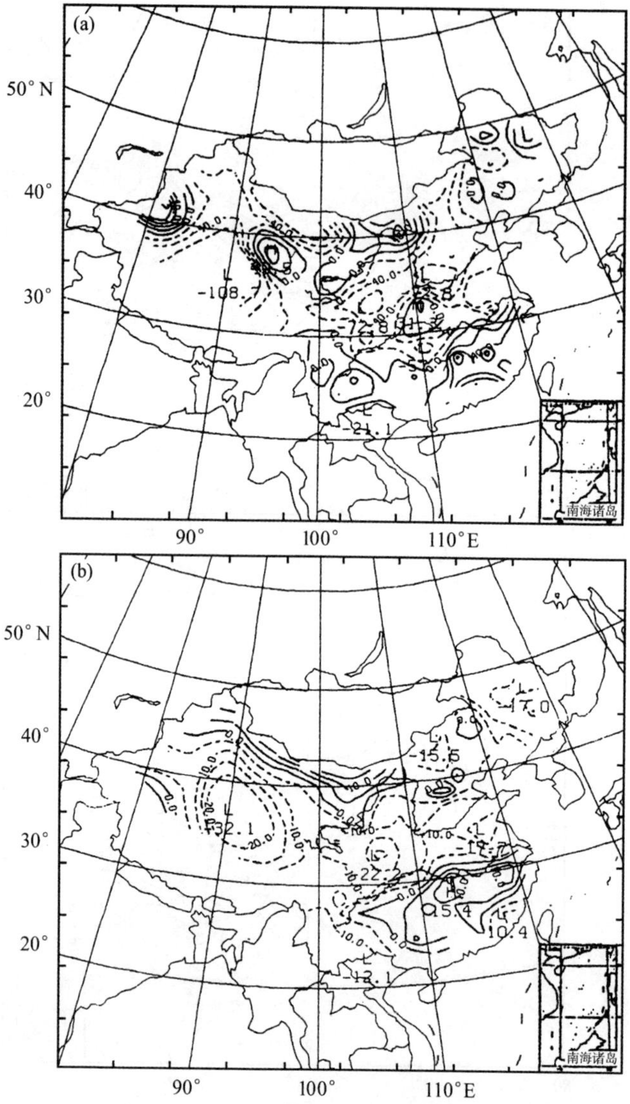

图 12.3 1997 年夏季降水距平百分率
(a)实况;(b)预报

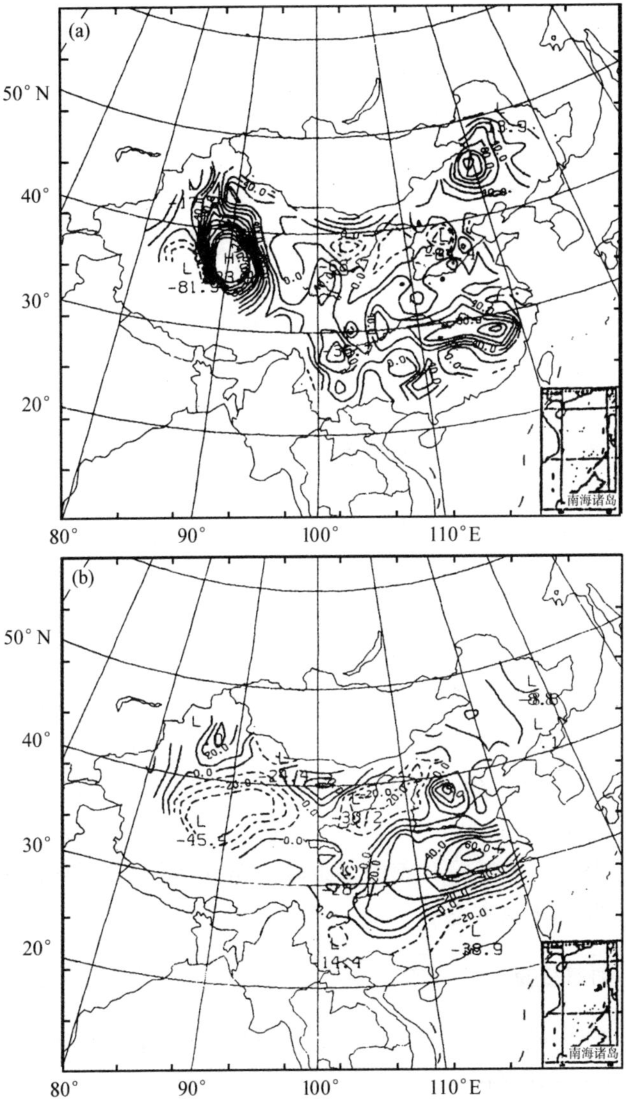

图 12.4 1998 年夏季降水距平百分率

(a)实况；(b)预报

30%的等值线覆盖了长江流域,50%等值线的范围也不小,预报的强度之大是不多见的,说明预报模型对于超常偏多趋势有明显反映。不足的是,最大降水距平百分率的中心位置略偏北。另外,内蒙古、东北地区的多雨;陕西、甘肃的偏少趋势均与实况相符。当然,强度不够。对于降水出现如此异常的趋势分布,预报达到这种程度已经十分令人满意了。

12.2 全国夏季降水区域动态权重集成预报

由于使用的预报手段不同,考虑影响夏季降水的物理因素不同,各种预报方法得到的预报结果也不尽相同或存在很大差异,但都能在一定程度上提供一些有用的信息。因此,有必要采用一种客观方法将各种预报结果加以集成。集成预报的基本含义是将两个以上模型的预报结果用统计方法集成为单一的预报。集成预报的关键是如何确定权重系数。通常采用简单的算术平均或根据各种方法事先人为设定历史预报技巧或用回归系数给各种预报方法不同的权重等。在预报样本量不是足够大的情况下,算术平均通常不能得到最优集成预报。在有限样本情况下,回归系数可以保证在最小方差意义下得到最优集成拟合。但是,由于不同方法得到的降水预报存在较大相关,在求解回归系数时,有时会出现标准方程组病态现象,使回归系数估计不稳定,造成预报效果不好。依据各模型预报技巧的特性,魏凤英(1999)提出了动态权重的概念,即按离起报时刻的远近给历史预报技巧以变化的权重,使历史预报技巧随离起报时刻的远近效用略渐增长,并根据以上思路设计了一套集成预报方案。

12.2.1 动态权重

为了使集成预测的预报效果更好,提出对逐年预测技巧赋予指数形式的动态权重,即

$$\hat{R}_i = R_i e^{bi} \tag{12.3}$$

式中,i 为样本序号,$i=1,2,\cdots,N$;b 为系数,按对近期预报技巧的重视

程度给定，如 $b=0.00001$，当 i 较小时，即远离起报时刻时，预测技巧基本无变化，随着 i 的增大，预测技巧发生微调。其效果是，离起报时刻近的年份的预测技巧高，给予适当奖励，反之则给予一定惩罚。

12.2.2 集成预报步骤

动态权重的集成预报步骤如下。

(1)计算历史预报技巧。分别计算每种预报方法的预报值与实况的距平相关系数，并对逐年预报技巧赋予动态权重。用每种方法的距平相关系数的平均

$$\bar{R}=\frac{1}{N}\sum_{i=1}^{N}\hat{R}_i \tag{12.4}$$

作为衡量预报效果的技巧得分。

(2)计算权重系数。假设有 L 种预报方法，用归一化方法计算各种方法的权重系数

$$W_j=\bar{R}_j\Big/\left(\frac{1}{L}\sum_{j=1}^{L}\bar{R}_j\right) \tag{12.5}$$

作为衡量预报效果的技巧得分。

(3)集成预报。建立权重线性集成预报方程：

$$\hat{Y}=\sum_{j=1}^{L}W_jX_j \tag{12.6}$$

式中，$j=1,2,\cdots,L$；W_j 为各种预测方法的权重；X_j 为用各种方法做出的降水距平百分率预报。

12.2.3 集成预报试验

选取 3 种夏季(6—8 月)降水预报模型作为集成预报的基础，分别记为模型 A、B 和 C。3 个预报模型的主要区别是考虑不同的预报因子。对 3 种预报模型均进行 1980—1998 年预报回算，将得到的 19 年降水距平百分率预报值作为集成预测的样本。根据上述集成预报流程

建立了我国夏季降水的集成预报方程。模型 A、B 和 C 的 19 年平均距平相关系数分别为 0.06、－0.04 和 0.06，而集成预报 19 年平均的距平相关系数为 0.07。利用动态集成预报方法制作了 1990—1998 年 9 年独立样本的全国夏季降水预报试验，9 年平均距平相关系数为 0.06，明显高于 3 种方法的平均(0.04)。

12.3 华北干旱的多时间尺度组合预报模型

华北地区的干旱灾害发生极为频繁，是全国受旱范围最大、程度最重、持续时间最长的地区。随着全球变暖加剧，华北地区的干旱更趋严重。因此，搞清楚导致这一地区持续干旱的成因，识别干旱发生的前兆信号，对未来可能出现的干旱程度及持续时间做出预测，为制定防御措施提供科学依据，具有十分重要的意义。研究表明，华北干旱的年代际变化特征十分显著，它是一种趋势变化，与太阳活动和火山活动等外强迫相联系。同时，华北干旱的年际变化也很大，影响年际变化的因素十分复杂，不仅受大气本身异常变化的影响，也与海面温度的异常变化有很大关系。受大气和海洋剧烈年际变化的影响，即使都是干旱年份，其每年受到的影响因素或区域都可能大不相同。由此可见，影响华北干旱的年代际变化和年际变化的因素是不同的；另外，现在常用的一些统计预报模型，无论其表达形式怎样不同，都是在研究预报对象变化规律及影响其变化的大气、海洋等要素相互关系的基础上建立的。一般做法是，使用历史资料计算预报对象及其他变量(场)的相关系数，将超过一定显著性检验的变量或区域视为“信号”，也就是说，用做未来预报的“信号”是预先确定的，固定不变的，一旦预报期间二者的相关关系发生变化，就会导致预报失败。基于上述问题，魏凤英(2003)提出建立多时间尺度组合预测的构想。基本思想是先将干旱指标的年代际和年际变化两种时间尺度进行分离，分别建立预报模型，最后将两者的预报结果进行组合。

12.3.1 华北地区干旱强度指数

以降水量减蒸发量作为表征华北地区干旱程度的物理量。蒸发量的计算采用高桥浩一郎(1979)提出的计算陆面实际蒸发量的公式：

$$E = \frac{3100P}{3100 + 1.8P^2 \exp\left(-\frac{34.4T}{235 + T}\right)} \tag{12.7}$$

式中，E 为月地表实际蒸发量，P 为月降水量，T 为月平均气温。假定某时段($P-E$)服从佩松(Person) Ⅲ型分布，则可由其概率密度函数转换得到：

$$Z_i = \frac{6}{C_s}\left(\frac{C_s}{2}\varphi_i + 1\right)^{1/3} - \frac{6}{C_s} + \frac{C_s}{6} \tag{12.8}$$

式中，C_s 为偏态系数，φ_i 为月标准化变量。这里将逐月($P-E$)的量记为 PE，即有

$$C_s = \frac{\sum_{i=1}^{N}(\mathrm{PE}_i - \overline{\mathrm{PE}})^3}{N\sigma^3} \tag{12.9}$$

$$\varphi_i = \frac{\mathrm{PE}_i - \overline{\mathrm{PE}}}{\sigma} \tag{12.10}$$

式中，

$$\sigma = \sqrt{\frac{1}{N}\sum_{i=1}^{N}(\mathrm{PE}_i - \overline{\mathrm{PE}})^2}$$

$$\overline{\mathrm{PE}} = \frac{1}{N}\sum_{i=1}^{N}\mathrm{PE}_i$$

这里 N 为样本量，由式(12.8)计算得到华北地区 24 站逐月 Z 指数，以此来表征干旱的强度。

将($P-E$)进行 Z 变换，使其成为标准正态化变量，可以按照以下

标准界值将强度分为 7 级(表 12.2)。按照划分干旱强度等级的标准,统计出华北区域平均的干旱强度各等级所占的实际概率。从表 12.2 可以看出,干旱强度指数的实际概率与理论概率很接近,说明用 Z 指数表征华北干旱强度是合理的。

表 12.2 干旱强度等级标准

等级	类型	Z 值	理论概率/%	实际概率/%
1	特涝	$Z \geqslant 1.6450$	5	5.04
2	大涝	$1.0367 \leqslant Z < 1.645$	10	10.06
3	偏涝	$0.5244 < Z < 1.0367$	15	13.07
4	正常	$-0.5244 \leqslant Z \leqslant 0.5244$	40	41.05
5	偏旱	$-1.0367 < Z < -0.5244$	15	17.00
6	大旱	$-1.6450 < Z \leqslant -1.0367$	10	7.30
7	特旱	$Z \leqslant -1.6450$	5	4.50

12.3.2 多时间尺度预测模型的建模步骤

12.3.2.1 年代际和年际尺度变化序列的分离

将华北各个站月或季的干旱强度指数序列看作由年代际、年际和气象噪声合成,利用奇异谱非线性动力学重构技术对它们进行分离(Vautard,1992)。

对于给定的样本量为 N,均值为 0 的一个序列 x_i,再给定嵌套空间维数 $M(M \leqslant N/2)$,将序列时滞排列建立相空间,其滞后自协方差为一个 $M \times M$ 的矩阵,称为特普利茨(Toeplitz)矩阵。计算出特普利茨矩阵的特征值和相应的特征向量,滞后步长为 $j(j=1,2,\cdots,M)$ 的 x_{i+j} 的展开式为

$$\boldsymbol{x}_{i+j} = \sum_{k=1}^{M} \boldsymbol{\alpha}_{ki} \boldsymbol{\varphi}_{jk} \tag{12.11}$$

式中,$i=1,2,\cdots,N-M+1$;$j=1,2,\cdots,M$;$\boldsymbol{\varphi}_{jk}$ 为时间的特征向量;$\boldsymbol{\alpha}_{ki}$ 为时间主分量,

$$\boldsymbol{\alpha}_{ki} = \sum_{j=1}^{M} \boldsymbol{x}_{i+j} \boldsymbol{\varphi}_{jk} \tag{12.12}$$

应用奇异谱重建可以有效地提取我们感兴趣的信息。假设用前 P ($P\leqslant M$)个 $\boldsymbol{\varphi}_{jk}$ 和 $\boldsymbol{\alpha}_{ki}$ 重建的序列在最小二乘意义下最接近原序列的前 P 个状态向量上的投影,亦使

$$Q=\sum_{j=1}^{M}\sum_{i=0}^{N-M}\left(\hat{x}_{i+j}-\sum_{k=1}^{P}\alpha_{ki}\varphi_{jk}\right)^{2} \qquad (12.13)$$

达最小。式(12.13)的解为

$$\hat{\boldsymbol{x}}_{i}=\frac{1}{M}\sum_{j=1}^{M}\sum_{k=1}^{P}\alpha_{k i-j}\varphi_{jk} \quad M\leqslant i\leqslant N-M+1 \qquad (12.14a)$$

$$\hat{\boldsymbol{x}}_{i}=\frac{1}{i}\sum_{j=1}^{i}\sum_{k=1}^{P}\alpha_{k i-j}\varphi_{jk} \quad 1\leqslant i\leqslant M-1 \qquad (12.14b)$$

$$\hat{\boldsymbol{x}}_{i}=\frac{1}{N-i+1}\sum_{j=i-N+M}^{M}\sum_{k=1}^{P}\alpha_{k i-j}\varphi_{jk} \quad N-M+2\leqslant i\leqslant N \qquad (12.14c)$$

式(12.12)和(12.14)的变换过程是非线性变换,等价于数字滤波器,它可以将混杂在一起的不同时间尺度的波动进行有效分离。利用这种方法可以将干旱强度指数序列分离为年代际和年际变化两部分。

12.3.2.2 前兆强信号的识别

在对未来干旱年际变化进行预测时,首先利用信噪比的方法来识别前期北半球 500 hPa 高度和北太平洋海面温度是否有前兆强信号出现(黄嘉佑 等,2002)。某一格点上高度或海面温度序列的信噪比定义为

$$\mathrm{SIG}_{i}=\frac{x_{ij}-\overline{x}_{i}}{s_{i}} \qquad (12.15)$$

式中,x_{ij} ($i=1,2,\cdots,M;j=1,2,\cdots,N$)为该格点上经过标准化处理的高度或海面温度序列,$M$ 为格点数,N 为资料长度,$\overline{x}_{i}$ 为该格点序列多年平均值,s_{i} 为该格点序列的标准差。

信噪比的含义是,某一格点上的标准化数值与其多年平均值之差

反映气候变化的信号，该点上的变率则视为噪声。假定 x_{ij} 服从正态分布，当 $|\mathrm{SIG}_i|>1.96$ 时，表明 SIG_i 通过 $\alpha=0.05$ 的显著性水平检验，即为强信号，在编制程序识别强信号时近似取 $|\mathrm{SIG}_i|>2.00$ 的范围为强信号区。

由信噪比得到的信号场与通常用计算相关场得到的信号不同，它反映的是某一年的异常变化与多年平均值变化的差异程度。因此，各年的信号场可能会有很大不同。在做每年的预测时，都要重新计算其前期大气和海洋的信号场，判断是否有强信号出现。研究表明，在华北地区发生大范围异常干旱的前期，500 hPa 高度场和北太平洋海面温度场通常会有前兆强信号出现（魏凤英 等，2003）。

12.3.2.3 预报的基本思路和流程

将华北地区各站的月或季的干旱强度指数 I_X 看作由年代际变化 I_{X_L}、年际变化 I_{X_S} 和气象噪声 e 的合成，即

$$I_X = I_{X_L} + I_{X_S} + e \tag{12.16}$$

预测思路是，利用上述奇异谱非线性动力学重构技术将干旱指数的年代际尺度和年际尺度变化分离出来，并用式(12.17)和(12.18)分别构建它们的变化分量序列：

$$\overline{I_{X_L}}(i) = \frac{1}{N_L}\sum_{j=0}^{N_L-1} I_{X_L}(i+jL) \tag{12.17a}$$

$$\overline{I_{X_S}}(i) = \frac{1}{N_S}\sum_{j=0}^{N_S-1} I_{X_S}(i+jS) \tag{12.17b}$$

式中，L 和 S 分别为所要提取的年代际和年际尺度分量的尺度长度，对 $\overline{I_{X_L}}$ 和 $\overline{I_{X_S}}$ 分别做延拓：

$$\overline{I_{X_L}}(t) = \overline{I_{X_L}}\left[t - L\cdot\mathrm{INT}\left(\frac{t-1}{L}\right)\right] \qquad t = 1,2,\cdots,N \tag{12.18a}$$

$$\overline{I_{X_S}}(t) = \overline{I_{X_S}}\left[t - S\cdot\mathrm{INT}\left(\frac{t-1}{S}\right)\right] \qquad t = 1,2,\cdots,N \tag{12.18b}$$

利用式(12.17)和(12.18)就可以分别构建出年代际尺度和年际尺度的分量序列。若做 q 步预报,则只需将式(12.18)延拓至 $t=N+q$。

干旱趋势变化的预测模型为

$$I_{X_L}(t) = a\overline{I_{X_L}}(t) + \varepsilon_L \quad t = 1,2,\cdots,N+q \tag{12.19}$$

这里 $I_{X_L}(t)$是干旱趋势序列;a 是回归系数,由最小二乘法求得;ε_L 是一个常数。

年际变化预测模型为

$$I_{X_S}(t) = a\overline{I_{X_S}}(t) + \sum_{i=1}^{S} b_i \mathrm{ESIG}_i(t) \quad t = 1,2,\cdots,N+q \tag{12.20}$$

这里 $\mathrm{ESIG}_i(t)$是第 i 个强信号区域面积平均序列;如果前期没有超过显著性水平检验的强信号出现,则 $S=0$;a 和 b_i 是回归系数,由最小二乘法求得。

多时间尺度组合预测方案的预测流程如下(图 12.5):

(1)利用式(12.14)将干旱指数分离成年际和年代际趋势变化两部分,并用式(12.17)计算各自的分量。

(2)利用式(12.19)建立干旱趋势变化预测模型。

(3)利用式(12.15)计算前期北半球 500 hPa 高度和北太平洋海面温度的信号场,将超过 $\alpha=0.05$ 显著性水平,即 $|\mathrm{SIG}_i|>2.00$ 区域的高度和海面温度视为强信号,连同干旱指数本身的年际变化分量一起,作为干旱指数年际变化预报模型的预报因子,再利用式(12.20)建模。如果没有强信号区域出现,式(12.20)中仅含年际变化分量。

(4)将年代际模型与年际模型的预报进行集成,即可得到最终预报。

12.3.3 预报试验和效果检验

为了比较预报模型的效果和确定最佳提前预报时间的长度,用 1951—2002 年各季平均的干旱强度指数资料,采用两种方案做跨季度干旱预报,它们的差别是建立年际预报模型时所用的前兆强信号场提前的时间不同。方案 1:提前 1 季(3 个月)做预测,即在 9—11 月期间

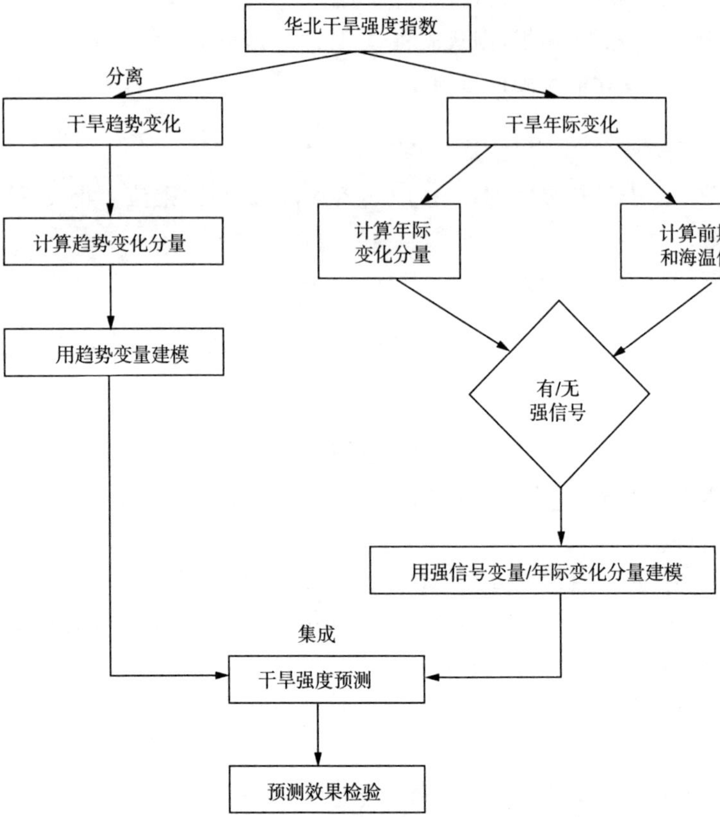

图 12.5 华北干旱的多时间尺度预测流程

做未来冬季(当年 12 月至翌年 2 月)干旱预报时,使用前期 6—8 月 500 hPa 高度和北太平洋海面温度的强信号;在 12 月至翌年 2 月期间做未来春季(3—5 月)预报时,使用前期 9—11 月 500 hPa 高度和北太平洋海面温度的强信号……余类推。方案 2:提前 2 季(6 个月)做预报,即在 6—8 月期间做未来冬季(当年 12 月至翌年 2 月)干旱预报时,使用前期 3—5 月 500 hPa 高度和北太平洋海面温度的强信号;在 9—11 月期间做翌年春季(3—5 月)预报时,使用前期 6—8 月 500 hPa 高度和北太平洋海面温度的强信号……余类推。表 12.3 列出了两种方案的各季预报模型的拟合率。拟合率采用预报模型拟合距平符号与实况距平符号的一致率。

表 12.3 两种方案的各季预报模型拟合率(%)

	冬季	春季	夏季	秋季	平均
方案 1	82	75	90	94	85.2
方案 2	82	75	87	90	83.5

由表 12.3 可见,两种方案预报模型的拟合率都比较高,均在 75%以上,其中秋季的拟合率最高,两种方案的拟合率都在 90%以上,夏季次之,春季最差。冬、春季提前 3 个月的预报模型的拟合率与提前 6 个月的拟合率相同,夏、秋季提前 3 个月的拟合率比提前 6 个月的拟合率略高。

分别用 1951—1995,1951—1996,1951—1997,…,1951—2001 年冬、春、夏、秋季平均干旱强度指数重建预报模型,分别制作 1996—2002 年各季提前 3 个月的独立样本预报试验。这里仍用预报值的距平符号与观测值的距平符号的一致率作为预报准确率。在 7 年独立样本的预报中,秋季预报效果最好,准确率达 85%;冬、夏季次之,准确率均为 71%;春季预报效果最差,准确率只有 57%。4 季平均准确率为 71%。对于跨季度的短期气候预测来讲,预报模型的预报技巧是比较令人满意的。

12.4 气候极值分布模型及其应用

随着全球气候变暖加剧,极端天气气候事件频发,引起社会各界和公众的广泛关注,气候学者对极端气候及其变化的研究也更加重视。目前使用气候数值模式对极端气候事件进行预测还存在很大的不确定性。而极端气候事件涉及极值问题,极值是一种不稳定的、难以预测的复杂随机变量,对于极端气候的预测需要对气候要素的极值分布模型做出合适的统计模拟,以便在预测未来气候趋势背景下推断出极值的统计特征(丁裕国 等,2011)。

20 世纪初，统计学家在研究独立同分布随机变量最大值渐近分布时提出了极值理论。极值随机事件是指很少发生的极端事件。气候要素是一随机变量，极值就是随机变量的某种函数，虽然难以定量预测气候要素的极值，但可以借用统计推断寻找气候极值的分布模型，推算一定重现期的可能极值，揭示其变化规律。

12.4.1 常用极值分布模型

在 20 世纪初，Fisher 等(1928)证明，当样本量足够大时，极值的渐近分布可概括为与原始分布有关的 3 种模型，即 Gumbel、Frechet 及 Weibull 分布模型。之后，有学者将上述 3 种经典极值分布概括为包括位置、尺度及形状三参数广义极值(Generalized Extreme Value, GEV)分布。GEV 分布是一个较为完整的极值分布体系，能够避免单独采用某一种分布的不足，在气象、水文等领域广泛应用。另外，广义帕累托分布(Generalized Pareto Distribution ，GPD)也服从三参数极值分布模型，在气象、水文等领域应用也十分广泛。

12.4.1.1 广义极值分布

假设 x 为随机变量，广义极值 GEV 的分布函数为：

$$F(x)=\exp\left\{-\left[1+\gamma\left(\frac{x-\mu}{\sigma}\right)\right]^{-\frac{1}{\gamma}}\right\}I(x)$$

式中，μ、σ 分别为尺度参数和位置参数，γ 为形状参数，$I(x)$ 为示性函数。

$$I(x)=\begin{cases}1 & \left[1+\gamma\left(\frac{x-\mu}{\sigma}\right)\right]>0\\ 0 & \left[1+\gamma\left(\frac{x-\mu}{\sigma}\right)\right]\leqslant 0\end{cases}$$

当 $\gamma=0$ 时，极值分布为 Gumbel 分布，即极值 I 型；当 $\gamma>0$ 时，为 Frechet 分布；当 $\gamma<0$ 时，为 Weibull 分布。

广义极值分布的参数估计采用比较流行的极大似然法。设 $\{x_1,x_2,\cdots,x_n\}$ 为相互独立且具有相同的概率分布，其参数的极大似然估计可以通过对数似然函数求出：

$$L(\theta)=L(\mu,\sigma,\gamma)=-n\ln\sigma-\sum_{i=1}^{n}\left[1+\gamma\left(\frac{x_i-\mu}{\sigma}\right)^{-\frac{1}{\gamma}}\right]-$$

$$(1+\frac{1}{\gamma})\sum_{i=1}^{n}\ln\left[1+\gamma\left(\frac{x_i-\mu}{\sigma}\right)\right]$$

能够使得上式函数达到最大值的点即为相应参数的极大似然估计。

要计算 T 年一遇的极值 x_p，T 即为极值 x_p 的重现期，相应极值出现的频率为 $p=1/T$，极值 x_p 的计算公式为：

$$x_p=\mu-\frac{\sigma}{\gamma}[1-\ln\{-(1-p)\}^{-\gamma}]$$

求出参数的极大似然估计后，将有关参数代入上式，即可求解出需要的频率 $p=P(x\geqslant x_p)$ 所对应的估计值 $\widehat{x_p}$。

12.4.1.2 广义帕累托分布

假设 x 为随机变量，广义 GDP 的分布函数为：

$$F(x)=\begin{cases}1-(1-\gamma\dfrac{x-\mu}{\sigma})^{1/\Upsilon} & \gamma\neq 0\\[2ex] 1-\exp\left(-\dfrac{x-\mu}{\sigma}\right) & \gamma=0\end{cases}$$

当 $\gamma\leqslant 0$ 时，$\mu\leqslant x<\infty$；当 $\gamma>0$ 时，$\mu\leqslant x<(\mu+\sigma/\gamma)$，则称 X 服从三参数广义帕累托分布。

当 $\mu=0$ 时，GDP 分布函数退化为：

$$F(x)=\begin{cases}1-\left(1-\gamma\dfrac{x}{\sigma}\right)^{1/\gamma} & \gamma\neq 0\\[2ex] 1-\exp\left(-\dfrac{x}{\sigma}\right) & \gamma=0\end{cases}$$

12.4.2 GEV模型在华南汛期极端降水概率分布分析中的应用

这里需要指出的是，由于理论极值是实际极值的数学期望，而实际的极值只是理论的一次抽样。因此，理论极值特征反映了序列极值的平均特征。所谓 50 年一遇、100 年一遇降水极值，指的是出现强降水概率为 1/50=2%和 1/100=1%的可能最大降水量。

张婷等(2009)利用 GEV 模型拟合了华南前汛期(4—6 月)和后汛期(7—9 月)降水量重现期的可能极值,得到华南汛期降水量的重现水平,以此研究该地区前汛期和后汛期降水量极值的概率分布特征。从表 12.4 列出的汛期降水量极值的重现水平可以看出,前汛期各级别重现水平间的差异显著低于后汛期,且 100 年一遇和 50 年一遇极值的重现水平在后汛期明显大于前汛期,其中前汛期 100 年一遇的强降水极值重现水平为 878.9989 mm,而后汛期 100 年一遇的强降水极值重现水平为 961.5294 mm,明显强于前汛期。但后汛期 20 年、10 年和 5 年一遇极值的重现水平明显低于前汛期。结果表明:前汛期降水量的年际变率小于后汛期;极端强降水量发生在后汛期的概率大于前汛期,这可能是强台风登陆东南沿海带来的强降水造成的,台风带来的降水比前汛期的季风环流降水更集中,强度也更大。

表 12.4 华南汛期降水量极值的重现水平(单位:mm)

	重现期				
	100 年	50 年	20 年	10 年	5 年
前汛期	878.9989	961.1088	829.6695	797.6772	754.9844
后汛期	961.5294	893.1581	806.0171	741.7644	677.5024

参考文献

曹鸿兴,郑耀文,顾今,1988. 灰色系统浅述[M]. 北京:气象出版社.

曹鸿兴,魏凤英,封国林,等,1989. 估计模型维数的双评分准则及其应用[J]. 数理统计与应用概率,11(1):34-40.

曹鸿兴,江野,1993a. 二氧化碳浓度增加与温度变化的关联分析[C]//么枕生. 气候学研究——气候与中国气候问题. 北京:气象出版社:148-154.

曹鸿兴,魏凤英,刘生长,1993b. 多步预测的降水时序模型[J]. 应用气象学报,4(2):198-204.

曹鸿兴,魏凤英,刘宗秀,等,1996. 全球冰雪变化趋势及其对全球增暖的蕴示[C]//曹鸿兴. 我国短期气候变化及成因研究. 北京:气象出版社,84-88.

陈希孺,王松桂,1987. 近代回归分析[M]. 合肥:安徽教育出版社.

程兴新,曹敏,1989. 统计计算方法[M]. 北京:北京大学出版社.

崔锦泰,1994. 小波分析导论[M]. 程正兴,译. 西安:西安交通大学出版社.

邓聚龙,1985. 灰色系统——社会·经济[M]. 北京:国防工业出版社.

丁裕国,1987. 气象变量间相关系数的序贯检验及其应用[J]. 南京气象学院学报,10(3):340-347.

丁裕国,江志红,1995. 非均匀站网 EOFs 展开的失真性及其修正[J]. 气象学报,53(2):247-253.

丁裕国,江志红,1998. 气象数据时间序列信号处理[M]. 北京:气象出版社.

丁裕国,李佳耘,江志红,等,2011. 极值统计理论的进展及其在气候变化研究中的应用[J]. 气候变化研究进展,7(4):248-252.

段安民,吴洪宝,1998. 全球热带海表温度异常的主振荡型分析[J]. 南京气象学院学报,21(1):61-69.

封国林,龚志强,董文杰,等,2005. 基于启发式分割算法的气候突变检测研究[J]. 物理学报,54(11):5494-5499.

冯志刚,陈星,程兴无,等,2014. 显著经验正交函数分析及其在淮河流域暴雨研究中的应用[J]. 气象学报,72(6):1245-1256.

符淙斌,王强,1992,气候突变的定义和检验方法[J]. 大气科学,16(4):483-493.

高桥浩一郎,1979. 月平均气温、月降水量以及蒸发散量的推定方式[J]. 天气,26(12):759-763.

龚志强,邹明玮,高新全,等,2005. 基于非线性的时间序列分析经验模态分解和小波分解异同性的研究[J]. 物理学报,54(8):3947-3957.

谷松林,1993. 突变理论及其应用[M]. 兰州:甘肃教育出版社.

海金 S,1986. 谱分析的非线性方法[M]. 茅于海,译. 北京:科学出版社.
韩雪,2006. 气候信号检测新方法在长江中下游降水异常变化分析中的应用[D]. 北京:中国气象科学研究院.
韩志刚,1988. 多层递阶预报方法[M]. 北京:科学出版社.
黄大吉,赵进平,苏纪兰,2003. 希尔伯特-黄变换的端点延拓[J]. 海洋学报,25(1):1-11.
黄嘉佑,1990. 气象统计分析与预报方法[M]. 北京:气象出版社.
黄嘉佑,李黄,1984. 气象中的谱分析[M]. 北京:气象出版社.
黄嘉佑,杨扬,周国良,2002. 我国暴雨的 500 hPa 高度信号场分析[J]. 大气科学,26(2):221-229.
江志红,丁裕国,1995. 我国夏半年降水距平与北太平洋海温异常的奇异值分解法分析[J]. 热带气象学报,11(2):133-138.
江志红,丁裕国,金莲姬,1997. 中国近百年气温场变化成因的统计诊断分析[J]. 应用气象学报,8(2):175-185.
劳 C R,1987. 线性统计推断及其应用[M]. 张燮,译. 北京:科学出版社.
林学椿,1978. 统计天气预报中相关系数的不稳定性[J]. 大气科学,3(2):55-63.
林振山,汪曙光,2004. 近四百年北半球气温变化的分析:EMD 方法的应用[J]. 热带气象学报,20(1):90-96.
刘太中,荣平平,刘式达,等,1995. 气候突变的子波分析[J]. 地球物理学报,38(2):158-162.
罗小莉,李丽平,王盘兴,等,2011. 站网均匀化订正对中国夏季气温 EOF 分析的改进[J]. 大气科学,35(4):620-630.
罗小莉,李丽平,王盘兴,等,2015. 改进的经验正交函数分析方法及其效果验证[J]. 大气科学学报,38(1):120-125.
马开玉,陈星,张耀存,1996. 气候诊断[M]. 北京:气象出版社.
秦前清,杨宗凯,1994. 实用小波分析[M]. 西安:西安电子科技大学出版社.
施能,1996. 气候诊断研究中的 SVD 显著性检验[J]. 气象科技,(4):5-6.
施能,1997. 气象学中应用 SVD 方法的一些问题[J]. 气象科技,(4):8-12.
施能,曹鸿兴,1992. 基于所有可能回归的最优气候预测模型[J]. 南京气象学院学报,15(4):459-466.
孙照渤,袁建强,张邦林,1991. 用逐步迭代法插补海表温度的研究[J]. 南京气象学院学报,14(2):143-149.
陶澍,1994. 应用数理统计方法[M]. 北京:中国环境科学出版社.
万仕全,封国林,周国华,等,2005. 基于 EMD 方法的观测数据信息提取与预测研究[J]. 气象学报,63(4):516-525.
王盘兴,1981. 气象向量场的自然正交展开及其应用[J]. 南京气象学院学报,4(1):37-47.
王盘兴,罗小莉,李丽平,等,2011. 中国气候资料站网均匀化订正的一种方案及应用[J]. 大气科学学报,34(1):8-13.

王绍武,1993. 气候诊断研究[M]. 北京:气象出版社.

王学仁,温忠笂,1989. 应用回归分析[M]. 重庆:重庆大学出版社.

王政权,1999. 地统计学及在生态学中的应用[M]. 北京:科学出版社.

王梓坤,1976. 概率论基础及其应用[M]. 北京:科学出版社.

韦博成,鲁国斌,史建清,1991. 统计诊断引论[M]. 南京:东南大学出版社.

魏凤英,1988. 用灰色动态模型试作全国温度气候预测[J]. 科学通报,33(7):528-530.

魏凤英,1996. 现代气候统计诊断和预测程序集——内容、功能和应用实例[C]//曹鸿兴,等. 我国短期气候变化及成因研究. 北京:气象出版社:98-99.

魏凤英,1997. 华北干旱不同时间尺度的变化特征[C]//王馥棠,徐祥德,王春乙. 华北农业干旱研究进展. 北京:气象出版社:1-10.

魏凤英,1998. 全球海表温度变化与中国夏季降水异常分布[J]. 应用气象学报,9(增刊):1-9.

魏凤英,1999. 全国夏季降水区域动态权重集成预报试验[J]. 应用气象学报,10(4):401-409.

魏凤英,2003. 华北干旱的多时间尺度组合预测模型[J]. 应用气象学报,14(5):583-592.

魏凤英,赵溱,张先恭,1983. 逐步回归周期分析[J]. 气象,9(1):2-4.

魏凤英,赵溱,张先恭,1986. 带有周期分量的多元逐步回归[J]. 中国气象科学研究院院刊,1(1):96-103.

魏凤英,曹鸿兴,1990a. 长期预测的数学模型及其应用[M]. 北京:气象出版社.

魏凤英,曹鸿兴,1990b. 建立长期预测模型的新方案及其应用[J]. 科学通报,35(10):777-780.

魏凤英,曹鸿兴,1993. 模糊均生函数模型及其应用[J]. 气象,19(2):7-11.

魏凤英,曹鸿兴,1995a. 中国、北半球和全球的气温突变分析及其趋势预测研究[J]. 大气科学,19(2):140-148.

魏凤英,张先恭,1995b. 一种夏季大范围降水趋势分布的预报方法[J]. 气象,21(12):25-28.

魏凤英,张先恭,李晓东,1995c. 用CEOF分析近百年中国东部旱涝的分布及其年际变化特征[J]. 应用气象学报,6(4):454-460.

魏凤英,张先恭,1996. 北太平洋海表温度与中国夏季气温的耦合特征[C]//曹鸿兴,等. 我国短期气候变化与成因研究. 北京:气象出版社:67-74.

魏凤英,曹鸿兴,1997. 奇异值分解及其在北美陆地气温与我国降水遥相关中的应用[J]. 高原气象,16(2):174-182.

魏凤英,张先恭,1998. 中国夏季降水趋势分布的一个客观预报方法[J]. 气候与环境研究,3(3):218-226.

魏凤英,曹鸿兴,2002a. 地统计学分析技术及其在气象中的适用性[J]. 气象,28(12):3-5.

魏凤英,曹鸿兴,徐祥德,2002b. 变异函数在降水场空间特征分析中的应用[J]. 南京气象学院学报,25(6):795-799.

魏凤英,张京江,2003. 华北地区干旱的气候背景及其前兆强信号[J]. 气象学报,61(3):354-363.

魏凤英,谢宇,2005. 近百年长江中下游梅雨的年际及年代际振荡[J]. 应用气象学报,16(4):492-499.

魏凤英,黄嘉佑,2010. 大气环流降尺度因子在中国东部夏季降水预测中的作用[J]. 大气科学,34 (1):202-212.

魏松林,1992. 1881—1989 年东北地区夏季低温冷害[C]//章基嘉. 长期天气预报论文集. 北京:海洋出版社:138-142.

项静恬,史文恩,杜金观,等,1991. 动态和静态数据处理——时间序列和数理统计分析[M]. 北京:气象出版社.

徐瑞珍,张先恭,1982. 经验正交函数在两个气象场相关分析中的应用[J]. 气象学报,40(1):117-122.

杨国栋,2013. 基于变量筛选的偏最小二乘回归方法及其应用[D]. 长沙:中南大学.

杨鉴初,1953. 运用气象要素历史演变的规律性作一年以上的长期预告[J]. 气象学报,24(2):100-117.

杨位钦,顾岚,1986. 时间序列分析与动态数据建模[M]. 北京:北京工业学院出版社.

余帆,2008. 东海黑潮上层环流季节、年际变化与局地风应力的关系[D]. 青岛:中国海洋大学.

俞善贤,汪铎,1988. 试用最优子集与岭迹分析相结合的方法确定回归方程[J]. 大气科学,12(4):382-388.

张邦林,丑纪范,1991. 经验正交函数在气候数值模拟中的应用[J]. 中国科学(B 辑)(4):442-448.

张光智,张先恭,魏凤英,1995. 近百年西北太平洋热带气旋年频数的变化特征[J]. 热带气象学报,11(4):315-323.

张婷,魏凤英,2009. 华南地区汛期极端降水的概率分布特征[J]. 气象学报,67(3):442-451.

张先恭,魏凤英,1996. 太平洋海表温度与中国降水准 3.5 年周期变化[C]//长期天气预报理论和方法的研究课题组. “八五”长期天气预报理论和方法的研究. 北京:气象出版社,169-175.

章国勇,伍永刚,刘洋,2014. 基于 EEMD 与 EMD 的降雨序列多时间尺度对比分析[J]. 中国农村水利水电,8:98-103.

章基嘉,丁锋,王盘兴,1993. 大尺度海气异常关系的主振荡型分析[J]. 应用气象学报,4(增刊):1-9.

赵犁丰,张晓亮,宋洁,2003. 利用 EMD 方法和小波变换进行信号奇异性检测[J]. 青岛海洋大学学报(自然科学版),33(5):759-763.

朱明德,佘光辉,1993. 统计预测与控制[M]. 北京:中国林业出版社.

朱盛明,1982. 相关系数稳定性分析及其应用[J]. 气象学报,49(4):113-117.

AKAIKE H,1974. A new look at the statistical model identification. IEEE Transactions on Automatic Control,19(6):716-723.

ARNEDO A,GRASSEAU G,HOLSCHNEIDER M,1988. Wavelet transform analysis of invariant measures of some dynamical system[J]. Physical Review Letters,61:2281.

BARNETT T P,1983. Interaction of the monsoon and Pacific trade wind systems at interannual time scales. Part I: The equatorial zone[J]. Monthly Weather Review, 111: 756-773.

BARNETT T P, PREISENDORFER R, 1987. Origins and levels of monthly and seasonal forecast skill for united states surface air temperature determined by canonical correlation analysis[J]. Monthly Weather Review,115:1825-1850.

BERNAOLA-GALVA P,IVANOV P C,AMARAL L A N,et al,2001. Scale invariance in the nonstationarity of human heart rate[J]. Physical Review Letters,87(16):168105-1-4.

BLUMENTHAL B,1991. Predictability of a coupled ocean atmosphere model[J]. Journal of Climate,4:766-784.

BRETHERTON C S,SMITH C,WALLACE J M,1992. An intercomparison of methods for finding coupled patterns in climate data[J]. Journal of Climate,5:541-562.

BROOMHEAD D S,KING G P,1986. Extracting qualitative dynamics from experimental data[J]. Physica,20(D):217-236.

BURG J P,1967. Maximum Entropy Spectral Analysis[C]//37th Annual International Meeting,Geophysics,Oklahoma city,Oklahoma.

CAHALAN R F, WHARTON L E, WU M L, 1996. Empirical orthogonal functions of monthly precipitation and temperature over the United States and homogenous stochastics models[J]. Journal of Geophysical Research,101(D21):26309-26318.

CHENG X,DUNKERTON T J,1995. Orthogonal rotation of spatial patterns derived from singular value decomposition analysis[J]. Journal of Climate,8(11):2631-2643.

CHERRY S,1996. Singular value decomposition analysis and canonical correlation analysis [J]. Journal of Climate,9:2003-2009.

CHUNG C,NIGAM S,1999. Weighting of geophysical data in principal component analysis [J].Journal of Geophysical Research,104(D14) :16925-16928.

COURAULT D,MONESTIEZ P,1999. Spatial interpolation of air temperature according to atmospheric circulation patterns in southeast France[J]. Journal of Climate,12:365-378.

DOMMENGET D,2007. Evaluating EOF modes against a stochastic null hypothesis[J]. Climate Dynamics,28(5):517-531.

DOMMENGET D,LATIF M,2002. A cautionary note on the interpretation of EOFS[J]. Journal of Climate,15(2):216-225.

EFRON B,1990. The Jackknife,the Bootstrap and Other Resampling Plans[M]. Philadelphia:Society for Industrial and Applied Mathematics.

FISHER R A,TIPPETT L H C,1928. Limiting forms of the frequency distribution of the largest or smallest members of a sample[J]. Proceedings of the Cambridge Philosophical Society,24:180-190.

FURNIVAL G M,1971. All possible with less computation[J]. Technometrics,13:403-408.

FURNIVAL G M,WILSON R W M,1974. Regression by leaps and bound[J]. Technometrics,16:499-511.

GABOR A,GRANGER C W,1964. Price sensitivity of the consumer[J]. Journal of Advertising Research,4(3):40-44.

GHIL M,VAUTARD R,1991. Interdecadal oscillations and the warming trend in global temperature time series[J]. Nature,350:324-327.

GLAHN H R,1968. Canonical Correlation and its relationship to discriminant analysis and multiple regression[J]. Journal of the Atmospheric Sciences,25:23-31.

GROSSMANN A,MORLET J,PAUL T,1985. Transforms associated to square integrable group representations. I:General results[J]. Journal of Mathematical Physica,26(10):2473-2479.

HASSELMANN K,1988. PIP and POPs:The reduction of complex dynamical systems using principal interaction and oscillation patterns[J]. Journal of Geophysics,93:11015-11021.

HOERL A E,KENNARD R W,1970. Ridge regression:Biased estimation for non-orthogonal problems[J]. Technometrics,12:55-88.

HOTELLING H,1936. Relations between two sets of variates[J]. Biometrika,28:139-142.

HUANG J, VAN DEN DOOL H M,BARNSTON A G,et al,1996. Long lead seasonal temperature prediction using optimal climate normals[J]. Journal of Climate,9:809-817.

HUANG N E,SHEN Z,LONG S R,et al,1998. The empirical mode decomposition and the Hilbert spectrum for nonlinear and non stationary time series analysis[J]. Proceedings of the Royal Society London,454:903-995.

JOARNEL A G, HUIJBREGTS C J, 1978. Mining Geostatistics[M]. London: Academic Press.

KIM K Y,NORTH G R,HUANG J P,1996. EOFs of one dimensional cyclostationary time series:Computation,examples,and stochastic modelling[J]. Journal of Atmospheric Sciences,53:1007-1017.

LANSEN J W,JONES J W,2000. Scalling up crop model for climate prediction applications [C]//Climatic Prediction and Agriculture,International START Secretariat,Washington,DC,USA.

LANZANTE J R,1984. A rotated eigenanalysis of the correlation between 700 mb heights and sea surface temperatures in the Pacific and Atlantic[J]. Monthly Weather Review,

112:2270-2280.

MANN M E,2004. On smoothing potentially non-stationary climate time series[J]. Geophysical Research Letters,31:L07214.

MANN M E,PARK J,1994. Global scale modes of surface temperature variability on interannual to century timescales[J]. Journal of Geophysical Research,99(D12):25819-25833.

MANN M E,LALL U,SALTZMAN B,1995. Decadal-to-century scale climate variability:Insights into the rise and fall of the Great Salt Lake[J]. Geophysical Research Letters,22:937-940.

MANN M E,PARK J,1996a. Greenhouse warming and changes in the seasonal cycle of temperature:Model versus observations[J]. Geophysical Research Letters,23:1111-1114.

MANN M E,PARK J,1996b. Joint spatio-temporal modes of surface temperature and sea level pressure variability in the Northern Hemisphere during the last century[J]. Journal of Climate,9:2137-2162.

MANN M E,PARK J,1999. Oscillatory spatiotemporal signal detection in climate studies:A multiple taperspectral domain approach[J]. Advances in Geophys,41:1-131.

MASSY W F,1965. Principle component regression in exploratory statistical research[J]. Journal of American Statistical Association,60:234-266.

MATHERON G,1963. Principles of geostatistics[J]. Economic Geology,58:1246-1266.

MEYER Y,1990. Wavelets and applications[C]. Kyoto:Proceeding of International Mathematics Meeting:1-11.

MEYER Y,et al,1992. Wavelet and Their Application[M]. Berlin:Springer-Verlag.

MONTGOMARY D C,PECK E A,1982. Introduction to Linear Regression Analysis[M]. John Wiley & Sons.

NEWMAN M A,SARDESHMAKH P D,1995. A caveat concerning singular value decomposition[J]. Journal of Climate,8(2):352-360.

NICHOLLS N,1987. The use of canonical correlation to study teleconnections[J]. Monthly Weather Review,115:393-399.

NORTH G R,BELL T,CAHALAN R,et al,1982. Sampling errors in the estimation of empirical orthogonal function[J]. Monthly Weather Review,110:699-706.

NORTH G R,KIM K Y,SHEN S S P,et al,1995. Detection of forced climatic signals. Part I:Theory[J]. Journal of Climate,8:401-408.

PARK J,1992. Envelope estimation for quasi-periodic geophysical signals in noise:A multitaper approach[C]//Statistics in the Environmental and Earth Sciences. London:Edward Arnold,189-219.

PARK J,LINDERG C R,VERNON F L,1987. Muititaper spectral analysis of high-frequency seismograms[J]. Journal of Geophysical Research,92:12675-12684.

PEARSON K,1902. On lines and plans of closest fit to system of points in space philos[J]. Magnetism,6:559-572.

PETTITT A N,1979. A non-Parametric approach to the change point problem[J]. Applling Statistics,28:125-135.

PREISENDORFER R W,BARNETT T P,1977. Significance tests for empirical orthogonal functions[C]//Conference on Probability and Statistics in Atmospheric Science. Las Vegas:American Meteorological Society,169-172.

PROHASKA J,1976. A technique for analyzing the linear relationships between two meteorological fields[J]. Monthly Weather Review,104:1345-1353.

PRUDHOMME C,REED D W,1998. Relationships between extreme daily precipitation and topography in a mountainous region:A case study in Scotland[J]. International Journal of Climatology,18:1439-1453.

PRUDHOMME C, REED D W, 1999. Mapping extreme rainfall in a mountainous region using geostatistical techniques:A case study in Scotland[J]. International Journal of Climatology,19:1337-1356.

RASMUSSON E M,ARKIN P A,CHEN W Y,1981. Biennial variation in surface temperature over the United States as revealed by singular decomposition[J]. Monthly Weather Review,109:587-598.

SHEN S,LAU K M,1995. Biennial oscillation associated with the east asian summer monsoon and tropical sea surface temperatures[J]. Journal of Meteorological Society of Japan,73:105-124.

TANGANG F T, TANG B, MONAHAN A H, et al, 1998a. Forecasting ENSO events: A neural network extended EOF approach[J]. Journal of Climate,11:29-41.

TANGANG F T,HSIEH W,TANG B,et al,1998b. Forecasting regional sea surface temperature of the tropical pacific by neural network models,with wind stress and sea level pressure as predictors[J]. Journal of Geophysical Research,103:7511-7536.

THOMSON D J,1982. Spectrum estimation and harmonic analysis[J]. Proceedings of IEEE, 70:1055-1096.

TORRES M E,COLOMINAS M A,SCHLOTTHAUER G,et al,2011. A complete ensemble empirical mode decomposition with adaptive noise[R]. IEEE International Conference on Acoustics,Speech and Signal Processing (ICASSP):4144-4147.

VAN DE GEER J P,1971. Introduction to Multivariate Analysis for the Social Sciences[M]. San Francisco:W H Freeman.

VAUTARD R,1992. SSA:A toolkit for noisy chaotic signals[J]. Physical,D58:96-126.

VON STORCH H,BRUNS T,BRUNS I F,et al,1988. Principal oscillation patterns analysis of 30 to 60 days oscillation in a GCM[J]. Journal of Geophysics,93:11022-11036.

VON STORCH H, BURGER G, SCHNUR R, et al, 1995a. Principal Oscillation patterns: A review[J]. Journal of Climate, 8: 377-400.

VON STORCH H, NARARRA A, 1995b. Analysis of Climate Variability, Application of Statistical Technology[M]. Berlin: Springer Verlag.

VON STORCH H, FRANKIGNOUL C, 1998. Empirical modal decomposition in coastal oceanography[C]// Brink K H, Robinson A eds. The Sea, Vol 10. New York: John Wiley and Sons Inc: 419-455.

WALLACE J M, SMITH C, BRETHERTON C S, 1992. Singular value decomposition of sea-surface temperature and 500 mb heights anormalies[J]. Journal of Climate, 5: 561-576.

WEARE B C, NASSTROM T S, 1982. Examples of extended empirical orthogonal function analyses[J]. Monthly Weather Review, 110(6): 481-485.

WEBSTER J T, MASON R L, 1974. Latent root regression analysis[J]. Technometrics, 16: 513-522.

WENG H, LAU K M, 1994. Wavelets period doubling and time frequency localization with application to organization of convection over the tropical western Pacific[J]. Journal of Atmospheric Sciences, 51(17): 2523-2541.

WILKS D S, 1992. Statistical Method in the Atmospheric Sciences[M]. New York: Academic Press.

WOLD S, RUHE A, WOLD H, et al, 1984. The collinearity problem in linear regression. The partial least squares (PLS) approach to generalized inverses[J]. SIAM Journal on Scientific & Statistica, 5(3): 735-743.

WU Z H, HUANG N E, 2009. Ensemble empirical mode decomposition: A noise assisted data analysis method[J]. Advances in Adaptive Data Analysis, 1(1): 1-41.

XU J S, 1992. On the relationship between the stratospheric QBO and the tropospheric SO [J]. Journal of Atmosphere, 49: 725-734.

YAMAMOTO R, IWASHIMA T, SANGA N K, 1986. An analysis of climatic jump[J]. Journal of Meteorological Society of Japan, 64(2): 273-281.

YEH J R, SHIEH J S, HUANG N E, 2010. Complementary ensemble empirical mode decomposition: A novel noise enhanced data analysis method[J]. Advances in Adaptive Data Analysis, 2(2): 135-156.

YONETANI T, 1992. Discontinuous change of precipitation in Japan after 1900 detected by the Lepage test[J]. Journal of Meteorological Society of Japan, 70(1): 95-103.

附表 1a　正态分布表

$$\int_{u_\alpha}^{\infty}\frac{1}{\sqrt{2\pi}}\mathrm{e}^{\frac{-x^2}{2}}\mathrm{d}x=\alpha$$

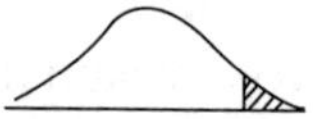

u_α

u_α	0.00	0.01	0.02	0.03	0.04	0.05	0.06	0.07	0.08	0.09
0.0	0.5000	0.4960	0.4920	0.4880	0.4840	0.4801	0.4761	0.4721	0.4681	0.4641
0.1	0.4602	0.4562	0.4522	0.4483	0.4443	0.4404	0.4364	0.4325	0.4286	0.4247
0.2	0.4207	0.4168	0.4129	0.4090	0.4052	0.4013	0.3974	0.3936	0.3897	0.3859
0.3	0.3821	0.3783	0.3745	0.3707	0.3669	0.3632	0.3594	0.3557	0.3520	0.3483
0.4	0.3446	0.3409	0.3372	0.3336	0.3300	0.3264	0.3228	0.3192	0.3156	0.3121
0.5	0.3085	0.3050	0.3015	0.2981	0.2946	0.2912	0.2877	0.2843	0.2810	0.2776
0.6	0.2743	0.2709	0.2676	0.2643	0.2611	0.2578	0.2546	0.2514	0.2483	0.2451
0.7	0.2420	0.2389	0.2358	0.2327	0.2296	0.2266	0.2236	0.2206	0.2177	0.2148
0.8	0.2119	0.2090	0.2061	0.2033	0.2005	0.1977	0.1949	0.1922	0.1894	0.1867
0.9	0.1841	0.1814	0.1788	0.1762	0.1736	0.1711	0.1685	0.1660	0.1635	0.1611
1.0	0.1587	0.1562	0.1539	0.1515	0.1492	0.1469	0.1446	0.1423	0.1401	0.1379
1.1	0.1357	0.1335	0.1314	0.1292	0.1271	0.1251	0.1230	0.1210	0.1190	0.1170
1.2	0.1151	0.1131	0.1112	0.1093	0.1075	0.1056	0.1038	0.1020	0.1003	0.0985
1.3	0.0968	0.0951	0.0934	0.0918	0.0901	0.0885	0.0869	0.0853	0.0838	0.0823
1.4	0.0808	0.0793	0.0778	0.0764	0.0749	0.0735	0.0721	0.0708	0.0694	0.0681
1.5	0.0668	0.0655	0.0643	0.0630	0.0618	0.0606	0.0594	0.0582	0.0571	0.0559
1.6	0.0548	0.0537	0.0526	0.0516	0.0505	0.0495	0.0485	0.0475	0.0465	0.0455
1.7	0.0446	0.0436	0.0427	0.0418	0.0409	0.0401	0.0392	0.0384	0.0375	0.0367
1.8	0.0359	0.0351	0.0344	0.0336	0.0329	0.0322	0.0314	0.0307	0.0301	0.0294
1.9	0.0287	0.0281	0.0274	0.0268	0.0262	0.0256	0.0250	0.0244	0.0239	0.0233
2.0	0.0228	0.0222	0.0217	0.0212	0.0207	0.0202	0.0197	0.0192	0.0188	0.0183
2.1	0.0179	0.0174	0.0170	0.0166	0.0162	0.0158	0.0154	0.0150	0.0146	0.0143
2.2	0.0139	0.0136	0.0132	0.0129	0.0125	0.0122	0.0119	0.0116	0.0113	0.0110
2.3	0.0107	0.0104	0.0102	0.00990	0.00964	0.00939	0.00914	0.00889	0.00866	0.00842
2.4	0.00820	0.00798	0.00776	0.00755	0.00734	0.00714	0.00695	0.00676	0.00657	0.00639
2.5	0.00621	0.00604	0.00587	0.00570	0.00554	0.00539	0.00523	0.00508	0.00494	0.00480
2.6	0.00466	0.00453	0.00440	0.00427	0.00415	0.00402	0.00391	0.00379	0.00368	0.00357
2.7	0.00347	0.00336	0.00326	0.00317	0.00307	0.00298	0.00289	0.00280	0.00272	0.00264
2.8	0.00256	0.00248	0.00240	0.00233	0.00226	0.00219	0.00212	0.00205	0.00199	0.00193
2.9	0.00187	0.00181	0.00175	0.00169	0.00164	0.00159	0.00154	0.00149	0.00144	0.00139

u_α	0.0	0.1	0.2	0.3	0.4	0.5	0.6	0.7	0.8	0.9
3	0.00135	$0.0^{3}968$	$0.0^{3}687$	$0.0^{3}483$	$0.0^{3}337$	$0.0^{3}233$	$0.0^{3}159$	$0.0^{3}108$	$0.0^{4}723$	$0.0^{4}481$
4	$0.0^{4}317$	$0.0^{4}207$	$0.0^{4}133$	$0.0^{5}854$	$0.0^{5}541$	$0.0^{5}340$	$0.0^{5}211$	$0.0^{5}130$	$0.0^{6}793$	$0.0^{6}479$
5	$0.0^{6}287$	$0.0^{6}170$	$0.0^{7}996$	$0.0^{7}579$	$0.0^{7}333$	$0.0^{7}190$	$0.0^{7}107$	$0.0^{8}599$	$0.0^{8}332$	$0.0^{8}182$
6	$0.0^{9}987$	$0.0^{9}530$	$0.0^{9}282$	$0.0^{9}149$	$0.0^{10}777$	$0.0^{10}402$	$0.0^{10}206$	$0.0^{10}104$	$0.0^{11}523$	$0.0^{11}260$

附表 1b u_α值表

$$\frac{1}{\sqrt{2\pi}}\int_{u_\alpha}^{\infty} e^{\frac{-x^2}{2}}dx = \alpha$$

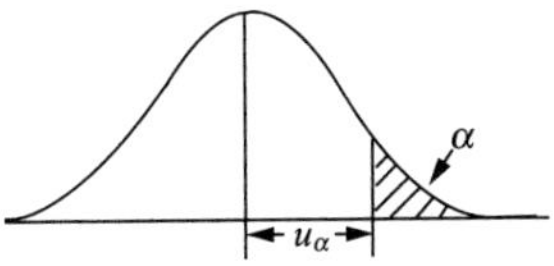

α	0	1	2	3	4
0.00	∞	3.09023	2.87816	2.74778	2.65207
0.0	∞	2.32635	2.05375	1.88079	1.75069
0.1	1.28155	1.22653	1.17499	1.12639	1.08032
0.2	0.84162	0.80642	0.77219	0.73885	0.70630
0.3	0.52440	0.49585	0.46770	0.43991	0.41246
0.4	0.25335	0.22754	0.20189	0.17637	0.15097

α	5	6	7	8	9
0.00	2.57583	2.51214	2.45726	2.40892	2.36562
0.0	1.64485	1.55477	1.47579	1.40507	1.34076
0.1	1.03643	0.99446	0.95417	0.91537	0.87790
0.2	0.67449	0.64335	0.61281	0.58284	0.55338
0.3	0.38532	0.35846	0.33185	0.30548	0.27932
0.4	0.12566	0.10043	0.07527	0.05015	0.02507

注：当 $\alpha>0.5$，$u_\alpha=-u_{1-\alpha}$；当 $\alpha=0.5$，$u_{0.5}=0$。

附表 2　*t* 分布表

ν	0.10	0.05	0.02	0.01	0.001
1	6.31	12.71	31.82	63.66	636.62
2	2.92	4.30	6.97	9.93	31.60
3	2.35	3.18	4.54	5.84	12.94
4	2.13	2.78	3.75	4.60	8.61
5	2.02	2.57	3.37	4.03	6.86
6	1.94	2.45	3.14	3.71	5.96
7	1.90	2.37	3.00	3.50	5.41
8	1.86	2.31	2.90	3.36	5.04
9	1.83	2.26	2.82	3.25	4.78
10	1.81	2.23	2.76	3.17	4.59
11	1.80	2.20	2.72	3.11	4.44
12	1.78	2.18	2.68	3.06	4.32
13	1.77	2.16	2.65	3.01	4.22
14	1.76	2.15	2.62	2.98	4.14
15	1.75	2.13	2.60	2.95	4.07
16	1.75	2.12	2.58	2.92	4.02
17	1.74	2.11	2.57	2.90	3.97
18	1.73	2.10	2.55	2.88	3.92
19	1.73	2.09	2.54	2.86	3.88
20	1.73	2.09	2.53	2.85	3.85
21	1.72	2.08	2.52	2.83	3.82
22	1.72	2.07	2.51	2.82	3.79
23	1.71	2.07	2.50	2.81	3.77
24	1.71	2.06	2.49	2.80	3.75
25	1.71	2.06	2.48	2.79	3.73
26	1.71	2.06	2.48	2.78	3.71
27	1.70	2.05	2.47	2.77	3.69
28	1.70	2.05	2.47	2.76	3.67
29	1.70	2.04	2.46	2.76	3.66
30	1.70	2.04	2.46	2.75	3.65
40	1.68	2.02	2.42	2.70	3.55
60	1.67	2.00	2.39	2.66	3.46
120	1.66	1.98	2.36	2.62	3.37
∞	1.65	1.96	2.33	2.58	3.29

附表 3a F 分布表($\alpha=0.25$)

ν_2 \ ν_1	1	2	3	4	5	6	7	8	9	10	12	15	20	60	∞
1	5.83	7.50	8.20	8.58	8.82	8.98	9.10	9.19	9.26	9.32	9.41	9.49	9.58	9.76	9.85
2	2.57	3.00	3.15	3.23	3.28	3.31	3.34	3.35	3.37	3.38	3.39	3.41	3.43	3.46	3.48
3	2.02	2.28	2.36	2.39	2.41	2.42	2.43	2.44	2.44	2.44	2.45	2.46	2.46	2.47	2.47
4	1.81	2.00	2.05	2.06	2.07	2.08	2.08	2.08	2.08	2.08	2.08	2.08	2.08	2.08	2.08
5	1.69	1.85	1.88	1.89	1.89	1.89	1.89	1.89	1.89	1.89	1.89	1.89	1.88	1.87	1.87
6	1.62	1.76	1.78	1.79	1.79	1.78	1.78	1.78	1.77	1.77	1.77	1.76	1.76	1.74	1.74
7	1.57	1.70	1.72	1.72	1.71	1.71	1.70	1.70	1.69	1.69	1.68	1.68	1.67	1.65	1.65
8	1.54	1.66	1.67	1.66	1.66	1.65	1.64	1.64	1.64	1.63	1.62	1.62	1.61	1.59	1.58
9	1.51	1.62	1.63	1.63	1.62	1.61	1.60	1.60	1.59	1.59	1.58	1.57	1.56	1.54	1.53
10	1.49	1.60	1.60	1.59	1.59	1.58	1.57	1.56	1.56	1.55	1.54	1.53	1.52	1.50	1.48
11	1.47	1.58	1.58	1.57	1.56	1.55	1.54	1.53	1.53	1.52	1.51	1.50	1.49	1.47	1.45
12	1.46	1.56	1.56	1.55	1.54	1.53	1.52	1.51	1.51	1.50	1.49	1.48	1.47	1.44	1.42
13	1.45	1.55	1.55	1.53	1.52	1.51	1.50	1.49	1.49	1.48	1.47	1.46	1.45	1.42	1.40
14	1.44	1.53	1.53	1.52	1.51	1.50	1.49	1.48	1.47	1.46	1.45	1.44	1.43	1.40	1.38
15	1.43	1.52	1.52	1.51	1.49	1.48	1.47	1.46	1.46	1.45	1.44	1.43	1.41	1.38	1.36
16	1.42	1.51	1.51	1.50	1.48	1.47	1.46	1.45	1.44	1.44	1.43	1.41	1.40	1.36	1.34
17	1.42	1.51	1.50	1.49	1.47	1.46	1.45	1.44	1.43	1.43	1.41	1.40	1.39	1.35	1.33
18	1.41	1.50	1.49	1.48	1.46	1.45	1.44	1.43	1.42	1.42	1.40	1.39	1.38	1.34	1.32
19	1.41	1.49	1.49	1.47	1.46	1.44	1.43	1.42	1.41	1.41	1.40	1.38	1.37	1.33	1.30
20	1.40	1.49	1.48	1.47	1.45	1.44	1.43	1.42	1.41	1.40	1.39	1.37	1.36	1.32	1.29
21	1.40	1.48	1.48	1.46	1.44	1.43	1.42	1.41	1.40	1.39	1.38	1.37	1.35	1.31	1.28
22	1.40	1.48	1.47	1.45	1.44	1.42	1.41	1.40	1.39	1.39	1.37	1.36	1.34	1.30	1.28
23	1.39	1.47	1.47	1.45	1.43	1.42	1.41	1.40	1.39	1.38	1.37	1.35	1.34	1.30	1.27
24	1.39	1.47	1.46	1.44	1.43	1.41	1.40	1.39	1.38	1.38	1.36	1.35	1.33	1.29	1.26
25	1.39	1.47	1.46	1.44	1.42	1.41	1.40	1.39	1.38	1.37	1.36	1.34	1.33	1.28	1.25
30	1.38	1.45	1.44	1.42	1.41	1.39	1.38	1.37	1.36	1.35	1.34	1.32	1.30	1.26	1.23
40	1.36	1.44	1.42	1.40	1.39	1.37	1.36	1.35	1.34	1.33	1.31	1.30	1.28	1.22	1.19
60	1.35	1.42	1.41	1.38	1.37	1.35	1.33	1.32	1.31	1.30	1.29	1.27	1.25	1.19	1.15
120	1.34	1.40	1.39	1.37	1.35	1.33	1.31	1.30	1.29	1.28	1.26	1.24	1.22	1.16	1.10
∞	1.32	1.39	1.37	1.35	1.33	1.31	1.29	1.28	1.27	1.25	1.24	1.22	1.19	1.12	1.00

附表 3b F 分布表(α=0.05)

ν_2 \ ν_1	1	2	3	4	5	6	7	8	9	10	12	15	20	60	∞
1	161.4	199.5	215.7	224.6	230.2	234.0	236.8	238.9	240.5	241.9	243.9	245.9	248.0	252.2	254.3
2	18.51	19.00	19.16	19.25	19.30	19.33	19.35	19.37	19.38	19.40	19.41	19.43	19.45	19.48	19.50
3	10.13	9.55	9.28	9.12	9.01	8.94	8.89	8.85	8.81	8.79	8.74	8.70	8.66	8.57	8.53
4	7.71	6.94	6.59	6.39	6.26	6.16	6.09	6.04	6.00	5.96	5.91	5.86	5.80	5.69	5.63
5	6.61	5.79	5.41	5.19	5.05	4.95	4.88	4.82	4.77	4.74	4.68	4.62	4.56	4.43	4.36
6	5.99	5.14	4.76	4.53	4.39	4.28	4.21	4.15	4.10	4.06	4.00	3.94	3.87	3.74	3.67
7	5.59	4.74	4.35	4.12	3.97	3.87	3.79	3.73	3.68	3.64	3.57	3.51	3.44	3.30	3.23
8	5.32	4.46	4.07	3.84	3.69	3.58	3.50	3.44	3.39	3.35	3.28	3.22	3.15	3.01	2.93
9	5.12	4.26	3.86	3.63	3.48	3.37	3.29	3.23	3.18	3.14	3.07	3.01	2.94	2.79	2.71
10	4.96	4.10	3.71	3.48	3.33	3.22	3.14	3.07	3.02	2.98	2.91	2.85	2.77	2.62	2.54
11	4.84	3.98	3.59	3.36	3.20	3.09	3.01	2.95	2.90	2.85	2.79	2.72	2.65	2.49	2.40
12	4.75	3.89	3.49	3.26	3.11	3.00	2.91	2.85	2.80	2.75	2.69	2.62	2.54	2.38	2.30
13	4.67	3.81	3.41	3.18	3.03	2.92	2.83	2.77	2.71	2.67	2.60	2.53	2.46	2.30	2.21
14	4.60	3.74	3.34	3.11	2.96	2.85	2.76	2.70	2.65	2.60	2.53	2.46	2.39	2.22	2.13
15	4.54	3.68	3.29	3.06	2.90	2.79	2.71	2.64	2.59	2.54	2.48	2.40	2.33	2.16	2.07
16	4.49	3.63	3.24	3.01	2.85	2.74	2.66	2.59	2.54	2.49	2.42	2.35	2.28	2.11	2.01
17	4.45	3.59	3.20	2.96	2.81	2.70	2.61	2.55	2.49	2.45	2.38	2.31	2.23	2.06	1.96
18	4.41	3.55	3.16	2.93	2.77	2.66	2.58	2.51	2.46	2.41	2.34	2.27	2.19	2.02	1.92
19	4.38	3.52	3.13	2.90	2.74	2.63	2.54	2.48	2.42	2.38	2.31	2.23	2.16	1.98	1.88
20	4.35	3.49	3.10	2.87	2.71	2.60	2.51	2.45	2.39	2.35	2.28	2.20	2.12	1.95	1.84
21	4.32	3.47	3.07	2.84	2.68	2.57	2.49	2.42	2.37	2.32	2.25	2.18	2.10	1.92	1.81
22	4.30	3.44	3.05	2.82	2.66	2.55	2.46	2.40	2.34	2.30	2.23	2.15	2.07	1.89	1.78
23	4.28	3.42	3.03	2.80	2.64	2.53	2.44	2.37	2.32	2.27	2.20	2.13	2.05	1.86	1.76
24	4.26	3.40	3.01	2.78	2.62	2.51	2.42	2.36	2.30	2.25	2.18	2.11	2.03	1.84	1.73
25	4.24	3.39	2.99	2.76	2.60	2.49	2.40	2.34	2.28	2.24	2.16	2.09	2.01	1.82	1.71
30	4.17	3.32	2.92	2.69	2.53	2.42	2.33	2.27	2.21	2.16	2.09	2.01	1.93	1.74	1.62
40	4.08	3.23	2.84	2.61	2.45	2.34	2.25	2.18	2.12	2.08	2.00	1.92	1.84	1.64	1.51
60	4.00	3.15	2.76	2.53	2.37	2.25	2.17	2.10	2.04	1.99	1.92	1.84	1.75	1.53	1.39
120	3.92	3.07	2.68	2.45	2.29	2.17	2.09	2.02	1.96	1.91	1.83	1.75	1.66	1.43	1.25
∞	3.84	3.00	2.60	2.37	2.21	2.10	2.01	1.94	1.88	1.83	1.75	1.67	1.57	1.32	1.00

附表 3c　*F* 分布表($\alpha=0.01$)

ν_1 \ ν_2	1	2	3	4	5	6	7	8	9	10	12	15	20	60	∞
1	4052	4 999.2	5403	5625	5764	5859	5928	5982	6022	6056	6106	6157	6209	6313	6366
2	98.50	99.00	99.17	99.25	99.30	99.33	99.36	99.37	99.39	99.40	99.42	99.43	99.45	99.48	99.50
3	34.12	30.82	29.46	28.71	28.24	27.91	27.67	27.49	27.35	27.23	27.05	26.87	26.69	26.32	26.13
4	21.20	18.00	16.69	15.98	15.52	15.21	14.98	14.80	14.66	14.55	14.37	14.20	14.02	13.65	13.46
5	16.26	13.27	12.06	11.39	10.97	10.67	10.46	10.29	10.16	10.05	9.89	9.72	9.55	9.20	9.02
6	13.75	10.92	9.78	9.15	8.75	8.47	8.26	8.10	7.98	7.87	7.72	7.56	7.40	7.06	6.88
7	12.25	9.55	8.45	7.85	7.46	7.19	6.99	6.84	6.72	6.62	6.47	6.31	6.16	5.82	5.65
8	11.26	8.65	7.59	7.01	6.63	6.37	6.18	6.03	5.91	5.81	5.67	5.52	5.36	5.03	4.86
9	10.56	8.02	6.99	3.42	6.06	5.80	5.61	5.47	5.35	5.26	5.11	4.96	4.81	4.48	4.31
10	10.04	7.56	6.55	5.99	5.64	5.39	5.20	5.06	4.94	4.85	4.71	4.56	4.41	4.08	3.91
11	9.65	7.21	6.22	5.67	5.32	5.07	4.89	4.74	4.63	4.54	4.40	4.25	4.10	3.78	3.60
12	9.33	6.93	5.95	5.41	5.06	4.82	4.64	4.50	4.39	4.30	4.16	4.01	3.86	3.54	3.36
13	9.07	6.70	5.74	5.21	4.86	4.62	4.44	4.30	4.19	4.10	3.96	3.82	3.66	3.34	3.17
14	8.86	6.51	5.56	5.04	4.69	4.46	4.28	4.14	4.03	3.94	3.80	3.66	3.51	3.18	3.00
15	8.68	6.36	5.42	4.89	4.56	4.32	4.14	4.00	3.89	3.80	3.67	3.52	3.37	3.05	2.87
16	8.53	6.23	5.29	4.77	4.44	4.20	4.03	3.89	3.78	3.69	3.55	3.41	3.26	2.93	2.75
17	8.40	6.11	5.18	4.67	4.34	4.10	3.93	3.79	3.68	3.59	3.46	3.31	3.16	2.83	2.65
18	8.29	6.01	5.09	4.58	4.25	4.01	3.84	3.71	3.60	3.51	3.37	3.23	3.08	2.75	2.57
19	8.18	5.93	5.01	4.50	4.17	3.94	3.77	3.63	3.52	3.43	3.30	3.15	3.00	2.67	2.49
20	8.10	5.85	4.94	4.43	4.10	3.87	3.70	3.56	3.46	3.37	3.23	3.09	2.94	2.61	2.42
21	8.02	5.78	4.87	4.37	4.04	3.81	3.64	3.51	3.40	3.31	3.17	3.03	2.88	2.55	2.36
22	7.95	5.72	4.82	4.31	3.99	3.76	3.59	3.45	3.35	3.26	3.12	2.98	2.83	2.50	2.31
23	7.88	5.66	4.76	4.26	3.94	3.71	3.54	3.41	3.30	3.21	3.07	2.93	2.78	2.45	2.26
24	7.82	5.61	4.72	4.22	3.90	3.67	3.50	3.36	3.26	3.17	3.03	2.89	2.74	2.40	2.21
25	7.77	5.57	4.68	4.18	3.85	3.63	3.46	3.32	3.22	3.13	2.99	2.85	2.70	2.36	2.17
30	7.56	5.39	4.51	4.02	3.70	3.47	3.30	3.17	3.07	2.98	2.84	2.70	2.55	2.21	2.01
40	7.31	5.18	4.31	3.83	3.51	3.29	3.12	2.99	2.89	2.80	2.66	2.52	2.37	2.02	1.80
60	7.08	4.98	4.13	3.65	3.34	3.12	2.95	2.82	2.72	2.63	2.50	2.35	2.20	1.84	1.60
120	6.85	4.79	3.95	3.48	3.17	2.96	2.79	2.66	2.56	2.47	2.34	2.19	2.03	1.66	1.38
∞	6.63	4.61	3.78	3.32	3.02	2.80	2.64	2.51	2.41	2.32	2.18	2.04	1.88	1.47	1.00

附表 4 χ^2 分布表

ν	0.99	0.98	0.95	0.90	0.50	0.10	0.05	0.02	0.01	0.001
1	0.000	0.001	0.004	0.016	0.455	2.71	3.84	5.41	6.64	10.83
2	0.020	0.040	0.103	0.211	1.386	4.61	5.99	7.82	9.21	13.82
3	0.115	0.185	0.352	0.584	2.366	6.25	7.82	9.84	11.34	16.27
4	0.297	0.429	0.711	1.064	3.357	7.78	9.49	11.67	13.28	18.47
5	0.554	0.752	1.145	1.610	4.351	9.24	11.07	13.39	15.09	20.52
6	0.872	1.134	1.635	2.204	5.35	10.65	12.59	15.03	16.81	22.46
7	1.239	1.564	2.167	2.833	6.35	12.02	14.07	16.62	18.48	24.32
8	1.646	2.032	2.733	3.490	7.34	13.36	15.51	18.17	20.09	26.13
9	2.088	2.532	3.325	4.168	8.34	14.68	16.92	19.68	21.67	27.88
10	2.558	3.059	3.940	4.865	9.34	15.99	18.31	21.16	23.21	29.59
11	3.05	3.61	4.57	5.58	10.34	17.28	19.68	22.62	24.73	31.26
12	3.57	4.18	5.23	6.30	11.34	18.55	21.03	24.05	26.22	32.91
13	4.11	4.76	5.89	7.04	12.34	19.81	22.36	25.47	27.69	34.53
14	4.66	5.37	6.57	7.79	13.34	21.06	23.69	26.87	29.14	36.12
15	5.23	5.99	7.26	8.55	14.34	22.31	25.00	28.26	30.58	37.70
16	5.81	6.61	7.96	9.31	15.34	23.54	26.30	29.63	32.00	39.25
17	6.41	7.26	8.67	10.09	16.34	24.77	27.59	31.00	33.41	40.79
18	7.02	7.91	9.39	10.87	17.34	25.99	28.87	32.35	34.81	42.31
19	7.63	8.57	10.12	11.65	18.34	27.20	30.14	33.69	36.19	43.82
20	8.26	9.24	10.85	12.44	19.34	28.41	31.41	35.02	37.57	45.32
21	8.90	9.91	11.59	13.24	20.34	29.61	32.67	36.34	38.93	46.80
22	9.54	10.60	12.34	14.04	21.34	30.81	33.92	37.66	40.29	48.27
23	10.20	11.29	13.09	14.85	22.34	32.01	35.17	38.97	41.64	49.73
24	10.86	11.99	13.85	15.66	23.34	33.20	36.42	40.27	42.98	51.18
25	11.52	12.70	14.61	16.47	24.34	34.38	37.65	41.57	44.31	52.62
26	12.20	13.41	15.38	17.29	25.34	35.56	38.89	42.86	45.64	54.05
27	12.88	14.12	16.15	18.11	26.34	36.74	40.11	44.14	46.96	55.48
28	13.56	14.85	16.93	18.94	27.34	37.92	41.34	45.42	48.28	56.89
29	14.26	15.57	17.71	19.77	28.34	39.09	42.56	46.69	49.59	58.30
30	14.95	16.31	18.49	20.60	29.34	40.26	43.77	47.96	50.89	59.70

附表 5 检验相关系数 $\rho=0$ 的临界值表

$P(|r|>r_\alpha)=\alpha$

n \ α	0.10	0.05	0.02	0.01	0.001
1	0.98769	0.99692	0.999507	0.999877	0.9999988
2	0.9000	0.95000	0.98000	0.99000	0.99900
3	0.8054	0.8783	0.93433	0.95873	0.99116
4	0.7293	0.8114	0.8822	0.91720	0.97406
5	0.6694	0.7545	0.8329	0.8745	0.95074
6	0.6215	0.7067	0.7887	0.8343	0.92493
7	0.5822	0.6664	0.7498	0.7977	0.8982
8	0.5494	0.6319	0.7155	0.7646	0.8721
9	0.5214	0.6021	0.6851	0.7348	0.8471
10	0.4973	0.5760	0.6581	0.7079	0.8233
11	0.4762	0.5529	0.6339	0.6835	0.8010
12	0.4575	0.5324	0.6120	0.6614	0.7800
13	0.4409	0.5139	0.5923	0.6411	0.7603
14	0.4259	0.4973	0.5742	0.6226	0.7420
15	0.4124	0.4821	0.5577	0.6055	0.7246
16	0.4000	0.4683	0.5425	0.5897	0.7084
17	0.3887	0.4555	0.5285	0.5751	0.6932
18	0.3783	0.4438	0.5155	0.5614	0.6787
19	0.3687	0.4329	0.5034	0.5487	0.6652
20	0.3598	0.4227	0.4921	0.5368	0.6524
25	0.3233	0.3809	0.4451	0.4869	0.5974
30	0.2960	0.3494	0.4093	0.4487	0.5541
35	0.2746	0.3246	0.3810	0.4182	0.5189
40	0.2573	0.3044	0.3578	0.3932	0.4896
45	0.2428	0.2875	0.3384	0.3721	0.4648
50	0.2306	0.2732	0.3218	0.3541	0.4433
60	0.2108	0.2500	0.2948	0.3248	0.4078
70	0.1954	0.2319	0.2737	0.3017	0.3799
80	0.1829	0.2172	0.2565	0.2830	0.3568
90	0.1726	0.2050	0.2422	0.2673	0.3375
100	0.1638	0.1946	0.2301	0.2540	0.3211

附表 6　标准正态分布曲线下的面积

Z	00	0.01	0.02	0.03	0.04	0.05	0.06	0.07	0.08	0.09
0.0	0.0000	0.0040	0.0080	0.0120	0.0160	0.0199	0.0239	0.0279	0.0319	0.0359
0.1	0.0398	0.0438	0.0478	0.0517	0.0557	0.0596	0.0636	0.0675	0.0714	0.0753
0.2	0.0793	0.0832	0.0871	0.0910	0.0948	0.0987	0.1026	0.1064	0.1103	0.1141
0.3	0.1179	0.1217	0.1255	0.1293	0.1331	0.1368	0.1406	0.1443	0.1480	0.1517
0.4	0.1554	0.1591	0.1628	0.1664	0.1700	0.1736	0.1772	0.1808	0.1844	0.1879
0.5	0.1915	0.1950	0.1985	0.2019	0.2054	0.2088	0.2123	0.2157	0.2190	0.2224
0.6	0.2257	0.2291	0.2324	0.2357	0.2389	0.2422	0.2454	0.2486	0.2517	0.2549
0.7	0.2580	0.2611	0.2642	0.2673	0.2704	0.2734	0.2764	0.2794	0.2823	0.2852
0.8	0.2881	0.2910	0.2939	0.2967	0.2995	0.3023	0.3051	0.3078	0.3106	0.3133
0.9	0.3159	0.3186	0.3212	0.3238	0.3264	0.3289	0.3315	0.3340	0.3365	0.3389
1.0	0.3413	0.3438	0.3461	0.3485	0.3508	0.3531	0.3554	0.3577	0.3599	0.3621
1.1	0.3643	0.3665	0.3686	0.3708	0.3729	0.3749	0.3770	0.3790	0.3810	0.3830
1.2	0.3849	0.3869	0.3888	0.3907	0.3925	0.3944	0.3962	0.3980	0.3997	0.4015
1.3	0.4032	0.4049	0.4066	0.4082	0.4099	0.4115	0.4131	0.4147	0.4162	0.4177
1.4	0.4192	0.4207	0.4222	0.4236	0.4251	0.4265	0.4279	0.4292	0.4306	0.4319
1.5	0.4332	0.4345	0.4357	0.4370	0.4382	0.4394	0.4406	0.4418	0.4429	0.4441
1.6	0.4452	0.4463	0.4474	0.4484	0.4495	0.4505	0.4515	0.4525	0.4535	0.4545
1.7	0.4554	0.4564	0.4573	0.4582	0.4591	0.4599	0.4608	0.4616	0.4625	0.4633
1.8	0.4641	0.4649	0.4656	0.4664	0.4671	0.4678	0.4686	0.4693	0.4699	0.4706
1.9	0.4713	0.4719	0.4726	0.4732	0.4738	0.4744	0.4750	0.4756	0.4761	0.4767
2.0	0.4772	0.4778	0.4783	0.4788	0.4793	0.4798	0.4803	0.4808	0.4812	0.4817
2.1	0.4821	0.4826	0.4830	0.4834	0.4838	0.4842	0.4846	0.4850	0.4854	0.4857
2.2	0.4861	0.4864	0.4868	0.4871	0.4875	0.4878	0.4881	0.4884	0.4887	0.4890
2.3	0.4893	0.4896	0.4898	0.4901	0.4904	0.4906	0.4909	0.4911	0.4913	0.4916
2.4	0.4918	0.4920	0.4922	0.4925	0.4927	0.4929	0.4931	0.4932	0.4934	0.4936
2.5	0.4938	0.4940	0.4941	0.4943	0.4945	0.4946	0.4948	0.4949	0.4951	0.4952
2.6	0.4953	0.4955	0.4956	0.4957	0.4959	0.4960	0.4961	0.4962	0.4963	0.4964
2.7	0.4965	0.4966	0.4967	0.4968	0.4969	0.4970	0.4971	0.4972	0.4973	0.4974
2.8	0.4974	0.4975	0.4976	0.4977	0.4977	0.4978	0.4979	0.4979	0.4980	0.4981
2.9	0.4981	0.4982	0.4982	0.4983	0.4984	0.4984	0.4985	0.4985	0.4986	0.4986
3.0	0.4987	0.4987	0.4987	0.4988	0.4988	0.4989	0.4989	0.4989	0.4990	0.4990
3.1	0.4990	0.4991	0.4991	0.4991	0.4992	0.4992	0.4992	0.4992	0.4993	0.4993
3.2	0.4993	0.4993	0.4994	0.4994	0.4994	0.4994	0.4994	0.4995	0.4995	0.4995
3.3	0.4995	0.4995	0.4995	0.4996	0.4996	0.4996	0.4996	0.4996	0.4996	0.4997
3.4	0.4997	0.4997	0.4997	0.4997	0.4997	0.4997	0.4997	0.4997	0.4997	0.4998

续表

Z	00	0.01	0.02	0.03	0.04	0.05	0.06	0.07	0.08	0.09
3.5	0.499767									
3.6	0.499841									
3.7	0.499892									
3.8	0.499928									
3.9	0.499952									
4.0	0.499968									
4.1	0.499979									
4.2	0.499987									
4.3	0.499991									
4.4	0.499995									
4.5	0.499997									
4.6	0.499998									
4.7	0.499999									
4.8	0.499999									
4.9	0.500000									

附表 7　Lillifors 检验临界值表

n	E			
	0.10	0.05	0.02	0.10
3	0.367	0.376	0.381	0.383
4	0.345	0.375	0.400	0.413
5	0.318	0.343	0.375	0.397
6	0.297	0.323	0.352	0.370
7	0.280	0.304	0.332	0.350
8	0.265	0.288	0.315	0.333
9	0.252	0.274	0.299	0.317
10	0.241	0.261	0.286	0.303
11	0.231	0.251	0.275	0.291
12	0.222	0.242	0.265	0.281
13	0.214	0.233	0.255	0.271
14	0.207	0.226	0.247	0.262
15	0.201	0.219	0.240	0.254
16	0.195	0.212	0.233	0.247
17	0.190	0.207	0.227	0.241
18	0.185	0.201	0.221	0.234
19	0.180	0.196	0.215	0.229
20	0.176	0.192	0.210	0.223
21	0.172	0.187	0.206	0.218
22	0.168	0.183	0.201	0.214
23	0.165	0.180	0.197	0.209
24	0.162	0.176	0.193	0.205
25	0.158	0.173	0.189	0.201
26	0.156	0.169	0.186	0.198
27	0.153	0.167	0.183	0.194
28	0.150	0.164	0.180	0.191
29	0.148	0.161	0.177	0.188
30	0.146	0.158	0.174	0.185